JN076127

バングラデシュ農村を生きる

女性・NGO・グローバルヘルス

松岡悦子 編

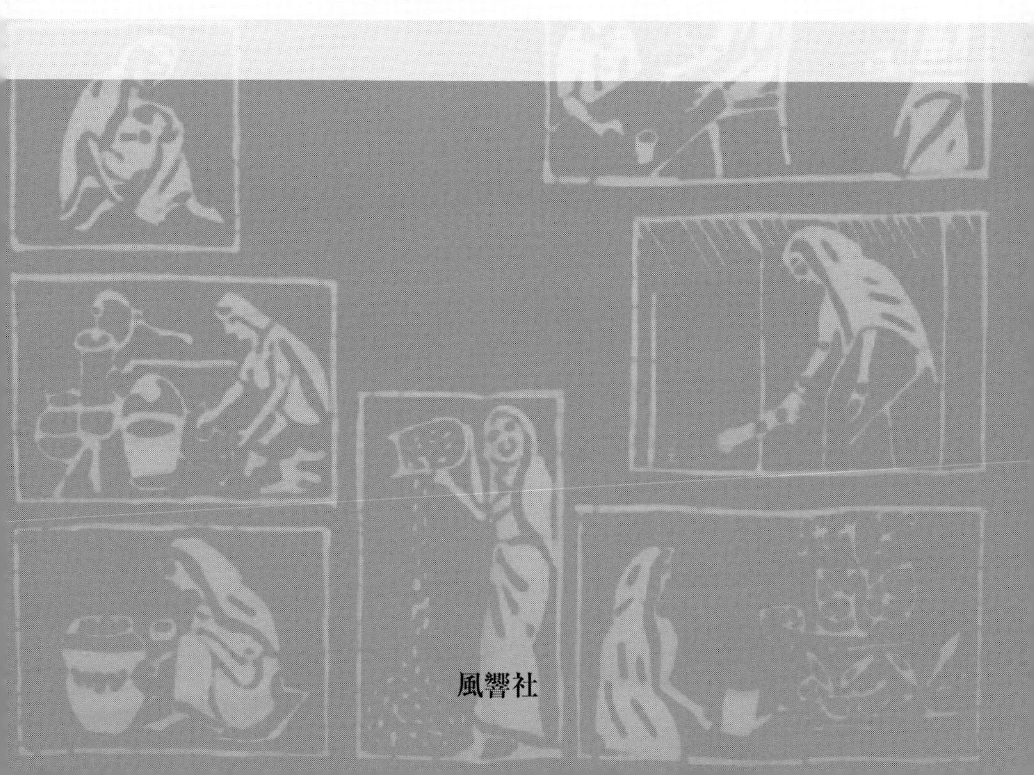

風響社

はじめに

本書は、バングラデシュの独立から2021年までの50年間を、GUP（Gono Unnayan Prochesta）というNGOと女性たちの目を通して描こうとするものである。GUPは、マダリプル県ラジョール郡で1973年にスタートして以来、そこをプロジェクト地域に活動している中規模のNGOだ。本書に登場する人たちは、いずれもラジョール郡（Upazila）ラジョール村（Union）とカリア村（Union）の人たちだが、GUPのワーカーの中にはダッカに住んでいる人もいる。

バングラデシュは1971年に独立闘争に勝利した後、多くのNGOsが国内で誕生した。BRAC（Bangladesh Rural Advancement Committee, 1972年設立）のファズレ・ハサン・アベッドや、GK（Gonoshasthaya Kendra、1972年設立）のザフルッラ・チョードリー、そしてGUPのアタウル・ラーマンらの創始者は、傑出した指導力とアイデアで貧困からの脱却をめざし、健康や教育、ジェンダー平等といった新しい価値観に則って国づくりを始めた。その意味で、初期のNGOsを設立した人たちは、現在のSDGs（持続可能な開発目標）のめざす世界を先取りしていたと言える。

第1部では、NGOsの設立と成長を相次ぐ災害への対応として描き、70年代から90年代までのNGOsの変遷をたどる。そして、90年代に私が行ったフィールドワークに基づいて、当時のヘルスケアの情況、とくに妊娠・出産をめぐる女性たちの行動を描く。90年代には、TBA（Traditional Birth Attendant伝統的介助者のことで、この地域ではダイと呼ばれる）のダイが家で出産を介助し、何かあると「村医者」（正規の医師ではない）を呼んで対処しようとしていた。女性たちは、自分の年齢を聞かれると一様に困った顔をしていたが、子どもの年齢についてはみんな答えていた。90年代半ばには、病院は政府の郡病院（Thana Health Complexと呼ばれていた）があるだけで、人びとは病院に行きたがらなかったし、そこでの出産数はほんの僅かだった。そのような状況で、90年代の妊産婦死亡率は出生10万人当たり574と推定されている。

第2部では、2015年から2021年にかけて断続的に行った調査をもとに、ラジョール郡の近年の様子を、児童婚、マイクロクレジット、女性の空間移動（モビリティ）の点から描く。現地でのフィールドワークを2015年、2019年、2020年に行ったが、2016年にダッカのレストランで人質襲撃事件が起こり、バングラデシュへの渡航がむずかしくなった。そこで2016-17年に現地の調査者に依頼して質問紙調査とインタビュー調査を実施してもらった。また、2020年4月以降はコロナ禍で渡航できなくなったため、2021年に現地の調査者に依頼して、訪問による質問紙調査を実施した。第2部と第3部は、フィールドワークに加えて、これらの質問紙/インタビュー調査（2016-17年）と、質問紙調査（2021年）がもとになっている。

第3部では、バングラデシュの妊娠・出産・産後を中心とするヘルスケアに焦点を当てた。バングラデシュではヘルスケアにかかわる人の95%がインフォーマル・セクター（正規の医療者ではない）に属していて、医師・歯科医師・看護師といった正規の医療者はわずか5%でしかないという報告がある［Bangladesh Health Watch 2008: 8］。このカオスとも言えるヘルスケアの状況を、医学雑誌のランセットはバングラデシュの強みだと述べ、低コストで優れた健康指標を成し遂げたことを「バングラデシュ・パラドックス」と呼んで称賛している［Chowdhury et al. 2013］。確かに、平均余命や新生児死亡率などのバングラデシュの健康指標は、近隣のインドやパキスタンより優れている。第3部では、このようなヘルスケア体制を背景に、妊娠・出産が90年代とは劇的に変わり、ラジョール郡にも私立病院が林立するようになったことを述べる。介助者であったTBAの変遷、薬の女性たちへの浸透（医薬化）、女性の出産経験、母乳育児の情況と産後の女性の健康をテーマに、MDGs（ミレニアム開発目標）とSDGsがリプロダクティブ・ヘルスに及ぼした影響を考察する。そして、2020年にバングラデシュの妊産婦死亡率の推計値は、123へと大きく下がった（世界銀行データ）。

本書の目的の一つは、MDGsとSDGsという世界の大きな流れの中で、個々の文化に生きる人々がどのような影響を受けているのかをヘルスケアの分野で明らかにすることである。本書ではMDG5（MDGの目標5）とSDG3（SDGの目標3）に掲げられた妊産婦死亡率の低減という目標がローカルな場面に及ぼす影響を、ラジョール郡の女性たちを例に示したい。死亡率の低減は確かに人類共通の目標だが、そのために導入された政策が現場の人びとの行動をどのように変え、女性の健康にどんな影響を与えているのかを評価することが必要だろう。果たして、女性のリプロダクティブ・ヘルスが改善されたのか、女性は妊娠・出産でより良い経験をするようになったのか。死亡率の低減というマクロな次元の目標とは別に、女性たちがどう感じ、それまでより健康な生活を送るようになったのかが重要である。そのためには、個々の女性の経験やローカルな場の人たちの動きをミクロにとらえるエスノグラフィックな調査が必要になる。たとえば、2000年にMDGsがスタートしてから、バングラデシュを含む中低所得国では妊産婦死亡率の数値目標を達成するために、さまざまな政策が導入された。基本的には、自宅ではなく施設で出産することと、介助者をTBAからSBA（Skilled Birth Attendant 専門的な介助者）に換えることが目標になった。2015年までにバングラデシュの施設分娩率とSBAによる介助の率は順調に上昇した。だが、妊産婦死亡率は予想通りには減少せず、意外なことに施設分娩の増加よりも早いスピードで帝王切開が増えた。今回の2021年の調査では、私立病院で産んだ女性の9割以上が帝王切開になっている。MDGsとSDGsがめざす死亡率の低減は、現場の女性たちを思わぬ方向に誘導し、将来の出産のリスクを高める結果を産んでいる。人類共通の目標を達成するための政策が、個々の女性の健康にプラスになることもあれば、むしろ混乱をもたらしたり、意図しなかった結果をもたらしたりすることがある。今やグローバルヘルスの影響力は甚大で、数値で示される目標や根拠を問い直すことはむずかしい。けれども、だからこそ、ミクロな観察やエスノグラフィーを用いて、ローカルな文化や人々の経験を描き出す必要があるだろう。マクロな視点で出される政策や目標は、ミクロな観察やエスノグラフィーで補完されてはじめて、人類の幸福に結びつくと思えるからだ。

本書のもう一つの目的は、バングラデシュ建国時に設立されたNGOsのもっていた革新的な力を明らかにすることだ。独立後のバングラデシュで、大学を出た優秀な若者たちの多くは公務員をめざしたが、その中でNGOsに入って社会的な価値の実現をめざす人たちもいた。確かに、先に挙げた3つのNGOsの創始者は裕福な家の出身で、海外で教育を受けたり職に就いたりした恵まれた人たちだった。また、彼らの考え方や手法は、ヨーロッパの平和活動家や宗教団体の思想、パウロ・フレイレの教育思想や、中国の裸足の医者の思想などの影響を受けて生まれている。だが、度重なる災害と貧困の中で社会をどう変えていくか、そのためにどうすればよいかを探った人々のエネルギーと革新性は、世界をもう一度作り直せるのではないかという希望を私たちに与えてくれる。今一度、バングラデシュの建国時のNGOsがもっていたエネルギーに触れてみることで、私たちの社会が変革と再生のエネルギーを取り戻せるのではないかと考えた。

本研究は、科研基盤研究（B）海外「南アジア農村部におけるリプロダクティブ・ヘルス改善のためのNGOとの共同研究」2015-2018、および科研基盤研究（B）一般「MDG5達成に向けたアジアのマタニティ政策の検証――脱医療化とポジティブな出産経験」2019-2021の助成を受けている。また、奈良女子大学において、研究倫理審査を経ていることを付け加えておきたい。

松岡 悦子

文献

Bangladesh Health Watch 2008

2008 *The State of Health in Bangladesh: Health Workforce in Bangladesh.* James P. Grant School of Public Health, Centre for Health System Studies, BRAC University.

Chowdhury, A., Bhuiya, A., et al.

2013 The Bangladesh Paradox: exceptional health achievement despite economic poverty. *Lancet* 382: 1734-1745.

世界銀行

https://data.worldbank.org/indicator/SH.STA.MMRT?view=chart&locations=BD（2024年1月12日アクセス）.

目次

装丁＝オーバードライブ・前田幸江

第一部

バングラデシュの自由の闘争とNGOsの誕生

第1章　戦争と災害が育てたNGOs

語り：ナシール・ウディン
文：松岡 悦子

はじめに

バングラデシュの建国を語る時、NGOの存在を抜きに語ることはできない。バングラデシュが西パキスタンからの独立を勝ち取ったのは1971年12月16日。独立闘争に参加した人たちはフリーダム・ファイターズ（自由の闘士）と呼ばれ、今も人々の記憶の中に生き、尊敬の気持ちを込めて語られている。とくに独立闘争当時大学生で、デモに参加し戦いに共感した世代の人たちにとって、バングラデシュの独立・建国と国の発展は、そのまま自身の生涯と重なる。当時ダッカ大学の学生だったナシール（1953-2019）は、ダッカ大学の近くにあるシャヒド・ミナールというモニュメントの前に立って、ここが学生のデモや運動の始まった場所だと述べ、ベンガル語の保持をめぐる運動（1952年）がやがて独立闘争へと激しさを増していった経緯を語った[(1)]。独立闘争は、同時にNGOの設立の契機となった。戦争で荒れ果て農作物が育たない国土、戦禍を逃れてインドに逃げた人びとの帰還、下痢や感染症、栄養失調から立ち直れない人たち、それに追い打ちをかけるように起こった洪水やサイクロン被害。これらが国際的な援助の目をバングラデシュに向けさせると同時に、バングラデシュ人の中からもNGOsを立ち上げる人たちが現れた。今や世界最大のNGOと呼ばれるBRAC（Bangladesh Rural Advancement Committee）も、独立闘争の中から生まれている。独立したばかりで若く財源のないバングラデシュ政府は、NGOsと共に成長してきたし、NGOsは若くて優秀な人材の受け皿になり、教育、健康、農業、金融、産業育成などのさまざまな分野を拡大・発展させるのに貢献した。バングラデシュの国づくりがNGOsの発展の歴史と重なるとするなら、NGOsに視点を置いてバングラデシュの人たちの生活を見てみるのも大いに意味があるだろう。バングラデシュのNGO Affairs Bureauによれば、2022年3月時点で2500以上のNGOs

が登録されている。

本書で取り上げるのは、GUP（Gono Unnayan Prochesta: People's Development Effort：人びとの開発の努力）というバングラデシュのNGOで、独立闘争と後の救援活動の中から1973年に誕生した。GUPは、BRACとほぼ同じ時にBRACの創始者のファズレ・ハサン・アベッド[(2)]と同じような志をもつ創始者アタウル・ラーマン（1942-2003）によって設立された[(3)]。だがBRACが大きく世界に向けて発展したのに対して、GUPは現在も中くらいのNGOのままである。以下の話を語ったナシールは、アタウル・ラーマンに10代の初めに出会い、アタウルの人となりに魅せられてGUPに加わり、貧困からの脱却や平和構築をめざして活動しながら、NGOsを内側からつぶさに観察してきた。以下は、ナシールの目を通して見たバングラデシュのNGOsとGUPの活動の歴史である。

第1節　ナシールの話：NGOsとの出会い

僕は、バングラデシュの南のとても小さい島で生まれた（Moudubi島）。そこはサイクロンによく見舞われる島で、1965年のサイクロンでは島の半分の人たちが亡くなり、その後にSCI（Service Civil International）[(4)]のボランティアたちが島にやって来た。僕はその村で生まれたけれども町の学校で勉強していて、休日に村に帰ってくる途中でSCIのキャンプに出くわした。SCIはそこで救援活動をしていて、その中にアタウルもいた。SCIのモットーは、ワークキャンプを通じて平和と相互理解を産みだすこと。講義を通してではなく、労働を通して地域に役立つものを作ること。ボランティアの中に日本人も5人いて、彼らは3か月間島にいてその間に小学校を建てたが、それは島で初めてのレンガ造りの建物だった。SCIは第一次世界大戦の後にスイス人が始めた。フランスとドイツは敵同士だったので、創始者のピエール・セレソルは、2つの国の人たちが一緒にキャンプをすることで仲良くなり、世界平和につながるようにとフランスで第一回のキャンプをした。その後、活動は日本、バングラデシュ、パキスタン、ヨーロッパ各地に広まり、今もワークキャンプをあちこちでしている。

僕はまだ12歳だったけれど、このキャンプに参加して手伝い、そしてじっと観察した。それで僕の考えが変わった。もっと理屈っぽく言うなら、後に僕は70年にダッカ大学社会学部に入って78年までいたけれど、その間にルイス・モルガンの『未開社会』を読んだ。それで社会がどう変わるか宗教がどうやって成立したかを知り、制度は変わるし、価値観も変わることを学んだ。そんなふうにして12歳の僕の中で転換が起こった。NGOを作った人たちは、人生の中でこういう転換を経験していると思う。アタウルも、BRACの創始者のアベッドも、GKのザフルッラ・チョードリーも[5]。NGOsのリーダーたちは、政府の役人とは違う目で人々を見ていると思う。

僕はアタウルをSCIのボランティアと見ていたから、1970年にダッカ大学社会学部に入ったときに僕もSCIのボランティアになった。70年に僕の村でまた大きなサイクロンがあり、その時もSCIのボランティアが来て71年の独立闘争が終わるまでいた。実際には戦闘で島から出られなかったんだ。僕が大学生だったときに大統領だったシェーク・ムジブルが暗殺された[6]。一体、僕はどうすればいいのか。僕は失望し、暴力と政治運動ばかりの大学を離れて故郷の島に帰ってきた。そして、アタウルを通じて知り合った同じボランティアの妻と故郷で結婚し、また大学に戻った。その後、僕は81年にSCIのヨーロッパ・アジア交換プログラムで6か月間ヨーロッパに滞在した。アタウルは、帰って来たらGUPに入ってくれと言っていたので､82年3月にGUPに正規の職員として入った。

1. アタウル・ラーマンとGUPの創設

1965年に僕が初めて島でアタウルを見たとき、彼は食料を入れた大きな袋を頭の上に載せて運んでいた。彼は労働者のように体格が良くて、村から村へ救援物資の大きな袋を運んでいた。僕の村はトイレも電気もなく、人々は屋根を草で葺いただけの小屋に住んでいた。このキャンプで僕は2人の人に魅せられた。一人はアタウルで、もう一人はSCIの事務局をしていたチョードリー・アンワル・ホサイン・ミントゥだった。2人とも話すのが上手で、穏やかに話し、よく働いた。1970年にはGUPはまだ存在していなくて、アタウルはSCIの副代表をし、シンガポールの事務所やスリランカ、ネパールにも行っていた。彼は正直で質素、誰からも愛される人だった。村の人から何か食べるように誘われたら、必ず食べた。僕らはダッカ大学から来て、村の人たちは貧しい。でもアタウルは決して断らなかった。誰もが彼のことをアタウル・バイ（男性を親しみをこめて呼ぶ表現）と兄弟のように親しみを込めて呼んだ。僕は時々彼に嫉妬した。僕が、僕らのアタウルと呼ぶと、別の人たちも僕らのアタウルと呼ぶ。なんだ、彼はみんなの兄弟なんだ。僕は彼と一緒にインドやイギリスに行ったが、彼はどこに行っても人のために何かしようとする。自分が何かしてもらうのでなく、自分から人の役に立とうとする。彼はバングラデシュ人からだけでなくどの国

写真1　GUPの事務所に掲げられたアタウル・ラーマンの写真（松岡悦子撮影、2019年）

の人からも好かれた。

アタウルはミドルクラス出身で、ダッカ大学で歴史学の修士号を得ていた。彼は、医師だったおじさんの家族とオールドダッカに住んでいて、St.Gregory's High School(7)で良い教育を受けた。アタウルはそういう特権階級に属していた。奥さんのスルタナはダッカ大学の社会学部出身で、僕より一つ学年が上で、彼らは1976年に結婚した。

1971年に独立のための自由の戦いがあり、僕らは救援にやって来たクウェーカー教徒と出会うことになる。クウェーカーたちは、難民が多いマダリプル県ラジョール郡で戦後の救援活動をするのにボランティアを探していた(8)。それでSCIのボランティアがクウェーカーと一緒に救援活動をし、アタウルはボランティアのリーダーだった。クウェーカーたちは、1973年に活動をアタウル達ボランティアに任せて引き揚げ、その年の4月に活動を引き継ぐ形でGUPが誕生した。

僕が専任のスタッフとしてGUPに入った時には、田舎は全くの田舎だった。道路はぬかるみで粘土のようだったし、道路らしいのは主要道路だけだった。GUPはボランティアから始まったからほんの少しの給料をもらうだけでよかった。大半のスタッフはその土地の人で、彼らは家からGUPに通っていたからお金がなくてもやっていけたんだ。外からやって来た僕やモンジュ（現在のGUPの代表）もGUPの敷地の中に住んでいた。電気はなく、きれいなトイレもなかった。水浴びは池でやった。そんなふうな質素な生活とボランティア精神が僕たちを支えていた。そしてよくワークキャンプをした。1982年にアタウルはピースセンターを作ったが[9]、それは地域の若者やボランティアたちの手で出来上がったようなものだ。アタウル自身も穴を掘り、木を切り、土運びをした。僕たちは毎朝1時間、庭や台所で労働をした。僕らはクウェーカーの人たちと1年間接して、彼らの考える平和について知った。イギリスのバーミンガムとアメリカのフィラデルフィアにはクウェーカーの運営する大学があり、僕はそこに行って勉強した。アタウルも応募したけれど、彼は年齢が僕より上だったので僕が行くことになったんだ。僕はバーミンガムで紛争への対処というコースを受講して、それはとても良かった。

アタウルは政治的には右でも左でもないやり方で、中庸を目指していた。彼は地域の人すべてにとって良い方法を考えようとしていた。いわば地域重視のリーダーで、かつ平和活動家だった。GUPが平和を重視するのには2つの理由がある。クウェーカーに影響を受けたこととSCIにかかわったこと。この2つの団体が僕らの哲学に影響を与えた。GUPは独立闘争後の救援活動から始まって、宗教の違う人たちが住む地域で活動し、平和や社会正義を重視してきた。GUPは初期のころから農業や環境を重視していた。GUPの活動地域に行くと、家の周囲や道路、学校の近くにたくさんの木が植わっていて緑が沢山あるだろう。

1973年から82年までは、GUPには大した予算はなかった。でも80年代は、Christian Aid[10]やBread for the World[11]のおかげでGUPの運営は潤っていた。90年まではそういう核となるドナーがいた。さらに1984年にサイクロンがあり、援助の広がりによってゴパルガンジまで活動範囲を広げた。そして87年と88年に2年続けて大洪水があり、それを機にGUPはシャリアトプルとシブチャルにも支部を作った。1988年は洪水を契機にGUPが拡大した年だった。スタッフの数も増えた。農業、漁業の専門家、医師も雇った。92年にはリオデジャネイロでサミットがあり、アタウルも参加した。それでGUPは環境問題にも取り組むようになり、241キロにわたって道路の両側に木を植えた。でも、ドナーの中心にいたChristian AidやBread for the Worldなどが90年で寄付を引き揚げた。でもまだ90年代は良かったんだ。91年にはスイス赤十字が寄付をくれて、災害へのレジリエンスのプロジェクトを立ち上げた。そして1991年にはチッタゴンで大きなサイクロンがあり、それでチッタゴンにも事務所を構えることになった。これがGUPの発展の歴史だ。重要なことは、NGOsは戦争や災害への対応として始まったし、それを機に大きくなってきたことだ。

GUPは1973年に始まっているのに、なぜいつまでも小さいのかと聞かれたら、それはGUPが「小さいことは美しい」と考えているからだ。シューマッハーが"Small is beautiful"という本を書いているけれど(12)、その考えに僕も賛成だ。僕はGUPに入る前にその本を読んで賛同し、アタウルもそうだった。小さいことは美しいというのは、SCIのライフスタイルでもある。質素で労働に重きを置き、週末キャンプ、ワークキャンプをする。クウェーカーの平和主義の影響もある。GUPは大きくないけれど、そんなに小さくもない、中間ぐらいのNGO。僕たちはお金をたくさん儲けたり、マイクロクレジットを重視したりしてこなかった。ただ、今は外からの支援が減ってきているので、マイクロクレジットが一つのやり方になっているけれど。でないと貧しい人たちに何もできないし、GUPの運営もできない。アタウルは、僕らが地域で活動することが前例となって、他の人たちがそれをまねて別の団体を作ればいいと考えていた。GUPに刺激を受けて20－30個の団体（NGOs）ができたらいいだろうと。実際、GUPの考えに触発されて22ぐらいの団体ができたと思う。

2.　第一世代、第二世代、第三世代NGOとマイクロクレジット

この国のNGO運動は、1970年のサイクロンと1971年の戦争から始まっている。独立闘争の後、戦争で傷ついた人たちを救おうと国際的に有名な団体がバングラデシュにやって来た。カリタス(13)、CCDB（Christian Commission for Development in Bangladesh）(14)、RDRS（Rangpur Dinajpur Rural Service）(15)。その前に、第一世代NGOについて説明しておこう。アタウル・ラーマンがGUPを作ったのと同時期に、ザフルッラ・チョードリーがGK（Gonoshasthaya Kendra：People's Health Center：人びとの病院）を作った。彼はダッカ大学の医学部を出てロンドンで勉強していたが、独立闘争の時にインドのアガルタラに来て、そこで負傷した兵士のために病院を開いた。戦いが終わって、彼はダッカでGKを始めた。今は大きなNGOになっている。彼は政治的には左派で革命的で、中国の裸足の医者に賛同し、女性も外に出るべきだと考えていた。それに対して、アタウルやFH Abedは政治に関わらなかった。アベッドはロンドンで公認会計士の勉強をした後、バングラデシュのシェル石油会社で働いていた。そして1970年のサイクロンの年にBRACを立ち上げた。彼はシレット出身だが、イギリスにネットワークがあり、後に彼がBRACで成し遂げた功績によってイギリスからSirの称号を贈られている。アベッドはバングラデシュの誇りだ。アタウルは1942年生まれで、チョードリーやアベッドより若いけれど、ボランティアとしての経歴は彼らより長い。

戦争前からボランティアをしていたからね。GUPのアタウル・ラーマン、GKのチョードリー、BRACのアベッド、CCDBのスサンタ・アディカリ（Susanta Adhikari）。彼らはバングラデシュのNGOsのパイオニアだ。こういう第一世代のNGOsは戦争直後にできて、1980年までとっても活発に活動し、ADAB（Association of Development Agencies in Bangladesh）というネットワークを作った。

そこで第二世代のNGOsが誕生する。PROSIKA[16]、ASHA[17]、Nijera Kori[18]もそうだ。その後1990年代から第三世代のNGOsが始まった。PKSF（Palli Karma Sahayak Foundation）[19]だ。PKSFは1990年にできたお金を貸す側のネットワークと言ってもいい。NGOsはPKSFからお金を借りるようになって、そのお金でうまく収益を上げるNGOsとそうでないNGOsとに分かれた。GUPは1974年の早い時点でマイクロクレジットを始めていたけれど、ユヌス教授がしたような効率的なやり方をしてはいなかった。ユヌス教授は1975年にチッタゴン大学にいたときにマイクロクレジットを始めたが、もっと学問的で専門的にやった。僕らのやり方は、お金を貸して戻ってくることもあれば来ないこともあるというような、今から思えば博愛主義的なやり方だった。でも、1996年にPKSFに加入してからは僕らももっと専門的に運用するようになり、収益を上げるようになった。もはやその収益がないと、NGOsは他のプログラムを続けられないようになっている。第三世代のNGOsはお金を貸して儲けることが中心で、この世代のNGOsのほとんどはマイクロクレジットの団体だ。彼らはお金の配り方、回収の仕方に長けているけど、リーダーシップ・トレーニングなどの教育プログラムを提供していない[20]。第一世代のNGOは価値の実現に重きを置いていた。GUPもそうだが、他のNGOsも全面的な人間の開発という哲学を信じていた。開発とは、人は能力を高めることができる、人は教育することができる、人は技術を身につけて尊厳と正義に満ちた生活を送ることができるという考え方だ。肉体労働もリスペクトされると。価値とはこういう意味だ。だから、第一世代のNGOsは、ブラジルのパウロ・フレイレの教育思想を参考にして成人教育を行った。第二世代のNGOも価値をめざしたけれど、価値に加えて収入も大切にする立場。第三世代のNGOsは収入を増やすことが目的で、価値の実現をめざすプログラムには力を入れていない。GUPでは、最初の頃はショミティ[21]で集まった時に、ビジネスを始めるならこういう仕事をしてはどうか、たくさんの人の役に立つようなビジネスがいいと話した。でも第三世代NGOsはそんなことは考えない。儲かればいい。価値を大切にするなんて考えていない。いや、お金が価値なんだな。彼らはお金を貸すことと回収することだけを考えている。

だから、NGOsは時代と共に変質したと言える。でも悪い方向ばかりではない。たとえば、PKSFの役割も変わった。今はマイクロクレジットではなく、マイクロファイナンスと呼ぶようになっている。マイクロクレジットは少額の5000タカ（1タカは約1.4円である）とか1万タカを貸すけれど、マイクロファイナンスはもっと大金100万タカを貸すこともあるし、起業家に融資することもある。お金を投資することで国の経済に貢献できるならいいと考えるようになっているからだ。さらにPKSFは、エンリッチ・プログラム（ENRICH program）というのを考え出して、地域全体の住民の総合的な発展をめざすと言っている。たとえばGUPの活動範囲では、カリア村でエンリッチ・プログラムをやっていて、そこではクレジットもするし、健康、教育、高齢者ケア、若者の支援や物乞いへのローンなどのさまざまなサービスを行って、住民全体の底上げをめざしている。

GUPは、最初からマイクロクレジットにトレーニングやサポートを付け加えてやっていた。そこで得た収益で学校を運営したり、ヘルス・キャンプをしたり、理学療法センターを開いたりしている。そこにはドナーのお金はまったく入っていない。マイクロクレジットを技能開発、リーダーシップ・トレーニングなどと組合せるのがGUPのやり方だけれども、第三世代のNGOsはそういう面には関心を払わない。NGOsを批判する人がよく言うのは、マイクロクレジットは女性がビジネスをするためにお金を借りるのでなく、夫がお金を使うために女性が借りているということ。でも、これは一つの家族の中でのこと。かつて女性はお金のことには関わらなかったけれど、今では女性は夫や家族と一緒に考え、夫が独断で決めることはずっと少なくなった。僕らのサービスの目的は、子どもたちが学校に行くことだし、女性が成長すること。今どの子も学校に通っている。衛生についても、今では家にトイレがある。もちろん政府の果たした役割は大きい。でも僕たちNGOsの果たした力も大きいと思う。90年代と比べたら大きな違いだ。衛生、教育、女性の参加は大きな変化。インドやパキスタンと比べても、バングラデシュの社会指標はずっと優れている[22]。それは、バングラデシュではNGOsが頑張ってきたからだと思う。

3. ジェンダー平等とバングラデシュの伝統文化

NGOs全般に対して、マイクロクレジットに偏りすぎているとか、NGOsが伝統文化を破壊していると言って批判されることがある。第一世代のNGOsは価値中心だったと言ったけど、僕たちは女性の参加やジェンダー平等についても話し合った。確かに、NGOsは地域の人たちの文化を気にとめてこなかった点がある。パルダの習慣（第7章P170参照）で女性は体を覆わなくてはならないのに、NGOsは伝統と違うことを勧めている、我々の文化を破壊していると思った人たちもいると思う。でも僕は、悪い伝統と本物の伝統とがあると思う。バングラデシュ人として誇りに思う伝統や文化はもちろんある。ベンガルの詩や文学、食べ物など誇りに思うものはある。でも悪い伝統もある。迷信だ。NGOsはいつも迷信に反対してきた。僕の経験を話そうか。僕がダッカ大学の学生の時、男子学生は教室の一方に坐り、女子学生は固まって別の所に坐っていた。70年代の初めのことだ。僕がGUPに入ってからは、この習慣を変えようと思った。なぜならGUPでは女性を教育プログラムで先生やヘルスワーカーとして雇うことにしたからだ。そこで劇を上演して、女性はこうすべきだとか男性はこうすべきだという迷信を克服するようにした。第一世代のNGOsは迷信を取り除こうとした。それで僕たちは策を練って、学校の先生の奥さんとか医師の姉妹をGUPで雇った。こういう人たちは進歩的な考えをしているから。そんなふうにして女性をワーカーに雇ったけれども、いろいろ問題が起こったので、彼女らに自転車を与えた。女性が自転車に乗るのは地元の伝統では認められないことだったけれど。

1988年に洪水があったとき、ラジョールの辺りは全部水に覆われたので、人々は仕事ができなくなった。それでGUPは、女性達にカリア村のピースセンターで働いてもらおうと雇った。100人ほど。女性達に食べ物をただ配るのではなく、何かをして食べ物をもらう方が、彼女らも誇りを失わずに済む。そこで、女性達に水路を掘るとか建物を建てるというような仕事をしてもらおうと考えた。地元の人たちは、女性を雇うなんてとんでもない、そんなことはできないと反対した。でも、自分たちが女性達を食べさせると言ったものの、男性たちは食べ物を与えることができない。それで女性達は、夫が食べさせてくれないのなら働くと言って働き始めた。こんなふうにして村の伝統を変えていった。劇も何回も上演した。成人教育を通じて伝統を変えていこうとしたんだ。第一世代のNGOsはこういうことをたくさんやってきた。GKのチョードリーは、女性を裸足の医者として養成し、パラメディック（準医療従事者、コメディカル）として雇った。恐らく彼はこの考えを中国から学んだのだと思う。また、GKでは女性に車の運転の仕方を教えて、国連の人たちに車の運転手として斡旋した。誰も国連を排除することはできないだろう。だって国連からの助成金が必要なんだから。こうして女性は移動の自由を手に入れたし、女性の社会参加も進んだ。ザフルッラ・チョードリーは革命的だった。

僕が思うに、パルダの習慣は若い女性はもうやっていない。僕の妻や僕の周りの人たちも。妻の母の世代はやっていたけれど。もう一つ僕の経験を話すと、チッタゴンはいわゆる宗教の力の強いところで保守的な地域だ。1991年のサイクロンの直後に僕はフィールド・ディレクターとしてチッタゴンに行った。すると、女性たちが外に出てきていた。サイクロンの前には女性達は家から出なかったから、外で姿を見かけることは珍しかったのに、サイクロンが女性を外に引き出したんだ。もちろんNGOsの働きもあったかもしれないが、サイクロンがニーズを作った。女性は仕事を求めて、食べ物を求めて外に出ざるを得なくなった。それまではチッタゴンのニューマーケットに行っても、女性は必ずブルカ（頭から足先まで全身を覆う布）をかぶっていた。なので、僕はNGOsの働きだけでなく、その時の要請によって女性は外に出てくることを知った。今僕の村では、女性たちはごく普通にバイクに乗っている。知らない男性の後ろに坐って。だから地域の必要性によって、習慣はどんどん変わっていく。今、僕の村では堤防に盛り土がされて、内部の水の流れが止まってしまったので、川を利用して移動ができない。それでバイクを利用して移動せざるを得ない。今、うちの妻は村に行くと、誰かわからない男のバイクの後ろに乗って移動している。かつては、GUPの地域でも知らない女性をバイクの後ろに乗せることなど考えられなかった。大学でも見かけなかった。でも、僕の村ではNGOsの影響もあるけれど、状況の変化によって女性の行動が変わることがわかった。

第2節　NGOsを見るまなざし

ナシールの話はここで終わった。バングラデシュの第一世代のNGOsが災害と独立闘争の中から立ち上がり、希望に燃えて国土の復興と貧困の撲滅を目ざして努力したことがわかる。少なくともナシールの目に映った第一世代のNGOsの創始者たちは、人間の尊厳、平等、貧困からの脱却という大きな価値の実現をめざして行動していた。だが、それから50年がたった現在、バングラデシュ国内でもNGOsに対してかなり厳しい見方があることが、次の話から明らかになる。

1.　NGOsに向けられる批判

ダッカ大学の社会学、文化人類学の教員たち約20名とGUPの人たちも交えて2019年9月にセミナーを行った。その席で教員たちからNGOsに対する厳し

写真2　ナシール・ウディン（松岡悦子撮影、2014年）

い質問や疑問が出された。とくにマイクロクレジットに多くの批判が集まった。たとえば、NGOsはマイクロクレジットでお金を貸すときの利率を高く設定して不当に利潤を得ている。マイクロクレジットでもっぱら女性達にお金を貸すのは、女性達が貧しいからというよりも、女性の方が男性よりコントロールしやすいからだ。NGOsは女性のエンパワーメントと言うけれども、女性を組織して特定の政治目的に利用する場合もあるということだった。それに対して、最も年長だったナシールがNGOsの一員として次のように答えた。

「僕もかつてマイクロクレジットについて疑問がありました。それである会議の時に、同席していたムハマド・ユヌス氏に質問したのです。ユヌスは、こう言いました。『今ちょうど朝10時ですね。ちょうど今の時間にたくさんの村の女性たちが朝のミーティングに来ています。マイクロクレジットの活動は、女性のモビリティにとても大きなインパクトを与えました。女性が家から出るようになったのです』。ユヌス氏が言うように、マイクロクレジットは女性に色んなプラスの変化を与えたと思います。モビリティ以外にも」。

さらに、GUPの所長のモンジュは、次のように述べた。「他にもNGOsがマイクロクレジットを行うせいで、地域の銀行が発展しないという意見がありますが、これは大きな間違いです。バングラデシュでは銀行がまともに機能していません。ガバナンスに問題があります。それに銀行でお金を借りようとすると、担保が必要になるので土地を持っていない人は銀行を利用できません。また土地があっても、土地を所有している証明書を銀行に出さないとなりませんが、人々は紙を銀行に出す必要があるなんて考えていません。だから、銀行を相手にすることはむずかしいのです」。

また、NGOsはアメリカの価値観に毒されているという意見に対して、ナシールは次のように言った。「たしかに、NGOsが始まった過程で外国からの影響はあったし、圧力もあったかもしれない。でも第一世代のNGOsは、戦後間もないバングラデシュを自分たちで何とかしたいという強い思いで活動を始めた。決してアメリカに毒されていたわけではなく、僕たちは自分たちの哲学をもってやってきた。第一世代のNGOsと90年代以降のNGOsとでは性格が違うことを、僕は是非ともわかってほしい。それに、ダッカ大学の先生たちが、我々の文化では女性は本来家にいて家事をして、外に出ないものだと言ったのは驚きだった。NGOsが女性を外に連れ出したのはけしからん、女性は家にいるべきだと言いたかったのだろうか。大学の先生たちは進歩的な考え方をしていると思ったのに、必ずしもそうではないのだろうか」。

GUPとダッカ大学の教員たちの意見交換は、バングラデシュが建国から約50年を経て、世代間のギャップが大きくなっていることや、建国当時のNGOsと現在のNGOsとの違いが大学人の間でも認識されていないことを照らし出した。その背後には、NGOsが海外のドナーの援助を頼りに成長できた時代は終わり、自分で資金を産みださなければ存続できなくなったことがある。それは同時に、バングラデシュ自身が若くて貧しい国から中所得国に成長したことを意味しており、海外のドナーの関心がバングラデシュ以外のもっと貧しい国に向かうようになったこととも関係している。第一世代のNGOsを知る人の目には、NGOsの変化を知らない世代との対話に無力感を感じると同時に、バングラデシュの成長ぶりを実感するときでもあっただろう。

2. 「死と再生」の機会としての戦争と災害

ナシールの話は、人は新たな価値観に触発されて自己を変革することや、状況に応じて伝統や習慣をあっさりと捨てることを語っている。その例として、洪水やサイクロンが起こった後の女性達が、生き延びるためにブルカを脱いで市場に出かけ、家族に食べさせる食料を手に入れるために肉体労働を進んで行ったことを挙げている。人々がバングラデシュの「伝統」と考えてきたパルダの習慣——女性は屋敷地の外に出ないし現金をもらう仕事をしない——はその時々のニーズに応じて変わりうることを、ナシールや第一世代のNGOsは見てきた。もちろん、戦争や災害は日常が破壊される機会で、けっして喜ばしいことではない。だが女性の服装や行動範囲（モビリティ）という文化に深く埋め込まれた習慣も、より大きな目的を前にして、いとも簡単に変わるのである。女性の服装、とくにムスリムのヴェールは変わらない習慣の一つとされ、フランスではヴェールを取らせることはベルリンの壁を崩すより難しいとさえ言われた[23]。これは、フランスの公立学校で起こったヴェールをめぐる攻防に関しての言葉であるが、バングラデシュでも女性の服装は家族の名誉や社会の秩序に関わるので、簡単には変えられないと思われていた。その一方で、女性達が外部の情況に応じてヴェールを脱ぎ着することを、フランツ・ファノンはフランスに対するアルジェリアの独立闘争を例に記している。たとえば独立闘争に身を投じた女性達は、ヴェールを脱いで欧米人のような服装をまとい、すっかり欧米人の仲間入りをしたかに見せかけ、ピストル、手榴弾、偽の身分証明書などを運んでフランス軍人の目を欺いた。ところが、女性達の行動がそんな秘密の目的のためだったことが明るみになるや、今度は女性達はあたかも無知な家政婦のように全身を覆う服装に身を包み、その下に爆弾や手榴弾を括り付けて運んだ。ヴェールはカムフラージュの技術、闘争の手段となっていた。さらに女性達の行動範囲について、ファノンは、革命以前には母親や夫に付き添われるのでなければ家から出なかった女性たちが、革命の中で使命を託されて、都市から都市へ一人で汽車に乗り、何日もの間一人きりで未知の家族や活動家の家に泊まって任務を遂行したと述べている。そして女性達の変化を目の当たりにした夫や父親は、古い嫉妬心を革命の中で溶解させ、「両性間の関係について新しい展望を発見した」とファノンは述べている[24]。彼はさらに、アルジェリアの戦いが社会の根幹をなしていた家族にも大きな変化を引き起こさずにはおかなかったとしている。息子と父、娘と父の関係、早婚の習慣、妻と夫の関係。かつて社会の基盤と思われた習慣が混乱の中で価値を失い、放棄されることになる。人々は新たな状況に合わせて自らを変革せざるを得なくなったのだ。バングラデシュを立て続けに襲った自然災害は、建物や家畜などの生活の基盤を無に帰した挙句、女性達を家から引き出し、その行動範囲を広げ、伝統的な役割と男女の規範を変えさせる役割を果たした。

バングラデシュにとって1971年の独立闘争と災害、欧米のNGOとの触れ合いは、大きな転換の機会となった。ナシールの故郷が災害に見舞われ、その時に知ったSCIの平和主義、質素な生活、労働の尊重が彼に内的な転換を与えた。同時代を生きたNGOsの創始者たちも、同様に内的な転換を経験しただろうと彼は述べている。戦争や災害は既存の秩序や体制を壊し、そこから新たな価値や規範を産みだす契機となる。内的な転換とは、言い換えれば精神の上での「死と再生」であり、戦争や災害は過去の死を意味し、欧米のNGOsとの交流は新たな価値観をもとに再生することを意味していた。そのように考えると、第一世代のNGOsの創始者がいずれも西欧とくにイギリスの影響を強く受けていたことは注目に値する。アタウルはダッカの古いカトリックの名門中学・高校で学び、アベッドとザフルッラ・チョードリーは大学卒業後にイギリスに留学していた。第一世代のNGOsは、バングラデシュと欧米との接点で生まれ、リベラルで柔軟な視点をその後のバングラデシュに持ち込んだと言えよう。そのことは、NGOsと当時の村人の考え方との間に大きなギャップを産んだことを想像させる。NGOsは、女性達に自転車を提供し、車の運転を教えてドライバーの仕事につかせ、彼女らを教師やヘルスワーカーとして雇って社会参加を促した。こういったことは、実は地域のしきたりを尊重してではなく、むしろ地域との軋轢を承知の上で進められていた。ナシールは「NGOsは地域の人たちの文化を気にとめてこなかった点がある」と語っている。つまり、第一世代のNGOsは欧米の価値観を身につけたリベラルな人たちが牽引して、劇やさまざまな啓発手段を用いて村の人々の考え方を変えようとした。伝統文化を重んじる態度からは出てこない、ラディカルな発想と手段を通じて、NGOsは人々を貧困や因習から引き離そうとした。ナシールが語る第一世代NGOsの価値重視の姿勢とは、言い換えればバングラデシュ社会を作り変えるための新しい考え方を広める活動でもあった。それは戦いや自然災害という、既存のものを「死」に追いやる力を背景にして、新たな価値に基づく社会を「再生」する試みであった。

3.　自立を迫られるNGOs

独立後も次々と襲来した洪水やサイクロンは、NGOsにとってチャンスの到来ともいえる側面を持っていた。なぜなら、災害は海外のドナーの援助をつなぎ止め、救援活動の必要な地域と人々を生み出し、NGOsの規模を拡大するのを助けたからである。災害の後に救援のための新たなプロジェクトが開始されると、ワーカーが採用され、新たな事務所ができてNGOsのプロジェクト地域が拡大していく。GUPも1980年代には核となるドナーの団体がいたので、財政的に安定していたとナシールは述べている。GUPは、現在はダッカに本部、ラジョールとチッタゴンに地域事務所を持ち、マイクロクレジットを管轄する支部は23か所に広がっている。とは言え、同じ時に始まったBRACやGKと比べると、GUPの規模は格段に小さい[25]。今では、世界有数あるいは世界最大とも言われるBRACは、教育や研究機関、大学、銀行を持ち、ショッピングセンターや遊園地を経営し、国全体に医療や通信インフラを提供するまでになっている。もはやバングラデシュのNGOsは、小規模のボランティア団体ではなくなっている。だが、海外のドナーが継続的にバングラデシュを支援したのは80年代までのことで、災害が減るにつれてドナーの関心はサハラ以南のアフリカなどに向かうようになり、バングラデシュのNGOsは転機を迎えることになる。自立を迫られたNGOsは、1990年にマイクロクレジットを扱うNGOsの上部団体とも言えるPKSFを作り、NGOsが内部で収益を産みだしつつ持続する道を探り始めた。それと共に、NGOsは価値の実現を目ざす団体から利潤を生みだす団体へと変貌を遂げた。貧困からの脱却によって、確かに人々の環境や生活は向上し、教育を受ける人の数は増加した。バングラデシュの社会指標は、独立以前の母国であったインドとパキスタンを上回り、現在では世界銀行の分類による中所得国（lower middle income country）に分類されるようになっている。バングラデシュがそのような生活水準の向上を果たした背景には、国家の働きだけでなくNGOsが一定の役割を果たしたことが大きいとナシールは見ている。

一方で、大学の教員たちがNGOsを厳しい目で見ていることは意外だった。批判の多くは、NGOsがマイクロクレジットで金儲けをしていること、女性をエンパワーすると言いながら、実際には女性を組織化して自分たちの利益のために利用しているのではないかというものだった。マイクロクレジットが引き起こした広範な変化の中には、女性にとってプラスとは言えないものがあるだろう。たとえば、マイクロクレジットで多額のお金を借りられるようになったことで、結婚の際に男性側親族が女性側に要求するダウリーの額が跳ね上がり、結果的に男性優位がさらに強化されたという指摘がある[(26)]。それに対してナシールは、第三世代のNGOsしか知らない人にはそのように見えるかもしれないが、第一世代と第三世代のNGOsは根本的に考え方が異なること、第一世代のNGOsはボランティアから出発し、金もうけではなく価値の実現を目指したことを強調している。現在、NGOsによるマイクロクレジットは無秩序に運営されているのではなく、PKSFのもとで規制され、利率の上限を定められ、モニタリングもきちんとなされているとナシールは考えている。そして、マイクロクレジットが利潤を産みだすことで、NGOsは社会全体を底上げするようなプログラム、たとえば高齢者や物乞いの人向けのプログラムなどを開発することができる。NGOsは、企画したプロジェクトの総予算の80%をPKSFの助成で賄い、残りの20%をマイクロクレジットの収益から捻出している。そうすると、ドナーの資金に全く依存しないでもプロジェクトを展開することができる。また、大学の教員の発言には、NGOsが欧米の価値観を持ち込んで、バングラデシュの伝統的な価値を破壊しているという意見があった。ここでも女性の位置づけが争点になっている。つまり、本来女性は家庭の中にいる存在なのに、NGOsが女性を外に引き出したというのである。女性の服装、女性のいるべき場所が問題にされるのは、女性がその社会の安定感や秩序を示す指標になっているからなのだろうか。進歩的と思われる大学教員が、NGOsが自国の文化をないがしろにしているという感情をもつとするならば、村の人々とNGOsの考え方には大きな乖離があってもおかしくない。1971年の独立から現在までの50年間に、バングラデシュのNGOsは貧困や因習を取り除くことを目標に、国連やユニセフが主導する進歩的な考え方を強力に導入してきた。その結果、バングラデシュの社会指標は隣国のインドやパキスタンと比べても大きく向上し、私たちが調査した村の若い夫婦では、妻の教育年数の方が夫よりも1歳近く長くなっている。今後は、第三世代のNGOsがどう成長していくのか、単にマイクロクレジットの団体としてのみ人々に認知されるのか、あるいは社会的に重要な役割を果たすのかが問われるだろう。

注

(1)　1947年に英領インドから、パキスタンとインドが分離独立を果たし、パキスタンはインドを挟んで東西に分かれることになった。パキスタンの中央政府は西側にあり、東パキスタン（現バングラデシュ）は、西パキスタンから政治・経済的な抑圧を受けていた。中でも公用語をめぐる対立が、バングラデシュの独立戦争への火種となった。西パキスタンはウルドゥー語を公用語と定めて、東パキスタンのベンガル語を認めようとしなかったことから、ベンガル語を守ろうという運動が東パキスタンの人々の結束を固めることとなった。この言語をめぐる運動に対するパキスタン政府の弾圧は、1952年に学生や一般市民を殺害する事態になり、東西パキスタンの独立戦争へと発展していった。

(2)　Fazle Hasan Abed（1936-2019）は1972年にバングラデシュのNGOのBRACを創始した。BRACは、現在では大学や研究所、銀行、遊園地を有し、バングラデシュだけでなく海外にも活動拠点を広げている。『貧困からの自由 : 世界最大のNGO-BRACとアベッド総裁の軌跡』イアン・スマイリー著（立木勝訳）明石書店　2010に詳しい。

(3)　アタウル・ラーマンは、1942年4月2日にダッカから北東に50キロほど離れたノルシンディの母方の実家で第一子として生まれた。弟が3人と妹が1人いる。父親のMoulvi Alhaj Abu Muhammad Atiqur Rahman Bhuiyaは地域の名士で信心深いイスラム教徒として尊敬され、母親のTyabunnissa Begum Khandakarも裕福な家庭の生まれだった。彼の成長には叔父夫婦が大きく関わった。叔父のDr Mohammed Mansur Rahmanは政府の顧問医師で、初等教育を終えたアタウルをダッカの家に引き取り、名門校であるSt. Gregory's High SchoolとNotre Dame Collegeに通わせた。彼は小さい頃から人にやさしく愛される性格だったが、St. Gregory's High Schoolは寛容や責任の精神を尊ぶ学校で、アタウルはそこで同じような考え方をする多くの友人を得た。そして1964年にダッカ大学で歴史学の修士号を取得した。大学時代に彼は、Pakistan Workcamp Association（PWA）というボランティア団体に入り、さらに、SCI（Service Civil International）というワークキャンプを通じて平和と善意を広める団体に参加し、1965年にはSCIのアジア事務局の副代表（Assistant to the Asian Secretary for SCI）となり、ダッカ、クアラルンプル、コロンボ、シンガポールで1972年まで働いた。独立闘争後にクウェーカーの一団（Quaker Peace and Service）がラジョールで救援活動をしていた1972年にアタウルはそのチームに加わり、1973年には後を引き継いでGUPを設立した。イギリスを訪問中に倒れ、2003年8月6日にイギリスで亡くなった［Siddique 2005］。

（4）　SCIは、スイスの平和活動家Pierre Cérésole（1879-1945）が1920年に始めた団体で、日本では東京に支部がある。ナシールは、SCIについてさらに次のように述べている。「アイルランドのベルファーストではカトリックとプロテスタントが争っていたので、そこには大きな家があり、カトリックの子もプロテスタントの子どももそこでいっしょに生活している。そうやってSCIを通じて、いろんな信仰や国の違う人々が一緒に生活するのを見てきた。最低7日間のキャンプで短いのは15日間、長いのはもっと長くて、一緒に生活し、食べ物を分け合い、役割を交代しあう中で偏見を克服するのを見てきた。参加者はある時は料理担当のリーダー、別のときには肉体労働のリーダーになり、そうやってリーダー役を交代しながら7日間を過ごす。そして互いを理解する」。

（5）　Zafrulla Chowdhury（1941-2023）は、1972年にGonoshasthaya Kendra（GK: People's Health Center）を創始した。

（6）　シェーク・ムジブル・ロホマン（1920-1975）はバングラデシュ建国の父と言われ、1971年のバングラデシュ独立時のリーダーであった。その後大統領となるが、1975年に家族もろとも軍事クーデターで暗殺された。海外に出ていた娘2人は助かり、そのうちの一人シェイク・ハシナは現在首相を務めている。『バングラデシュ建国の父シェーク・ムジブル・ロホマン回想録』シェーク・ムジブル・ロホマン著　渡辺一弘訳　明石書店　2015年に詳しい。シェイク・ムジブル・ラーヤンと表記されることもあるが、ここでは本のタイトルに従って表記した。

（7）　St. Gregory's High School and Collegeは、英領インド時代の1882年にダッカに建てられたカトリックの学校で、恵まれた家庭の子弟が通う学校とされている。アタウルは, St Gregory's High Schoolの後Notre Dame Collegeに進み、その後ダッカ大学で歴史学を学んだ［Siddique 2005］。

（8）　Gono Unnayan Prochesta（GUP）の20周年記念誌“PROCHESTA 1973-1993”によれば、クウェーカーたちがボランティアを募ったのは、救援活動をクウェーカーのプロジェクトとして行うのではなく、現地の人たち自身の活動として行えるように、クウェーカーはサポートの役割に徹するためだった［Clark 1993: 8］。また1972-73年にクウェーカーのフィールド・ディレクターを務めたBob Andersonは、アタウルも彼も、他のボランティアもまだ30歳にならない若さだったと述べている［Anderson 1993: 3］。なお、Prochesta 1973-1993の発行年が示されていないため、正確な年は不明であるが、ここでは1993年としておく。

(9) GUPのユニークな点は、Shanti Kendra（ピースセンター）を建てたことだとSiddiqueは述べている。平和の実現がアタウルの大きな目標であり、ここを平和大学にしたいというのが彼の夢だった。Siddiqueは次のように述べている。「1980年代の初めに、カリア村に古い建物と土地があったが、それを買うだけのお金がなかった。しかし、意思があればなんとかなるもので、アタウルの期待に応えて、クウェーカーとイギリスがいくらかのお金を出してくれた。それでも足りなかったので、アタウルと同僚たちは給料の1％を提供してその土地を買った。そして、そこに花や果樹を植えた。6か月かけてSCIのボランティアやGUPのスタッフが週末に働いて美しい庭にした。その庭を彼はShanti Kendra（peace center）と名付けた。センターは、農村研究や平和や和解についての議論をする場となった。そこで参加者は、家畜の飼育やエコロジカルな農業といった活動に参加した。アタウル・ラーマンは、その場所を平和大学にする夢を持っていた。彼はすでに1990年の末にはカリキュラムを作っていて、そこには、平和、葛藤の解決、貧困、自然への暴力、マイクロ・マクロレベルの平和、対立と協力、平和研究、平和活動、和解などが項目としてあがっていた」［Siddique 2005］。

(10) Christian Aidは、第二次世界大戦後の1945年にイギリスとアイルランドの教会が宗派の垣根を越えて作った団体で、神の前の人類の平等、貧困の撲滅を目指している。

(11) Bread for the Worldは、1974年にアメリカで創始されたキリスト教の団体。飢餓の撲滅を目指している。

(12) E. F. Schumacher（1911-1977）は、ドイツ生まれの経済学者でイギリスやアメリカで活躍し、中間（適正）技術の概念を作った。彼の著書は『スモール・イズ・ビューティフル』（小島慶三・酒井懋訳、講談社学術文庫、1986年）、『スモール・イズ・ビューティフル再論』（酒井懋訳、講談社学術文庫、2000年）として日本でも出版されている。

(13) カリタスは、1897年にカトリックの団体としてドイツで誕生したNGO。

(14) CCDB（Christian Commission for Development in Bangladesh）は、バングラデシュの独立闘争の際の救援を目的に1973年に設立された団体。

(15) RDRSは、バングラデシュの独立闘争の後に、避難民たちの救済を目的に、スイスのルーテル派世界連盟によって1972年に設立された。その後1997年に国内の団体となった。

(16) PROSIKAは1976年に設立されたバングラデシュのNGO。ホームページによれば、PROSHIKAの名前は、Proshikkhan（training）, Shikkha（education）and Kaj（action）を合わせたもの。https: //www.proshika.org/

(17) ASA（Association for Social Advancement）は1978年に設立されたマイクロファイナンスを主体とするNGO。https: //www.asa-international.com/

(18) Nijera Koriは1980年に設立された農村部の人々の自立をめざすNGO。Nijera Koriとは"We do it ourselves"の意味である。

(19) PKSFのホームページによれば、PKSFはバングラデシュ政府が1989年に設立した団体で、NGOに対してさまざまなプログラムを提供している。ナシールはPKSFをNGOと見なしているが、政府が設立した団体であるなら、非政府組織とは言えない。彼は、PKSFが第三世代NGOs誕生のきっかけを作ったという意味で挙げたものと思われる。大橋によれば、PKSFは農林仕事支援財団でバングラデシュ政府が世界銀行などの協力を得て設立したNGO向けの非営利金融組織だとのことである［大橋2023］。

(20)　GUPでは、マイクロクレジットの集まりのときにミーティングが行われ、GUPのワーカーが提供するテーマ（例えば、清潔とは）に沿って参加者が話し合う。また、ローンを組むこととさまざまなトレーニング（家畜の飼育、服の縫製など）とが組み合わせて提供されるので、マイクロクレジットでローンを組むことだけが目的となっているわけではないとのことだ。

(21)　GUPでは、マイクロクレジットのローンを借りたい人は、ショミティと呼ばれるグループに入る。ショミティは、似たような年齢層や収入をもとにした20人前後のグループで、週に1度集まって毎回少額の貯金を行う。GUPの "Annual Report 2016-2017"（p.6）によれば、ショミティのメンバーは、1回に最低30タカ、1か月で100タカ以上を貯金する取り決めになっている。

(22)　世界銀行の2019年のデータを用いてバングラデシュ、インド、パキスタンの社会指標を比較すると、この順番で平均余命（73歳、70歳、67歳）、新生児死亡率（出生千当たり19, 22、41)、乳児死亡率（出生千当たり26、28、67）となっており、バングラデシュの指標が最も良い結果となっていた。

(23)　ジョーン・スコット『ヴェールの政治学』李孝徳訳　みすず書房　2012年。

(24)　フランツ・ファノン『革命の社会学』宮ヶ谷徳三・花輪莞爾・海老坂武訳　みすず書房　2008年、161頁。

(25)　アタウル・ラーマンは、イギリス滞在中の2001年12月に脳卒中で意識を失ったまま、イギリスのリーズの療養施設で闘病生活を送り、2003年8月6日に逝去した。その後、GUPの後継者選びがスムーズにいかなかったことがGUPの活動の停滞の一因になった可能性がある。

(26)　Rozario, S., 2007, The dark side of micro-credit. Open Democracy 10 - 12 - 2007
https: //www.academia.edu/7254708/The_dark_side_of_micro_credit?email_work_card=title

文献

Anderson, B.

1993　A letter instead of a Book. Procesta 1973-1993: 3-7, Gono Unnayan Procesta

Clark, A.

1993　Recepie for Success. Procesta 1973-1993: 8-9, Gono Unnayan Procesta

Siddique, A. B.,

2005　Mohammed Ataur Rahman: His life in the service of peace. Memorial Tributes, 私家版

大橋正明

2023　「バングラデシュの開発NGOのショミティ方式からマイクロファイナンスへの変化と課題：ノルシンディ県のPAPRIとその他の代表的NGOを中心に」『THINK Lobby J.』Vol.1: 15-29.

第2章　GUPの活動とワーカーたち

松岡 悦子
モンジュルル・チョードリー
ナシール・ウディン

第1節　ラジョール村でのGUPの創設

1.　クウェーカー教徒から引き継いで

GUPを紹介するときに必ず耳にするのが、アタウル・ラーマンが1973年にクウェーカー教徒（Quaker peace and service-Bangladesh）から救援活動を引き継いでGUPを始めたという話である[(1)]。クウェーカー教徒たちが1972年にバングラデシュに復興支援にやって来た時、政府からラジョール・タナ（現在のマダリプル県ラジョール・ウパジラ）を活動地域にすることを提案された。そこはヒンドゥー、ムスリム、クリスチャンが混在する地域で、1947年にバングラデシュが東パキスタンとして英領インドから分離独立して以降、ヒンドゥー地主は屋敷を残したままインドに移住し、独立闘争が始まってからは多くの人がインドに避難民として移住していた。戦争後にインドから帰還した人や難民としてやって来た人たちは、荒れ果てた土地を前に住むところもなく、農業もできず、生き延びる術がない状態だった。GUPの起源をたどる物語の中で、クウェーカーたちがなぜラジョールを選んだのかについて、ラジョール地域事務所長（2019年当時）のショーコットは別の側面を語っている。

「クウェーカーたちはどこで救援活動をしたらいいかを政府に尋ねたんだ。当時、救援と食料省はできたばかりの省でFani Bhusan Majumdarが担当大臣だった。この地域が選ばれたのは、ヒンドゥーが多い地域で、その大臣の出身地域だったからという話だ。彼の家はここから1キロ位の所にある。当時フォリドプル（Faridpur）は県で、マダリプル（Madaripur）は郡だったので、クウェーカーたちはフォリドプル県に行き、そこからこの地域を選んだ。大臣は自分の出身地域に救援を送りたかったんだろう。アタウルは、そのクウェーカーチームの副リーダーのような形で活動を始めた」。

1972年4月にクウェーカーたちがラジョールで事前調査をしたところ、3万3000人の母子が深刻な栄養不良の状態にあり、天然痘対策も迫られていた。そこで、彼らはキャンプを設置して食料配布と保健医療サービスを開始し、家を500軒建て、舟を75艘配り、700戸の家族の生活を建て直した。クウェーカーたちは支援を始めるにあたって、自分たちが前面に出ずに側面から援助する方がよいと考え、SCI（Service Civil Internationalという国際的なボランティア団体。第1章の注4参照）にボランティアの協力を依頼した［Clark 1993: 8］。そうしてやって来たのが、SCIのアジア副所長をしていたアタウル・ラーマンと100名余りのボランティアで、全員が30歳以下の若者たちだった。ショーコットによれば、

「現在のGUPのラジョールの事務所から少し離れたところに映画館があった。独立闘争のときにパキスタン軍がその映画館を爆撃したので、誰も使わなくなっていたのだが、クウェーカーたちはそこを仮の事務所にして活動を始めた。現在その建物はコミュニティホールになっていて、人々はPura hall（焼けたホール）と呼んでいる」。

最初の頃の活動は、戦争ですべてを失った人々に、食料、衣服、医薬品などの不可欠な物資を届けることで、救援・復興の意味合いが強かった。当時は道路も通信網も不十分で、ダッカとの連絡は困難を極め、さらに外国からやって来たクウェーカーたちに対してうわさや妨害もあり、救援活動はスムーズに進まなかった［Anderson 1993: 3-7］。さらに、クウェーカーやボランティアたちが村に住み始めたのを見て、村の人たちはアタウルたちもキリスト教徒で、自分たちをキリスト教に改宗しようとしているのではないかと疑心暗鬼になった。だが、アタウルたちがムスリムだと知り、いっしょに労働する機会が増えるにつれ、互いに信頼感が生まれるようになった［Siddique 1993: 26-27］。

クウェーカーたちは、1年2、3か月たった1973年にラジョールを引き揚げた。175人いたボランティアのうち8人が残って後を引き継ぐことになった。8人の初期のメンバーは、5年間この活動を続けてその後はラジョールから故郷に帰り、それぞれ就職するつもりだった。ショーコットは、「アタウルはラジョールに残り、ボランティアとして人の役に立とうとしたんだ。皆が公務員になりたがるのに、アタウルは公務員になろうとしなかった。彼なら簡単に公務員になれただろうに」と述べている。さて、この団体の名前をどうしようかと8人で輪になってブレーンストーミングをしたところ、最後に全員が一致したのがGono Unnayan Prochesta（People's Development Effort）という名前だった、とアタウルは20年記念誌に書いている。8人の中には、第4章や第9章に登場する助産師のヘレ

ンもいた。ショーコットによれば、「アタウルは、最初の8人のメンバーを7人の兄弟と1人の姉妹と呼んでいた」そうだ。

GUPが初期の段階で行ったのは、道路の建設、池を掘ること、洪水に備えて高台に避難所を作ること、家を建てることだった。しかし彼らは、救援や復興だけでは貧困の問題は解決しないことにまもなく気づいた。GUPが救援物資を配り、人びとがそれをただ受け取るのでは救援のメンタリティに陥ってしまう。そうではなく、個々人がもつ資源をもっと生産的なやり方で利用できないか。もし、品々を配ったり利用したりする過程に村の人自身が参加するならば、状況は大きく変わるのではないか。村の人たちが救援に慣れてしまうのではなく、住民自身が自らを開発し成長することが必要なのではないかと。またアタウルたちは、貧困の根本的な原因は構造的なものだと見なしていたので、NGOが権力構造を変える触媒になることが必要だと考えていた。そのためには、古くからの権力エリートへの依存を減らして農村部に自立的な資源の基盤を築き、権力構造を変えていくことが広い意味での開発になると考えた。だが、NGOが農村部の貧しい人たちと連帯して貧困をなくそうとすることは、村の既存の秩序をゆるがすことになる。農村開発の難しいところは、貧困層に焦点を当てることがエリート層の反発を買いかねないことだった［Siddique 1993］。ところがGUPの場合、そうはならなかった。彼らは村の富裕層やエリートから信頼を得て友好な関係を築くようになっていた。それで富裕層の中には、GUPが作ろうとしていた農業学校のために数エーカーの土地を提供してくれた人や、有名なコビラージ（アーユルヴェーダの理論に基づいて治療を行う人）が自分の家を提供して治療に役立ててほしいと申し出てくれたこともあった。

2. スルタナとの結婚

スルタナは、アタウル・ラーマンの妻として、結婚当初からずっとアタウルと行動を共にした。1953年生まれのスルタナは、ダッカ大学で社会学の修士号を取得しており、アタウルより9歳年下だった。スルタナの家はボグナにあったが、彼女は兄や姉といっしょにダッカに住んで大学に通っていた。アタウルとの見合いの時の様子を、次のように語った。

ある朝大学に出かけようとしたときに、母から「今日は大学に行かずに家にいてね」と言われた。「なぜ」と問うと、「見に来る人がいるから」と言われた。「私はヤギでも牛でもないのに、見に来るってどういうこと」と思ったけれど、昔は見合いの相手が女性を見に家にやって来るのが常だった。やって来たアタウルを見て、姉たちは「とてもよさそうな人」と言い、私も自分の一生のパートナーになる人に思えたので、結婚を断ろうとは全く思わなかった。彼の姉妹は医者として働いていたので、そのことも私には好都合に思えた。だって、彼と結婚すれば私も働き続けられると思ったから。1976年1月25日、23歳の時に結婚した。アタウルは、私にラジョールに来るようにとは一度も言わなかった。好きにしたらいいと言ったけれど、彼がラジョールで働くのが好きだとわかっていたので、私も行って手伝おうと思った。

その頃のラジョールは何もなかった。大きな蛇やキツネ、夜盗しかいないような危険なところだった。井戸もなく、村の人たちは一つの池で水浴びし、皿を洗い、その池の水を飲んでいた。それで、ボグラやダッカから井戸掘りの人を呼んできて、井戸を掘ってもらった。私は自転車で移動したけれど、その後バイクの運転を習った。男性はバイクで行くのに、私は自転車だと追いつけないでしょ。だから私もバイクに乗りたかった。

ある晩寝ているときに、誰かが戸を叩く音がした。アタウルがドアを開けると、そこにいたのは夜盗たちで手にナイフや銃を持ち、声を出すと殺すぞと言って脅した。そして私の持ち物を全部取っていった。サリーも宝石もサルワカミーズ（長めの上着とズボンを組み合わせた女性の服）まで何もかも持っていった。次の日に着るものすらなかった。夜盗は10人ぐらいの集団でやってきて、私たちだけでなく、GUPの人たちの家も襲って時計や靴など何もかも持っていった。ところがその3～4日後に、夜盗がこう言ってきた。「悪かった、宝石と服を返す」。でもアタウルは「もう返さなくていい。こっちはなくても大丈夫だ」と言った。そしてアタウルは考えた。彼らは、昼間は村で普通に暮らしている人たちだが、夜になると夜盗になる。それなら、夜盗たちに仕事を与えようと。そして、彼らをナイトガード（夜にGUPの敷地内を見回りする夜警）として雇うことにした。彼らは仕事ができて収入が入るようになって喜んだ。そして「もう夜盗はやめて、これからはアタウルのように良い人になる」と言った。これは1977年のこと。彼らは一生懸命働いてくれた。アタウルは平和を愛する人で、誰ともけんかをしなかった。私とも口論になることはなかった。

GUPがスタートしたとき、アタウルはまず健康に関することからとりかかった。当時は子どもの死亡率が高く、栄養失調が多かったからだ。そのあと、農業や成人教育、マイクロクレジット、漁業と開発へと活動を広げていった。私たちは、女性も生産活動に加わるべきだと考えてベーカリーやバティック（ろうけつ染め）を始め、女性たちが働いてお金を得られるようにした。私は女性と開発の分野や子どもの教育にもかかわった。

アタウルも私もラジョールでの仕事に没頭した。私たちはダッカにも家があり、2人の息子が5、6歳まではラジョールで一緒に暮らしたけれど、子どもたちが小学校に上がるときにはダッカで住み込みのナニー（親に代わって子育てをする人）を雇って子どもたちの面倒をみてもらった。とても悩んだけれど、私たちは忙しくて子育てとラジョールでの仕事との両方をすることはできなかった。私は子どもたちに、私たちはあなたたちのために働いているのだから一生懸命勉強するようにと言って聞かせ、2人は優秀な子に育った。子どもたちはそれぞれイギリスの大学で修士号を取り、今はオーストラリアのキャンベラに住んでいる。

3.　アタウルの死

私が息子たちとラマダンの断食をしているときに、突然電話がかかってきた。アタウルが滞在中のイギリスの医師からで、彼が数時間前に突然倒れたが、何か薬を飲んでいたのかと聞かれた。そして、人工呼吸器をつけることや必要な手術の同意を求められ、すぐ来てほしいと言われた。私はちょうど5年間有効のビザを持っていたので、翌日イギリスに発った。2001年11月のことだった。アタウルは人工呼吸器につながれていた。半年ほどたった時に、病院から「あなたは帰国するかどうか決めかねているけれども、彼の治療には毎日5000ポンドかかっている。これ以上病院では負担できないので、自分の国に帰ってほしい、切符は用意するから」と言われた。

私は、「バングラデシュ人だからバングラデシュに帰りたい。でも帰るなら、今帰っても彼の体に悪影響が出ないと書面で約束してほしい。それなら帰る。けれども保証できないならば、帰ることはできない」と言った。アタウルは私の夫で、彼とはたくさんの思い出がある。彼は私にたくさんのことを与えてくれた人。だから、彼に私の人生に戻ってきてほしい、治療を続けてほしいと。そこで、私はアタウルと親交のあった人たちや友人に助けを求めた。彼らは、アタウルは開発の分野で大きな貢献を成し遂げた素晴らしい人だから、と言ってイギリスの内務省に掛け合ってくれ、治療費についてもすべて解決してくれた。

2002年10月に彼の意識が戻った。私も子どもたちもとてもうれしかった。彼は座ることもできるようになった。ずっと眠り続けているわけではなかった。

写真1　結婚間もない頃のアタウルとスルタナ

子どもたちが来たときに、ボールをアタウルに持たせて投げてと言うと、彼は投げようとした。だから彼は理解していたのだけれど、しゃべることはできなかった。私は病院の近くのアタウルの友人の家に泊まって病院に通っていた。彼が亡くなる前の晩に、私はアタウルにお休みと言って別れた。なのに、翌日の早朝に彼が亡くなったと病院から電話があった。2003年8月6日のことだった。なぜ、突然そんなことになったのか、今も私の心の中にはクエスチョンマークがある。私は夫を亡くし、悲しみに打ちひしがれていたけれど、耐えなくては、前に進まなくてはと思ってやってきた。今の私には未来はない。過去もない。今日しかないのだと思って日々暮らしている。

スルタナの息子たちはオーストラリア在住のため、彼女はダッカの大きなアパートで一人暮らしをしていた（2022年12月）。だが毎月の家賃が65,000タカ（約95,000円）と高く、すぐ近くにメトロ[(2)]が開通して騒音がひどくなったこともあり、もう少し小さいアパートに引っ越そうとしていた。確かに、部屋の中の家具はどれも立派で重く、一人で生活するには手に余るようだった。引っ越しのために荷造りした壁飾りの中から、スルタナはアタウルの絵を探し出してきてくれた。おそらく、アタウルとスルタナを描いた結婚直後の絵（写真1）なのだろう。バングラデシュの女性はほぼ100パーセント髪を長く伸ばしているのに、スルタナは若い時から短髪だったのだ。結婚前から貧しい人のために働きたいと思っていたスルタナは、アタウルという一生のパートナーを見つけ、彼と共に農村の人びとの開発に全力を注いだのだ。

第2節　救援ではなく人々の開発を

1. 成人教育とクレジット・プログラム

クウェーカー教徒から活動を引き継いだGUPは、食料の配布以外に1973年から子ども病院を開いて医療・保健活動を開始し、74年には種を配布して野菜の栽培を勧め、成人のための識字教育も開始した。これらは救援活動のメンタリティから、個人やコミュニティの開発へと軸足を移す活動だったと言える。成人教育の目的を、GUPは次のように述べている。

・読み書きができるようになる。
・市民としての権利に気づく。
・課題に気づき解決できるようになる。
・搾取のない世界を実現するために、自信と自律の精神を培う。
・健康で活動的な生活を送れるように知識を獲得する。

GUPのやり方は、まず人びとの間にショミティと呼ぶグループを作るように働きかけ、ショミティを単位にさまざまな開発プログラムを実施することだった。そして、ショミティのメンバーに教育の機会を与え、貯蓄をさせ、資本を持てるようにし、収入を得られるような技術を提供し、その他の啓発活動を行う。このショミティの活動の中で、学習者は文字を覚え、自分の名前を書けるようになり、サインすることが可能になる。けれども、中には自分の名前を書けるようになるとやめてしまう人もいた。GUPは1979年から毎年、その前年の活動を“Prochesta”として報告している[3]。1979年に刊行された’78 of GUPは次のように記している。

> ラジョール郡の人口　約15万3000人、識字率20％、土地なし世帯40％。パウロ・フレイレの成人教育の方法を取り入れて2年目になる。このやり方で識字教育と啓発活動を同時に行い、人びとが自分の能力に目覚め、自分の身の回りの農業や家畜の飼育、家庭菜園、病気予防、清潔などのことに関心を払うことをめざしている。識字教育の先生として若い女性を探すのだけれども、女性は学歴の低いことが多いので探すのが難しい。

写真2　ショミティで集まる女性たち（GUP提供、年代不明）

それで女性にまず研修を施して先生になってもらう。先生は最初とても熱心に仕事をするがすぐに結婚して辞めてしまうので、次の先生を探すまで学校を休止することになる。学びに来ているのは男女とも貧しい層で、先生も貧しい方が生徒にとって発言しやすくて良いようだ。6か月のコースは長すぎるので、5-6週間のコースがちょうどよい。最初はみな熱心だが、次第に欠席が増えて途中でやめてしまうのは、次のような理由が大きいようだ。

・男性は季節労働で出稼ぎに行く。
・収穫の季節には忙しくて来られない
・女性の場合、実家に里帰りする。
・他の地域に婚出する。
・選挙活動で忙しくなる。

欠席が続いてやめてしまう割合は、毎年20パーセント程度あった。このような学校形式と並行して、GUPでは劇や歌を用いて迷信の撲滅、安全な水、搾取、ヘルスケアなどのメッセージを伝え、ミニ図書館、壁新聞を作って文字を使って人と意見交換ができる機会を提供した。読み書きできるようになることは人びとに自信を与え、貧しかった時の何もできないという後ろ向きな気持を断ち切るきっかけになった。そして文字を使えることで商売での売り買いや顧客の記録をつけられるようになり、それによって取引が可能になり、いずれは商売を拡張することができるようになる。何よりも、人びとの中に今後これをめざしたい、こんな仕事をしたいという希望が生まれ、それが生活の改善や豊かさの原動力になると報告書は述べている［GUP 1979］。

さらに、GUP は目標の実現のためにはクレジット・プログラムが必要だと考え、すでに 1974 年から人々をショミティと呼ばれる小グループに分け、ショミティとクレジット・プログラムを組み合わせるようになっていた。ムハマド・ユヌスが村の女性たちに無担保小口貸付を始めたのが 1976 年、グラミン銀行を設立してマイクロクレジットを始めたのが 1983 年とされるので、それよりも早かったことになる。現実に社会の最底辺にいる貧困者や周縁に追いやられた人たちの脆弱な立場を変えるためには、きっかけが必要になる。何の資源も持たない人たちが貧困から脱却し、少しでも良い生活をするには収入の機会がなくてはならない。そこで GUP は農業や家畜の飼育といった資源を活用して収入に結び付く活動（IGA: income generating activities）のノウハウを提供した。その基本となるのは以下の 3 つだった。1 つは、人びとを動かしてショミティを作りそれを大きくすること。2 つ目は、人びとが貯蓄をしてそのお金を運用すること。3 つ目は、ローンを借りて収入をさらに増やすことである。だが、この時のクレジット・プログラムについて、ナシールは効率的な形ではなかったと第 1 章で語っていたが、それは GUP にとってマイクロクレジットから収益を上げることが目的なのではなく、ショミティを作って育てることが目的だったからだろう。GUP は、クレジット・プログラムはあくまで貧しい人たちが資産を形成するための手段と考え、そこから GUP が収益を上げることは二の次と考えていた。1996 年に GUP は PKSF というマイクロクレジットの上部団体とも言える組織に加入するが、それまでのクレジット・プログラムはあくまで貧困層が貯蓄をし、自立するための手段と考えていたようだ。第一世代の NGO は、貧困からの脱却や人の能力の開発（成長）のような価値の実現を目的としていた、というのはそういうことなのだろう。

2.　洪水とサイクロン被害

“Prochesta” の各号を見ていると、GUP の活動がいかに災害と連動し、それに翻弄されると同時にそれによって規模を拡大してきたかがわかる。そもそも第一世代の NGO 自体が 1970 年のサイクロン被害と 1971 年の独立闘争への反応として誕生している。1987 年の報告書は次のように述べている。

> GUP は、人々が救援されるのに慣れてしまわず、自立できるようになることをめざしてきた。しかし 1974 年の飢餓、74 年と 85 年の洪水では救援

に力を入れざるを得なかった。86年にはゴパルガンジをサイクロンが襲ったので、GUPはホームレスの人たちにシェルターを提供した。また、木々がなぎ倒された後に種を配って、植物が生えるようにした。このようにして復興しつつあるときに、追い打ちをかけるように87年の洪水がやってきた。GUPのワーカーは地域の役人に援助をすることを伝え、シェルターに行って気落ちしないように人びとを励ました。ラジョール地域の洪水は8月26日に悪化し、何千もの人々が孤立した。8月26日の朝から救援チームを組んで、レザがその指揮を取り、ショジュールとカマルディ橋に避難している人を助けに行った。もう一つのチームはワハブをリーダーにして、食べ物、薬、ビニールをシェルターに配った。その日には、不安になった人々がカリアのピースセンターやラジョールの事務所に避難しにやってきた。人々には古着や非常食、ベビーフードやその他の必需品を30日まで配った。洪水に見舞われた地域では、農業がしばらくできなくなったため、土地なしの人、小売り業者、漁師、壺作り、魚を売り歩く人は職を失った。GUPは道路、学校、マドラサ（イスラームの学校）、モスクの復興を、food for workのプログラムで行った。水が引くと、ココナツの種やイリ苗（国際稲研究所（IRRI）で開発された高収量の稲の品種）、からし菜、小麦、その他の種を大量に配って食料になるようにした。壊れた井戸を直すチームを作って井戸を掃除し、水草を排除して池の土手を修理し、新たに池を掘った。こういうことを、work for wageプログラムで行った。

“food for work”や”work for wage”というのは、仕事の対価として食べ物を手に入れ、賃金と引き換えに仕事をすることで、何もせずに救援を待つのではないやり方として、GUPでは重視していた。この翌年の1988年にも洪水があり、1989年の報告書では、「人びとは、1987年と88年の洪水の記憶からまだ抜けられず、農業に力を入れなかったせいで、89年の実りは少なかった」とある。そして1991年にはチッタゴン地域を大きなサイクロンが襲った。

1991年4月29日のサイクロンはとてつもなく大きかった。夜に始まり、高潮がコックスバザールを襲った。政府は14万人が死亡したと伝えている。家の95%は崩れ、残っている木は赤茶けて、作物は全滅した。漁船、トレーラーは沈み、電線、道路、電話線は飛ばされて、コミュニケーションがとれなくなった。生存者が生き延びるためには、食べ物、服、安全な水、薬が緊急に必要だった。政府は、5月1日に緊急会議を開き、全国のNGOsに援助を要請した。GUPは医療チームを5月4日と5日に送り、チームがチッタゴンに到着するや、病人の治療と死体の埋葬を始めた。5月8日には、緊急支援物資を持ったチームが合流した。彼らは、バンシュカリ郡のプクリアとサダンプル地区、アンワラ郡アジプルとバッタラ地区で活動した。次に行ったのは保存食（dryfood）を配ること。そして何もない貧しい家には食器を配った。救援を効率的に行うために調査をして、家族カードに基づいて、米、ジャガイモ、塩を配った。高タンパク質のビスケットは母子の栄養として大変喜ばれた。

医療チームは2つの郡で活動したが、プライマリーケアの重要性を感じさせられた。漂白の粉（塩素のこと？）と水をきれいにするタブレットが重要だった。下痢が蔓延しないようにトイレを作り、中にいる人が見えないようにするために麻袋を配った。4037人が治療を受け、そのうち2826人が子どもで1130人が大人の男性、81人が大人の女性だった。パルダのために女性の患者は男性医師に診てもらいたがらなかったので、女性の医師が後から診察をした。患者のうち81人は重症の下痢、412人が下痢、1324人が赤痢、550人はケガ、890人は他の症状だった。塩分を含んだ水が低いところ（池、溝、田んぼ、地割れしたところ）に溜まっていることで復興がはかどらなかったので、環境悪化を食い止めるために、food for workを行って池の水を抜き、周辺の家の泥をかき出してきれいにした。緊急援助が終わると、チームは土地と野菜の種を農家に配った。多くの家族は大根などの葉物を植えた。緑はビタミンAを取れるので良い。人びとが熱心に植えた結果、4-6週間で緑が広がり、90-120日で米がとれるようになった。学校の制服、教科書、練習帳、鉛筆その他を生徒たちに配った。SSC（Secondary School Certificate）の試験を受けようとする生徒には必要な本を配り、試験を受けられるようにした。

スイスの赤十字、オーストラリアのFreedom from Hunger Campaign、クウェーカーのPeace and Service、日本の友の会、American Friends Service Committee、Canadian Friends Service Committeeは、GUPを通じて援助をしてくれた。さまざまの個人や団体がお金の寄付や品物を寄せてくれた。今回の救援活動で驚いたのは、ラジョールの貧しい人たち、特にショミティのメンバーがお金やサリー、ルンギ（男性用の衣服）の古着を持ち寄って、洗って箱に詰めてチッタゴンに送る作業を手伝ってくれたことだ。またGUPのベーカリーが高たんぱくビスケットを焼いて提供し、GUPのワーカーたちは1日の給料分を寄付して救援活動の一部にした。

このチッタゴンのサイクロン被害の後で、GUPはチッタゴンにも地域事務所を開くことになり、本部はそれまでのラジョール郡ラジョール村からダッカ市内に移転した。

第3節　チッタゴン地域事務所のオープン

2020年3月当時にラジョール地域事務所長の職にあったショーコットは次のように述べた。

僕は1988年に大学を卒業した。当時は大学を卒業すると公務員になるのが理想だったけれど、僕はそんなふうに考えなかった。たまたまGONO UNNAYAN PROCHESTAとある看板を見て事務所に入って行った。そして「農学部を出たばかりですが、何かできる仕事がありますか」と聞いた。その時GUPには2人の農学部出身者が働いていたが、一人は公務員の仕事が見つかり、もう一人はオーストラリアに移住することになったので、1か月後に2つのポストが空くと言われた。アタウルは、15日間GUPで働いてみて自分に合うかどうか試すように、またアタウルもそれによって採用を判断すると言った。それは1988年の大洪水の後のことで、GUPは野菜の栽培や植樹プログラムを開始していた。そうして僕は農業専門家としてアタウルや他の人たちといっしょにラジョールで働くことになった。そこで僕はナシールにも会った。アタウルとナシールはカリスマ的な指導力がある。彼らは僕を気に入ってくれた。

村の中を見てごらん。253キロにわたって道路の両側に木を植えている。僕は1989年から93年まで街路樹を植えるプロジェクトに関わった。まず種を買う。これはWorld Food Program（WFP）から。それが木になる。なぜ街路樹を植えるのかというと、1988年に洪水が3か月間続いた時に食べ物が手に入らなかったんだ。アタウルは、考えるところがあって国連のWFPに話を持ちかけた。WFPはアタウルに、貧しい女性や男性に何らかの活動を提供できるならやってみてはどうか、うまくいけば食料を提供すると言った。そこで、アタウルは植樹を考えた。貧しい女性、未亡人、極貧の女性

写真3　ラジョールの事務所前に立つショーコット
（松岡悦子撮影、2020年）

達が道路に木を植え、毎日1キロの小麦をもらう。これは救援物資ではなく、働いて得た食べ物だ。我々は苗木を買い、WFPも苗木を買うお金を提供してくれた。彼女らは働いて食べ物を手に入れ、何もなかった道路わきに木が育った。女性達は毎日木の世話をし、毎日小麦をもらった。ここで2つの目標が実現できたことになる。一つは女性達が働いて食べ物を得たこと。もう一つは、植えた木が20-30年後に良い環境となって私たちの生活を豊かにしてくれること。木が大きくなれば、その木を売ることもできる。女性と政府と村（ユニオン）の三者が合意をして、木を売ったお金の40%を女性達がもらい、政府が20%、村（union parisad）が5%、郡が5%、GUPが10%をもらうことを取り決めた。その時に参加していた女性達の中には、2020年の現在ではもう亡くなっている人もいるけれど、その場合は娘や息子、孫などが木の世話を受け継いでいる。

1991年にチッタゴンでサイクロン被害が出るまで、GUPはラジョール地域に限定して活動していた。1987年に小さな洪水があり、88年にはもっと大きな洪水が起こった。1988年にGUPはCARE BangladeshやWFPやその他の支援を得て、ゴパルガンジやシャリアトプルにまで救援活動を拡大した。そうやって10個以上のNGOsの協力を得て救援活動をした功績が認められて、GUPはAtis Dipongkor Seba Podokという賞をもらった。バングラデシュのノーベル賞という人もいるぐらいで、GUPが認められたことはうれしかった。

ショーコットが語った植樹について、GUPの報告書には次のようにある。

1989年からWFPの援助で道路わきの植樹を始めた。1989年には12,872本の苗木を植え、90年には49,002本、91年はゼロだったが（チッタゴンのサイクロン被害にショーコットをはじめ、ワーカーが手を取られたためだろう）、94年までに188キロにわたる46本の道路に合計147,974本の苗木が植えられた。植樹を担当したのは、貧しくたいていは夫のいない女性たちで、1人が500本の苗木の世話を任され、その仕事に対して毎日5キロの小麦を受け取った。そして女性たちの仕事ぶりを7人の人が統括した。合計581人の女性たちが、3年間にわたって木の面倒をみることになっていた。それ以前の1972年からこれまでに、GUPが提供してきた苗木もあちこちの道路や場所で成長しているし、ショミティのメンバーがや空き地に植えたマンゴー、ライチ、グアバなどの木も育っている（Prochesta '94: 21-22）。女性たちがもらったのが1キロの小麦なのか5キロの小麦なのかの食い違いがあるが、植樹プログラムが女性たちの経済的自立のための"food for work"プログラムだったことがわかる。ショーコットは続けて言った。

> 1991年の4月29日にサイクロンが沿岸地域を襲った。その時政府から国内外のNGOsが協力して沿岸部で活動するようにと言われ、GUPは直後からチッタゴンの救援活動に集中した。多数の人が亡くなり、GUPは遺体の収集に追われた。91年～92年にかけてGUPはチッタゴンで活動し、その後ラジョールに戻ったが、チッタゴンで継続して活動したいという要望が出たので、アタウルは3人を選んでチッタゴンでのfeasibility study（実行可能性調査）をさせた。ラジは漁業が専門で、ショミムは栄養が専門、僕は農業だった。僕たちは3か月かけて調査をし、災害に対応できる包括的なプログラムの提案書を作った。農業、漁業、家畜、災害管理のショミティをつくるという提案。スイス赤十字がこれに5年間のファンドを出してくれた。そして、アタウルはこのプログラムを指揮するリーダーとして僕を指名してくれた。僕はまだ経験が浅くて入りたてのワーカーだったけれど、1993年～2000年までチッタゴンの地域事務所の責任者となった。バングラデシュはできたばかりの国で、1974年には飢饉があり、78年に洪水、88年にも洪水があったので、海外のNGOも国内のNGOも、開発、救援活動、研修に明け暮れた。どうやって洪水やサイクロンから命を守るのか、災害に備えた研修を活発に行った。今政府は、バングラデシュがすでに開発途上ではないと宣言したので、ドナーのお金がアフガニスタンやアフリカなどの国々へ流れている。だから、僕たちはこれまでのような開発の活動を

転換する必要がある。僕は、2001 年 1 月にチッタゴンからラジョールに配置換えとなり、ラジョールの地域事務所長となった。僕は人生のすべてをGUP で過ごすことになった。GUP は僕の組織だと思っている。

GUP がチッタゴン事務所をスタートさせたのは 1993 年 6 月 9 日で、ショーコットを初め、全部で 8 人が開始時のメンバーだった（Prochesta '93: 65）。1991 年にチッタゴンを襲ったサイクロンの被害は甚大で、波は 6 メートルもせり上がり、強風も相俟って、サイクロンの死者は 14 万人近くに上った。GUP はこれまでの経験から、一時的な救援活動では人々の生活を建て直すには不十分で、長期にわたる復興支援が必要だと学んでいた。彼らの観察によれば、被災者の生活は日々悪化しており、この状況を脱して人として開発されるには、長期にわたる働きかけが必要だと思われた（Prochesta '93: 63）。日本では阪神・淡路大震災（1995 年 1 月）と東日本大震災（2011 年 3 月）を経た今だからこそ、復興が長期にわたることを理解するようになっている。チッタゴンの被害の規模が日本の震災よりもずっと大きかったことを考えるならば、人びとの心身や生活状態がより深刻な影響を受けたことを想像できる。その意味で、災害研究はバングラデシュの経験から学ぶことが多いのではないだろうか。

また、チッタゴンで新たに活動を始めたときの記録は、GUP が何に価値を置き、どのようにゼロから活動をスタートさせたのかを知るのに役立つ。GUP は、6 月 9 日に到着するなりすぐに村に行き、目と耳と鼻と頭を全開にしてさまざまな階層の人と話をし、一対一やグループでのインタビューを行い、現地の人たちと接触した。そうしてコミュニティの風土、社会・文化規範、特にパルダや言語を知ることが、その後の意思決定や活動をスムーズに行う上で重要だったと述べている。しかし 6 月にチッタゴンに行ってから、現地の言葉を理解し、女性と接触して受け入れてもらえるようになるには長い時間がかかったようだ。GUP がまず優先的に行ったのはショミティ（グループ）を作ることだった。GUP は、人びとにメッセージを伝え、開発の意識を培うきっかけとしてショミティを基本にした。ショミティを単位に意識を高め、人びとが貯蓄を始めて経済的に自立することをめざしたのである。週に一度のショミティの集まりでは、1 つか 2 つのトピックについて話題にする。たとえば、持続的な発展とは、コミュニティにおける自分の役割とは、自分たちがもつ可能性とは、ニーズとは、課題とは、収入を得るための活動（IGA: Income Generating Activity）とは、といった具合だ。次にショミティごとに銀行の口座を開くが、口座を開設するにはサインができなければならないし、毎週のミーティングの議事録や記録をつけるにも文字が必要になる。そこで、識字教育が必要になる。GUPは、ショミティのメンバーの3分の2の人がサインをできるようになることをめざした（Prochesta '93: 69）。このように、GUPにとってショミティを作ることは、人びとを啓発し、文字を書けるようにし、経済的に自立できるようにするためのスタートラインと認識されていた。

ショーコットが元気に語っていたのは2020年3月のことだった。そして現実に、彼はその生涯のすべてをGUPと共に過ごすことになった。2022年5月6日、彼はラジョール地域事務所長の職にあるときに亡くなった。

第4節　ラジャック医師が語る健康プログラム

健康・予防教育は、GUPが創設の時から力を入れていた重要なプログラムである。初期の頃の健康プログラム（Jono Shastha Seba Program）の柱は3つあった。1つは、子どもの栄養の改善と病気の治療。2つ目は、健康と予防教育をとくに母親に行うこと。3つ目は、家族計画を普及させることである（Prochesta '78）。クウェーカーと共に救援活動を行っていた1972年にも、GUPはすでに子どもをターゲットにして医療を提供していたが、1973年にそれを子ども病院として運営するようになった。当時のラジョール地域の人口の48%は子どもが占めていたというのは驚くべきことで、子どもを対象にした病院を作るのは理にかなっていたと言えよう。ちなみに、日本の2023年4月時点の14歳以下の子どもの割合はわずか11.5%である。最初の頃の子ども病院には18人の子どもとその母親が入院できるようになっていたが、その後ベッド数や建物は変化していった。

子ども病院と同時に、GUPではコミュニティの健康教育にも力を入れていた。「ラジョールでは、冬の間に25%ぐらいの人が病気に罹る。モンスーン時にはもっと多くなる。しかし、そのうち本当の医者にかかる必要があるのは4-6%で、18-20%の病気は教育によって予防することができるし、パラメディックで治療ができる」（Prochesta '78: 44）とGUPは考えていた。予防教育に力を入れることでクリニックに来る患者数を減らし、医師は慢性病の研究に力を振り向けることができ、国の医療費を削減でき、さらに医師が患者を相手に金儲けをするのを防ぐことができる、とGUPの報告書は述べている。

そこで、94年から98年までGUPの健康部門で働いていた正規の医師ラジャックの話を通して、当時のGUPの活動を振り返りたい。

写真4 ラジャック医師（右）と通訳のモイナ（左）
（松岡悦子撮影、1995年）

僕は1990年にロングプル医科大学を卒業して、私立病院に勤めながら地元のNGOでボランティアをしていた。そのときに気づいたのは、ほとんどの人が簡単に予防できる病気でやって来ていることだった。清潔の習慣があれば簡単に予防できるし、予防が大切だということをみんなが理解すれば、大きな病院をいくつも作る必要はなくなると思うんだ。それで、僕は公衆衛生の分野で仕事をすれば人びとの自覚を促して行動を変えさせ、病気を予防することができると思った。それがGUPに行った大きな理由だ。その頃僕は農村で職を探していた。農村部の人たちがどんな生活をしているのかに関心があったから。GUPというNGOがあると聞いて連絡を取り、アタウルに会った。僕は彼と話し、彼は僕を気に入って雇ってくれた。ラジョールにはコミュニティがあり、病院があり、訓練された看護師やテクニシャン（補助や助手を勤める人）、薬剤師もいた。そこにチームのマネージャーとして行くことはとてもいいチャンスだと思った。すでに専門家のチームがいるのだから、僕は医師として加わり、彼らに指示をし、チームをまとめるのが仕事だった。そうして、予防と施設での治療を行うことで両方を改善することができると思い、1994年からGUPで働き始めた。その時には助産師のヘレン、ヘルス・プロモーターのカマラとバショナがいて、子ども病院には3人の看護師もいた。シュハシ、ショナリ、シュフィア。今も彼女らの顔を思い浮かべることができる。とてもいいチームだった。その時には、薬草の専門家のサヌアもいた。彼はいつも僕の部屋の隣にいた。アタウルが薬草園を作って、薬草による治療もしていたんだ。もし、チャンスがあるなら、もう一度ラジョールに行きたい。

Jono Shastha Seba program（人々の健康のためのサービス・プログラム）でボランティアを募って、家々を訪問させて健康についての意識を高めるやり方はとても良かったと思うよ。今、バングラデシュ政府はまったく同じようなヘルス・ボランティアを養成している。Multi-Purpose Health Volunteer（MPHV）と呼んで、アタウルが50年前に考えたのと同じことをやろうとしている。このボランティアは自分の村から選ばれて、そこをフィールドに仕事をする。その目的は健康に関するメッセージを広めることで、GUPのJono Shastha Sebaプログラムと同じなんだ。だから、GUPはとても革新的なやり方で良い結果を出していた。これは確かだ。

カリア村には子ども病院があった。そこには子どもと一緒に母親も入院して、病院にいる間に掃除をしたり、集まって料理を作ったり、僕のそばに立って健康について学んだりした。子ども病院には掃除をする人がいなかった。だから、母親たちが進んで掃除をした。これが子ども病院のユニークな所だ。料理をする人もいなかった。お母さんたち自身が料理をした。もちろん彼女らは主婦で母親だから料理はできる。けれどもどんなふうに野菜を洗って、切って、準備して調理をするかについて、より栄養が取れる方法があるし、間違ってやっていることがあるかもしれない。だから、看護師たちが教えた。こんなふうにした方が栄養がとれる。この方がビタミンが失われないなど。僕は、本で読んで学んだ。午後の時間には、我々がお母さんたちに健康について教えた。衛生とか家を清潔にするとか、食べ物が健康に与える影響とか、赤ん坊をどうやって抱き、どうやって授乳するか、どうやって野菜を使った料理を作るのかを教えて、彼女らを健康の資源にすることが狙いだった。彼女らが退院して村に帰った時に、村の灯台となって周囲の人にそれを教えられるように、健康意識を高めるためのヘルス・メッセージを伝えられるように彼女らを訓練した。村に帰った後に、近所の人や親戚にそれを伝えられるようになるのが狙い。これは小さな第一歩だけれども、大きなインパクトを持っている。彼女らは貧しくて学校にも行っていないけれど、教育がなくても見て覚えることができる。

僕と3人の看護師が一緒に彼女らに教えた。看護師がどのようにお母さん達に教えるのかも僕はきちんと見ていた。そして次の機会に、僕はお母さんたちがミーティングのときにどんな発言をするのかを注意して聞く。さらに、村に帰ってからどうしているかを見るために、自分で村に行って彼女らの様子を観察した。その頃は携帯電話なんてなかったけれどバイクがあったから、住所をもとにバイクで村に行くんだ。そして彼女らがその役割を果たしていることを観察した。その頃は、研究をするという考えは全くなかったけれど、もしそういう考えがあったなら、それについて論文を書いたと思うよ。

では、子ども病院にはどんな病気の子どもたちが入院していたのだろうか。“Prochesta '94”によると、子ども病院には12歳未満の子が母親と一緒に入院することができた。入院の時点で10タカを払い、米5キロを持参することになっていた。そして毎日午後にはお母さんたちに、健康教育を行った。たとえば、下痢の見分け方と予防、母乳の重要性、栄養のある食べ物、ORS（下痢の時に飲ませる経口補液）の作り方、清潔なトイレなどをテーマに話し合い形式でメッセージを伝えた。94年には436人の子どもたちが入院し、その理由は多い順に下痢244人（54%）、低栄養（クワシオルコル）（17.2%）、疥癬（6.2%）となっている（Prochesta '94）。しかし、子ども病院もアウトドア・クリニックもGUPにとっては赤字だったようで、子ども病院の入院費は、93年に5タカ、94年に10タカ、95年に100タカ、96年に150タカに値上げされている。子ども病院が自律的に運営できるように、農業や魚の養殖で赤字分を補っていた（Prochesta '96）。Jono Shastha Seba programでは、ヘルス・メッセージを伝える健康教育と子ども病院以外にも、アウトドア・クリニック、妊婦健診、眼科キャンプ、病理検査、薬草治療、結核治療、さらにTBAトレーニングなどのさまざまな研修会を行っていた。これについては、第3章で詳しく述べる。

ラジャック医師は、「ラジョールでの生活はとても楽しかった。3人の看護師とは家族のような温かい関係だった。あの頃のできごとは、僕にとって思い出の黄金時代（ゴールデンメモリー）だ。あそこで僕はとてもたくさんのことを学んだ。ダイ（この地域ではTBA伝統的産婆はダイと呼ばれている）のアニタは僕のことをとってもかわいがってくれた。でも、僕はその後GUPを去ることにした。なぜかというと、もっとお金が必要になったからだし、経験を積む必要を感じたからなんだ」。

その後ラジャック医師は、Plan International、CARE Bangladesh、Save the Children、Management Science for Health、JICA、UNICEFとさまざまな団体で働き、途中で公衆衛生の修士号を得た。現在はUNICEFで働き、公衆衛生の専門家として直接政策に関わる仕事をしている。その一方で、私とラジョールのことを語るときには、彼自身がその頃にタイムスリップしたかのように生き生きと語り、あたかも若くて理想に満ちあふれていた過去の自分に再会したかのようだった。彼にとってラジョールはただの地方ではなく、現在の彼の基盤を作った重要な時期と場所であったことが話の端々から感じられた。彼にとってラジョールの経験は「思い出の黄金時代」であり、GUPが行っていたことは、現在からみても意味のある革新的なことだったのだ。それにもかかわらず、彼がGUPをやめて次の目標に向かったのはなぜなのだろうか。

第5節　GUPが大きくならなかったのは

1.　小さいことはいいことだという哲学

私にとってGUPが大きなNGOにならなかったことは、疑問として残っていた。アタウル・ラーマンは皆に愛され、人を惹きつける魅力にあふれていた。私自身が94年にアタウル・ラーマンに会って話をし、その率直さ、寛大さ、包容力に魅せられた。GUPと同じ時期に設立されたBRACのアベッドやGKのザフルッラと比べて、アタウルはその人格的魅力の点でも、育った家庭環境や学歴の点でも、決してリーダーとして引けを取らない素質を備えていたと思われる。またGUPの活動の中身も革新的で、ワーカーたちは社会を変えようという意欲にあふれていた。そのようなリーダーとワーカーの下にありながら、なぜGUPが大きなNGOにならなかったのかは大きな疑問として残っている。もちろんアタウルが61歳で倒れたことは一つの理由だろうが、それ以外にGUPはどういう特徴をもっていたのだろうか。理由は一つではなくおそらく複合的で、いくつものことが合わさって現在のGUPを作っていると思われる。したがって、以下で述べることはどれもが少しずつ影響を及ぼしたのであり、決定的な理由と言えるわけではない。

まずナシールが述べていたように、アタウルは小さいことはいいことだという哲学を持っていた。GUPを大きくすることが第1の目標ではなく、貧しい人々を貧困から脱却させ、尊厳を持たせること、開発することが目標だった。マイクロクレジットは、あくまでも貧困から脱出するための手段であり、それをもとに収益を増やしてNGOの規模を拡大することは、GUPにとっては二義的なことでしかなかった。ナシールが言うように、第一世代のNGOsは価値の実現をめざしていたのであり、結果として規模の拡大が生じるとしても、それが本来の目的ではなかった。プロジェクト地域の拡大は、より多くの人を貧困や病気から回復させる可能性を広げることと考えられていて、それがNGOsを大きくすることと同じであったとしても、後者を一義的な目的とは考えていなかった。

2. 第二世代NGOsとの比較

また、ナシールが述べたNGOsの第一世代から第二世代、第三世代への変遷も一つの理由と言えるかもしれない。時代の変化は、NGOsが第一世代のままに留まることを許さなかったのであり、その時代に応じた形をとることを要求した。なぜなら、海外のドナーがいつまでもバングラデシュに注目するとは限らないからであり、ドナーが減っても活動できるように持続的でなければならなかったからだ。そのためには、内部で収益を生み出す仕組みを考えざるを得ず、価値の実現を重視するだけではNGOsを存続させることは難しくなっていた。GUPも1996年以降はPKSFに加入して、効率的にマイクロクレジットを運用するようになり、遅ればせながら価値の実現と自らの存続の両方を実現しようとした。ナシールが呼ぶところの第三世代のNGOsが、マイクロクレジットのための団体と言ってもよいほどマイクロクレジット中心に運営されているのは、そのような時代背景からだろう。そこで、GUPの位置づけを内部と外部の両方の視点から見てきたシディック（Siddique）氏の文章を紹介したい。彼は1976年～2000年までGUPで働き、現在イギリスで開発コンサルタントをしている。

> 1980年代になると、人びとを中心に据えたGUPの活動は停滞気味になってきた。その理由として二つをあげるなら、一つはドナーの関心が薄れたことであり、もう一つは1980年代に入っておびただしい数のNGOsが誕生したことだ。新しいNGOsはGUPと同じように開発をめざしていたけれども、そこには根本的な違いがあった。彼らは事務所をダッカに構え、そこからトップダウンで現場の草の根に向けて一方向的な指示を出すことが多かった。新しいNGOsは、見栄えのする立派なトレーニングセンターや事務所を建て、インフラの整備にお金をかけた。そしてワーカーたちは、立派な報告書を作り、目を引くカラフルな写真やデータを載せて、洗練され

た英語で発表をするようになった。それが現実を反映したものかどうかは二の次だった。それに対して、GUP の本部はラジョール郡にあって、そこまではダッカからバスや船で長時間を要する。けれども事務所がラジョールにあって村の人との距離が近いことは、メッセージを人々に伝えやすく、村びとも活動に参加しやすいことにつながっていた。またインフラを整備するにしても、GUP は村人のニーズに合わせて整備したので、村のレベルとほとんど差がないような施設しか作らなかった。また、GUP ではワーカーがどれだけ一生懸命に村で活動し、村人に真摯に向き合ったかで評価をしたが、輝かしい学歴で評価しようとはしなかった。つまり、GUP が常に言うように「言葉ではなく行動が重要」なのであり、村びとにインタビューしてただデータを集めるよりも、人びとと一緒に行動することを重んじた。また都会のエリートと情報を共有するよりも、現地の人びとと共有する方を優先させたので、報告書はシンプルで淡々と事実を書いたものになった。ドナーの側にすれば、都会に飛行機でやってきて NGO の所長と面談し、実現できるかどうかわからないすばらしい提案書に感激して、大きな金額を約束してさっと帰っていくのが常だった。ところが GUP はダッカに本部を置かず、豪華な出版物も作らなかったので、GUP が都会のエリートやファンドをくれる団体の目に留まることは少なかった。でも今一度、村びとの視点から開発とは何かを見直してみるならば、GUP が行ってきたやり方に目を向ける意味があるのではないだろうか［Siddique 1993］。

ここでは、ナシールが言うところの第二世代の NGOs との比較がなされている。第二世代の NGO は、海外のドナーや国内のエリートに向けてアピールする技術に長け、ドナーやエリートにとって便利なダッカにオフィスを置いた。そして、資金調達を有利にするための報告書作成やプレゼンの能力を磨き、ドナーの目に留まることを中心に考えていた。そういう第二世代の NGOs との対比の中で、第一世代の GUP は結果的にドナーの視野から薄れていくことになったというのである。これも一つの要因なのかもしれない。だが、それとは別の要因を指摘する声もある。

3.　組織のマネジメント

そこでもう一度ラジャック医師の意見を聞いてみたい。彼は、なぜ GUP が大きくならなかったのかという私の疑問に対して、次のように答えた。

僕は、マネジメント・システムに問題があったと思う。アタウルはとてもいい人で、親切で誰もがアタウルを好きになる。僕がGUPにいた時にはまだ若くてよくわからなかったけれど、経験を積んだ今になってわかる。アタウルも、BRACを始めたアベッドも、GKを始めたザフルッラも、同じ能力と同じ考えを持つパイオニアたちで、彼らはみなアタウルの友達だ。でも、アタウルの周りにいた人たち（ワーカーを指す）は小さな箱の中にいて、ラジョールとカリアのことだけを考えていて、世界全体のことを考えていなかった。アタウルは力があったし、ナシールも力があった。2人とも協調的で国際的な視野もあった。でも彼らが仕事を任せたワーカーたちは小さい範囲に収まったままで、そこから出ようとしなかった。アタウルやナシールは、GUPを大きな家族のようなものと思っていたかもしれない。でも、そこで働く人たちがそう思っていたとは限らない。給料が大きな問題というわけではないんだ。たとえばGUPで働いていたら、誰もが今後のキャリアについて知りたいと思うだろう。5年たち6年たった時にどういう地位になるのか。ところが、GUPはそれを示すことができなかった。誰もが地位を上っていきたいと思っているし、スキルを磨きたいと思っている。ところがそれがない。僕はいろんな人と話をして、彼らの気持ちを聞いてみた。するとその人たちも同じようなことを言った。ここにずっといたら、自分の将来はどうなるのか。自分のキャリアはどうなるのか。4年働いても僕には公衆衛生の専門家になるような研修を受ける機会がなかったし、自分の将来が見えなかった。GUPでは短い期間にやめていく人が多かった。これはマネジメントの問題だと思う。マネジメントがしっかりしていないと、組織として強くなれない。

アタウルはラジョールに拠点を置いて、最も弱い人たち、女性や貧しい人たちの生活を向上させることに力を注いだ。しかし、ラジャックのようなすでに恵まれた地位にある人たちの将来に目を向けなかったことが、優秀な人材をつなぎ留めておくことができず、結果的にワーカーたちの入れ替わりの早さにつながったのかもしれない。GUP自身は大きな家族のような暖かい組織で、ラジャックにとってそこでの生活は黄金時代だった。だが、若く可能性を秘めたワーカーにとってラジョールで一生を送るのか、将来に向けてもっと能力を伸ばすのかは大きな選択だったに違いない。指導者が優れていても、実際に現場を任されたワーカーの素質をさらに伸ばすような研修の機会を提供しなければ、組織は小さいままで大きく成長することは難しいのかもしれない。マネジメントの問題は、Siddiqueも述べていた。

組織としての発展には、マネジメントのシステムが欠かせないけれど、GUPにはそれが欠けていたと思うよ。そのことに気づくのが遅すぎたと思う。それはアタウルの関心ともかかわっていて、彼が最も関心があったのは平和構築だ。だから彼は、カリアにピースセンターを建てて、そこにやはり平和構築を重視するナシールを配置した。アタウルはSCIのボランティアとしてスタートし、クウェーカーの平和主義とも強い親和性をもっていたことからわかるように、人びとを平和にすることが彼の第一の関心事だった。だからGUP内部のマネジメントよりも、まずは人びとの平和を考えていたのだろう。そういう点で、組織はリーダーの傾向に大きく左右されると思う。たとえば、GKを作ったザフルッラ・チョードリーは医師だったからヘルスケアのNGOを設立した。アベッドは公認会計士で、強いマネジメント能力を持っていたのでBRACを大きくできたのだと思う。

でも人びとの開発という点で、アタウルは最高の人材だったと思う。開発を学ぶ立場から言って、アタウルと働いた経験が僕にとっては最高の教育だったし、GUPでの経験が開発に関する学習の基本を作ったと思っている。アタウルはSCIのメンバーとして東南アジアのいろんな国で経験を積み、人びとを開発に向けて動かしてきた。その経験に勝る人は他にいないと思う。それを助けたのが彼の素晴らしいパーソナリティで、それは偉大なリーダーとして不可欠の要素だったと思う[(4)]。

人びとやコミュニティの開発という大きな夢を実現するのは、個人では無理である。そこには実際に仕事を成し遂げる組織とそこに燃料（資金）を提供するドナーが必要になる。現在、バングラデシュのNGOsでは、PKSFがプロジェクト予算の80%を提供し、残りの20%をNGOs自身がマイクロクレジットで得た収益を当ててさまざまなプログラムを運営している。その意味でもマイクロクレジットはNGOsにとって不可欠となり、またそこで収益を上げることをめざして多くのNGOsが生まれることになっている。進化の第三世代になって、NGOsの数、そこに組織される人の数、NGOsが活動する地理的な広がりが何倍にも拡大し、政府とNGOsとの関係にも変化が見られるようになった。現在は、首相の管轄下にNGOAB（Non Government Organization Affairs Bureau）という機関ができて、そこで統一的にNGOsの活動をモニタリングし、規制するようになっている。現在、NGOsは政策のアドヴォカシー（弱者の権利の代弁や政策提言）に関わるようになっており、大きな影響力を行使するようになっている。

現在のGUPの所長であるモジュルル氏は、1986年にサトウキビプロジェクトのエンジニアとしてGUPで働き始め、2017年から所長をしている。彼は、第一世代のNGOとしての価値の実現を重視しつつ、これまでとは違う方向に舵を切ろうとしている。それは、アタウルやナシールがめざした「小さいNGOであること」をやめ、マイクロクレジットのNGOsとして生まれ変わろうとすることのようだ。そうしなければ組織を存続させていくことがむずかしく、NGOsの基本である地域住民への福祉やサービスの提供を継続することができないからだ。かつてのようにドナーを期待できる状況ではなくなった現在、自らの内部に収益を生み出すしくみを持たなければ、組織を維持することができなくなっているのだ。

注

（1） GUPの設立に至る過程については、GUPの設立20周年記念誌として編纂された“Prochesta 1973-1993”がある。この冊子の発行年は書かれていないため不明である。ここでは1993年としておく。また、GUPでは毎年の活動の報告書として“Prochesta”を発行している。

（2） ダッカメトロ6号線と呼ばれる高架の鉄道が2022年12月に部分的に開業した。

（3） 最初の年の1979年発行のものは’78 of GUPとなっているが、それ以降はProchesta ’92のようになっている。本書では、報告書のタイトルと年次を（）に入れて示す。

（4） 2022年5月の私信。

文献

Akhtar, S., Husain, M., and Begum Khurshida

1991　Prochesta 73-90：An Impact Study Report on Gono Unnayan Prochesta 1973-1990.

Anderson, B.

1993　A Letter instead of a Book. *Prochesta 1973-1993*: 3-7, Gono Unnayan Prochesta.

Clark, A.

1993　Recipe for Success, *Prochesta 1973-1993*: 8-9, Gono Unnayan Prochesta.

GUP（Gono Unnayan Prochesta）

1979　Adult Functional Education. In ’78 of GUP: 4-10.

Rahman, A.

1993　A Name And Its Friend’s, *Prochesta 1973-1993*: 33-35, Gono Unnayan Prochesta.

Siddique, A.

1993　GUP, People and Development Learning, *Prochesta 1973-1993* : 24-27, Gono Unnayan Prochesta.

第3章　バングラデシュ農村の多元的なヘルスケア

松岡 悦子

第1節　GUPのヘルス・プログラム

この章では、私自身が調査を行った1994-95年当時のラジョール郡のヘルスケアの状況を紹介しておきたい。女性たちがどのような健康状態にあり、身体の不調を誰に相談し、どんなところでケアを受けているのかを知るために、まずGUPが行っていた健康部門の活動について述べ、次にバングラデシュ農村で女性や子どもの病気を扱う多様なヘルスケア提供者について紹介する。

1.　カリア村を拠点にするGUPのヘルス・プログラム

ラジョール郡の中でGUPの事務所は2つに分かれていて、本部はラジョール村（ユニオン）にあるが、そこから8キロぐらい離れたカリア村（ユニオン）にヘルスケア関連施設とゲストハウス、そしてアタウルやナシールが将来にわたって大学にまでしようと考えていたピースセンターがある。カリア村はヒンドゥーとムスリムがほぼ同数住む村で、GUPが現在カリアのオフィスにしている建物は、かつてこの地域に住んでいたヒンドゥーの大地主の家だったそうだ。れんが造りの二階建ての立派な建物で、二階には広いバルコニーがある。カリア・オフィスの周辺にはヒンドゥー関連の寺院や古い建物があり、壺づくりに従事する人たちなどのヒンドゥーの集落がある。オフィスの敷地内には広い庭と池があり、庭には木々や花が植えられていて、静かで落ち着いた雰囲気を醸し出している。夜はナイト・ガードが庭を巡回し、昼間は庭師が植物の手入れをしている。池は養魚場を兼ねていて、定期的に魚を網で底ざらいしては売っていた。また同じ敷地内にGUPが運営する小学校があり、子どもたちの賑やかな声も聞こえていた。ラジョール・オフィスと比べて、カリアの方が庭の面積が広く、高い木々があって、私はカリアが好きだった。

写真1　子ども病院の看板とバンの横に立つ子どもたち（松岡悦子、1994年）

GUPのヘルス・プログラムはこのカリア・オフィスを拠点として、ラジャック医師とシュハシ、ショナリ、シュフィアの3人の看護師、助産師のヘレン、パラメディックのバショナとカマラ、薬草を扱うコビラージのサノアが担当していた。1994-95年には以下のプログラムが展開されていた。以下では、年次報告書である“Prochesta”を参考に当時の様子を紹介したい。

〈子ども病院〉

子ども病院はGUPの設立当初からあり、12歳未満の子どもと母親が10タカと米5キロを持って入院してくる。子どもだけでなく母親も一緒に入院して、病院の掃除や料理を共同でやり、家庭菜園で野菜を育てながら地元で採れる野菜のことや、食べ物の栄養についての知識を身に付ける。そして毎日午後に、子育てや健康について必要な知識を医師のラジャックや看護師たちから教わる。たとえば、衛生、食べ物と栄養、母子のケア、予防接種、離乳食、下痢の予防と対処、母乳の重要性、家庭菜園、清潔なトイレ、家族計画などが重要なトピックスになっていた。母親も一緒に入院するのは、病院が教育機関の役割を果たすことを期待しているからだ。母親たちは退院の時に種をもらって帰り、それを家に帰って庭に植える。子ども病院に入院した母親たちは知識を身につけて実践に移し、さらにその知識を村に帰って広めることを期待されている。95年には、年間300人の子どもが入院し（男児177人、女児123人）、うち9人の子が死亡した（そのうちの8人は1歳未満児だった）。子どもの入院理由のトップは下痢や赤痢、次に栄養失調、そして皮膚病だった（Prochesta ’95: 31）。

アウトドアクリニック

　アウトドアクリニックは週に2回開かれ、以前は受診した人たちに無料で薬を出していたが、GUPの持ち出しが多くなりすぎたため、90年からは2タカで処方箋を出し、患者は薬局で薬を買うようになっていた。95年には、1037人の患者に処方箋を出したが、そのうち506人は子どもで、83人にはすぐに治療をする必要があったために無料で治療がなされた。アウトドアクリニックには病理部門があり、95年には血液や尿、便による検査が324件行われた（Prochesta '95: 29）。ここで子どもの病気を見つけて、子ども病院に入院をさせている。

〈妊婦健診（母子保健）〉

　4つの村で妊婦健診を行い、妊婦には破傷風の予防接種を行い、子どもたちにも必要な予防接種を行っている。95年には3716人の妊婦が健診を受け、そのうち1067人がきちんとトレーニングを受けたダイの介助で出産した。そのうち1057人は正常分娩だったが、3人の新生児と3人の妊産婦が死亡した（Prochesta '95: 28）。GUPは、95年から希望するお母さんたちに、出生登録カードを2タカで発行している。これは他では見られないユニークな試みで、子どもの人生の最初の基本情報――名前、生年月日、出生場所、住所、体重――を記したもので、お母さんたちに大いに喜ばれているとのことだ。95年には307人のお母さんたちがこの出生登録カードを受け取ったとある（Prochesta '95: 27）。

〈健康教育プログラム〉

　GUPでは予防教育に力を入れており、1974年から女性のパラメディックを雇い、後にはVillage Health Volunteer（VHV）を養成し、VHVが自分の村に帰ってヘルス・メッセージを伝え、人々の健康意識を高める役割を担っていた。さらに1989年からはスイス赤十字の助成を得て、より持続的、組織的なやり方に変わった。まず各村に委員会を作り、その委員会がVHVを推薦し、活動を記録に残し、主体的に病気予防に取り組むしくみを作った。たとえば1993年には、コミュニティの委員会からそれぞれ3人の女性候補者を出してもらい、筆記と面接で23人を最終的に選び、その人たちにプライマリーケアについての研修を行って村のVHVにした。そして、93年にはすでに以前から他の村を担当しているボランティアと合わせて、計51人のVHVが6872家族を訪問し、ヘルス・メッセージを伝えたとある（Prochesta '93: 27）。VHVは、担当する村で3年間の活動を終えると活動を終了し、次のVHVと交代することになっている。そのようにして、

GUPはVHVを通じて村びとを教育し、ラジョール地域全体に健康教育を広げていこうと考えていた。ヘルス・メッセージは、子どもと妊婦のケア、水と衛生、下痢とORS（Oral Rehydration Solution あるいは Salts: 経口補水液で下痢の際の脱水症状の治療に用いる）、清潔、食べ物と栄養、夜盲症、栄養不良、予防接種についてだった。このような基本的な情報を伝えることで、普段の生活習慣を変え、迷信や間違ったやり方を改め、薬を合理的に使い、人びとが健康になることができると考えていたのだ。VHVにはプライマリーケアの研修だけでなく、15日間のTBAトレーニングも行い、GUPで薬草治療を始めた時にはその研修も受けさせ、VHVを終了後はリフレッシャー・コース（再教育）を受講させている。ここに、VHVの一期生だったウルミラ・ラニの事例がある。

「ウルミラ・ラニは、GUPで身に付けたさまざまな技能を用いて、今はフリーのヘルスカウンセラーとして地域で活躍している。彼女は95年に50人の出産を介助し、村人から寄せられる家族計画や栄養についての相談にのっている。家では、家畜や鶏を飼い、庭に野菜を植えて、子どもたちを学校にやり、人びとの模範となるような生活スタイルを実践している」と報告書の"Prochesta"は紹介している（Prochesta '95: 25-26）。

〈結核のコントロール〉

結核クリニックに1995年に新規に入院した患者は83人で、継続患者が78人だった。治療を修了したのは64人で、他の病院に移った患者は19人だった。95年の報告書には、モタレブの事例が載っている。モタレブは55歳の土地なし農民で、家族7人の生計を支えていた。彼が発病した時、まず村の民間治療師に行ったが効果がなく、ある時GUPのパラメディックに話をして、詳しい検査を受けた結果、県病院に行くよう勧められた。しかし、モタレブはお金がないため遠い病院まで行くことができず、それを見た地域の指導者や親戚がお金を集めて、彼をGUPの結核クリニックに入院させた。彼は1994年7月3日～1995年9月末まで治療を受け、その間彼の家族も健康教育を受けた。皆が努力を重ねた結果、モタレブは健康を取り戻した（Prochesta '95: 28-29）。

〈眼科キャンプ〉

GUPは、眼科の治療と白内障その他の手術に力を入れ、毎年眼科キャンプを行っている。95年は21回目のキャンプだった。この年の眼科キャンプは10日間開かれ、最初に1800人を診察し、手術が必要な128人（男性57人、女性51人）

を見つけて4日間で白内障の手術を行い、10日目に眼鏡を調整して渡す。GUPは、このキャンプに参加した人たちに質問紙調査を行っている。それによると、参加者の60%が月収1500タカ以下で、耕す土地を持たない人が10.2%、読み書きのできない人の割合は67%で、25%の人は自分の名前だけは書けた。人びとはポスターを見たり、拡声器による宣伝を聞いたり、近所の人やGUPのVHVから話を聞いたりしてこのキャンプのことを知り、参加した（Prochesta '95: 26-27）。眼科キャンプについては、参加者や地域の有力者がお金を寄付してくれるそうで、費用の6割は人びとの寄付で賄えるのだそうだ。

〈薬草治療〉

GUPではカリアの庭に薬草園を作り、国のあちこちから見つけてきた薬草を植え、種類を増やして立派な薬草園にした。95年からアウトドア・クリニックで薬草による治療を行ったところ、女性たちに喜ばれ、薬草で治ったという話を聞いてさらに患者が増え、95年には約200人が薬草による治療を受けた。GUPは、日頃から村人が近代医療ではないニセ医者を利用していることを知っていて、それよりは伝統的な薬草治療の方が代替治療としてよいと考えたようだ。そこで、薬草治療を専門とするコビラージを雇い、希望する人には薬草治療を行うことにした。VHVもコビラージによる治療を村々で宣伝し、GUPは薬草治療に関するトレーニングを開催して、人びとにより安全と思われる病気治療の選択肢を提供していた。

2.　ヘルス・プログラムのモニタリングと評価

GUPでは1973年の設立から1990年までの間に行ったすべてのプログラムを外部の視点で評価するインパクト調査を行っている。アタウルはモニタリングが重要だと考え、GUPの活動がプロジェクト地域において社会・経済・文化的なインパクトを与えているかの評価を行った。調査によると、健康関連のプログラムは村の人たちの評判が良く、高い効果をもたらしているとのことだった。たとえば、VHVがヘルス・メッセージを家々に伝えて回る活動は村びとにも歓迎され、約80パーセントの女性たちが健康についての知識を身に付けるようになったとしている。そして99%の人が池の水ではなく井戸水を飲むようになり、45%の家庭は排泄物を水で流すか土をかぶせるかして衛生的なトイレを使うようになり、2歳未満の子どもの80%は予防接種を受け、65%の夫婦が何らかの家族計画を行うようになっていた。GUPが女性たちを積極的に活用し、彼女らにトレーニングを施して家の外に出るようにしたことで、迷信を改めて人びとの生活をより良くするのに効果があった、とインパクト調査は述べている［Akhter et al. 1991］。

また1978年には、パラメディックが村を訪問してヘルス・メッセージを伝える予防教育の有効性を評価するために、GUPが健康教育を行った地域と、何もしなかった地域とを比較している。それによると、パラメディックが訪問した村の3500人の母親とその学童期の子どもたちと、訪問しない対照群の村とを比較すると、病気（下痢、疥癬、重症の貧血など）の罹患率は介入した村では35.1％だったのに対して、対照群では97.4％であり、健康教育は有効だったと述べている（Prochesta ‘78: 45-46）。

3. プライマリーケアの重視とヘルス・ボランティア

このように、地域にパラメディックやボランティアを送って人びとに予防教育を行うやり方は、第2章で述べたように、現在バングラデシュ政府がMPHV（Multi-Purpose Health Volunteer）を養成して地域で活用しているのと同じで、今も続くバングラデシュの基本的なやり方と言える。リフキンによれば、1978年のアルマ・アタ宣言以降[1]、どの国もプライマリー・ヘルスケアを重視するようになり、ボランティアを地域で養成して、変革の担い手としての役割を期待するようになった［Rifkin 1996］。

アルマ・アタ宣言の第6条では、プライマリー・ヘルスケアとは、コミュニティの人たちが最初に利用する必須の（essential）ヘルスケアで、実用的で科学的に健全かつ社会的に受容できる方法や技術に基づいたもので、すべての人に手が届くようでなければならないと述べている。これをバングラデシュのコンテクストで考えると、このようなヘルスケアを最も必要とする人びと、つまり貧しく、教育がなく、地理的にも離れたところにいる人たちに届くように提供しなければならないことになる［Perry 2000］。先進国のように、人びとが健康を守るために自分から主体的に病院に行ったり、文字を使って情報にアクセスしたりするのとは異なり、バングラデシュで貧しい人たちにヘルスケアを届けるには、病気を予防するという考え方を人びとの中に産みだし、日常の行動変容に結び付けなければならない。そういう変革を起こすためには、彼らの所に出向いて直接話をしながら伝えるのが合理的だ。とくに、女性たちの移動が制限されている文化的条件の中で、人びとの間にニーズを作り、人々の考え方を変えるためには、新しい考えを持ち込む人が必要で、その役割を果たすのが戸別訪問をするパラメディックやVHV、また子ども病院に入院して健康教育を受けた母親たちだった。彼女らはチェンジ・メーカーとして地域を動かし、人々をエンパワーし、健康に対する考え方すなわち生活習慣そのものを変える役割を期待されていた。しかし、果たして貧しい人たちが時間と場合によってはお金を割いて、ボランティアでヘルスワーカーをするだろうかという疑問が当初はあった。だがこれについては、GUPの報告書を読む限り、ボランティアの成り手には困らなかったようだ。地域から推薦された候補者をGUPが筆記と面接で選抜し、トレーニングを行ってVHVにする。VHVは3年の間にさまざまなワークショップや研修を受けるチャンスを与えられるけれども、3年後にはその役割を解かれ、将来にわたってキャリアパスが開かれるわけではなかった。それでも94年当時ボランティアの成り手があったのは、完全なボランティアではなくインセンティブ程度（500タカ）のお金が支払われたこと、村では他に女性の就業の機会やチャンスが少なかったこと、ボランティアになれば研修への参加や移動の自由などの可能性が開かれたことがあったからではないだろうか。そして何よりも、地域の人びとから信頼され、変化を引き起こしているという自信がやる気につながったものと思われる。

このようなボランティアを用いてコミュニティに働きかけるやり方は、GUPだけでなくバングラデシュの多くのNGOsが用いていた。その中でBRACが採用しているコミュニティ・ヘルス・ワーカーのShasthya Shebikas（health nurse）についてはいくつかの研究が出されている［Arifeen et al. 2013; Kaosar et al. 2012; Sarma et al. 2020; Perry 2000］。これらの研究では、Shasthya Shebikasによって母子保健やその他の健康指標が改善したことを評価しつつ、問題点も指摘しており、その一つがShasthya Shebikasの離職率が高いことであった。GUPは現在も一部の村でヘルス・ボランティアを派遣しているが、94-95年と現在とでは社会・文化的状況が大きく異なるので、ヘルス・ボランティアについては第8章で再び取り上げたい。

4.　多元的なヘルスケアという視点

ここまでに述べたことは、GUPが提供していたヘルスケアの一端であり、村の人たちが利用していたヘルスケアの全体から見ればほんのわずかな部分である。90年代以前のバングラデシュにはヘルスケアがなかったと考えるのは大きな間違いだろう。確かに農村部では近代医療（バイオメディスン）には手が届かなかったかもしれない。しかし、人々が利用していたヘルスケアはバイオメディスン以外にたくさんあり、それを提供する人たちも多様であった。

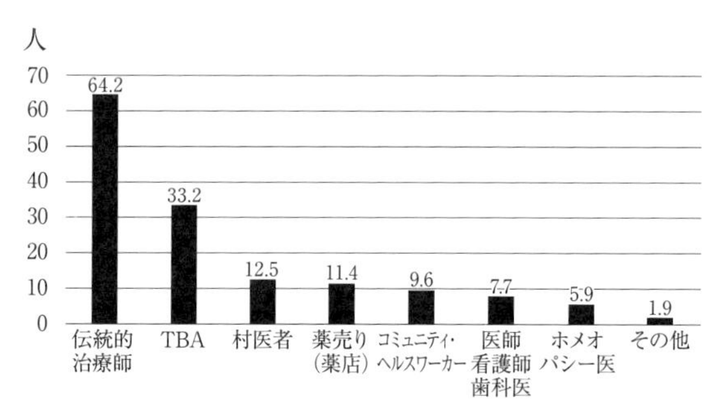

図1　多様なヘルスケア提供者（人口1万人当たりの人数）
出典：Bangladesh Health Watch 2008を参考に、松岡作成

医療人類学者のアーサー・クラインマンは、どの文化でもヘルスケアは一つではなく複数あり、人びとはそれを使い分けていると述べている。彼はヘルスケアを民間セクター（popular sector）、民俗セクター（folk sector）、専門職セクター（professional sector）の3つに分類し、多くの文化で70-90％の治療は身内の人や知り合いなどの民間（しろうとの）セクターで行われていると述べている［クラインマン 2021］。その観点からすると、GUPが提供するのは、医師や看護師などの専門職と半専門職の人たちによるヘルスケアであり、村びとの周囲には、もっと多様な形のヘルスケアが開かれていたと思われる。図1は、バングラデシュの人々がどのような人からヘルスケアを提供されているかを人口10,000人当たりの数で表したものである［Bangladesh Health Watch 2008］。これを見ると、最も多くの人々が利用しているのがコビラージ、フォキールなどの伝統的治療師で10,000人当たり64.2人の伝統的治療師が存在し、次に多いのがTBA（伝統的出産介助者）で33.2人、次いで村医者の12.5人であり、ヘルスケアを担う人々の圧倒的多数は正式な医学教育を受けていない人々だということがわかる。通常、近代化された国では正式な医学教育を受けた人のみをヘルスケア・システムに組み込んでいるが、バングラデシュでは医師・看護師・歯科医師は合わせて7.7人（5%）しかいない。つまり、アーサー・クラインマンの分類による専門職セクターは、2007年の時点でも非常にわずかの人たちにしか利用されていないのである。まして、2007年より以前の90年代のバングラデシュ農村においては、ヘルスケアの資源は専門職セクター以外の多様な人々、その8割以上は正式な医療者ではない人々のところにあったと言えよう。そこで次に、クラインマンの分類に基づいて、民間セクター、民俗セクター、専門職セクターの順に90年代のヘルス

写真2　子ども病院の庭にある台座の周りに集まる子どもたちと
看護師のシュハシ（中央）と通訳のモイナ（左）(松岡悦子撮影、1995年)

ケアの状況を見ていきたい。

第2節　民間セクター：しろうと

1.　子ども病院のお母さんたち

子ども病院はカリアの敷地内の端のほうに位置し、病院の建物前のスペースには大きなドーナツ状の一団高くなった台座があり（写真1)、その台の上で赤ん坊を抱いた母親や子どもたちが日中の多くの時間を過ごしていた。台の真ん中の穴にあたる部分からは巨大な木が二本生えていて、丸い台座はその木の根元をぐるりと取り囲む形になっていた。

その台座の周辺では子どもたちの明るい声が響き、お母さんたちが色とりどりのサリーを身にまとっておしゃべりをしている。子どもたちはそれぞれ病気を抱えているはずなのに、そのきょうだいの子どもたちや近所の人たちも混じっているからなのか皆とても明るい。私は、子ども病院のお母さんたちにどんな理由で子どもが入院しているのか、夫は何をしているのかなどを聞かせてもらおうとお母さんたちの中に入って行った。看護師のシュハシがお母さんたちを良く知っているので、通訳の手助けをしてくれる。最初にお決まりの質問として「何歳ですか」と聞くと、どの女性もまず周りを見回して「えっ、私は何歳なの。だれか教えてよ」と言いいたげにあわてたそぶりを見せる。そして「大洪水があった時に○○が死んで……」とか「戦争があった年にあの子が生まれて……」というように大きなできごとと結びつけて記憶をたどろうとする。数字で何年かと聞かれると混乱するけれども、大きなできごとと関連して結婚や出産が想起されるようだ。周りの人たちも助け舟を出して、色んな意見が飛び交い、ぐるぐると話が回ってだいたいどこかに落ち着くので、それを共同の答えとして採用する。

12人のお母さんのうち結婚したときに生理があったのは4人で、あとの人は生理がまだなかった。それで、結婚したときに生理があったかどうかを聞き、なかった場合はどれぐらいして生理が始まったのか、そして一番上の子は何歳なのかを聞き、生理が始まった年齢をおおよそ14歳と想定してお母さんの年齢を推測した。子どもの年齢はほとんどの人が答えることができたので、おそらく子どもの世代は自分の年齢を言えるようになるのだろう。こうやって推定した12人の女性たちの平均年齢は24.3歳で、結婚年齢は13.6歳だった。学校に行ったことのある人は2人だったが、そのうちの1人は1年行っただけで、あとの1人は学校に行ったけれども名前は書けないとのことだった。夫の年齢ももちろんわからない。夫の職業は日雇い労働者や農業、荷物運び、渡し船の漕ぎ手、バン（荷車）の運転手などだった。12人のうち11人がムスリム、1人がヒンドゥーで、偶然なのだろうが入院していた12人の子どもの全員が男の子だった。12人のうち避妊をしたことがないのは6人で、残りはピル、注射、コンドームを使っていた。ピルや注射をしている人は吐き気や頭痛があるとのことだった。

子ども病院に入院中のお母さんたちは、第2章で述べたように、退院後は村に帰って子ども病院で学んだことを伝え、村の灯台になることを期待されている。その意味で、彼女らは母親として自分の子どもの病気治療をするだけでなく、村全体の病気予防や衛生改善に力を発揮することを期待されている。以下で、何人かのお母さんたちのプロフィールを紹介しておきたい。

リナは22歳で、2歳半の男の子が歩けないので入院している。結婚してすぐに生理があり、1年後に第1子（7歳）が生まれ、全部で3男1女がいる。避妊したことはないけれども、もう子どもは欲しくないので注射による避妊をしようと思っている。でも義理の父はとても厳しいムスリムで、この病院に来ることも許さないので内緒で来ている。多分避妊もさせてもらえないだろう。出産は自宅でダイにとりあげてもらった。学校には行ったことがなく、名前も書けない。夫は自分の土地を耕していて40歳ぐらいだと思う。彼女は話をしている間ずっとにこりともせず、厳しい表情だった。

レクソナは15歳で、4か月の赤ん坊を抱っこして暗い表情で一人離れて坐っていた。結婚する3か月前に生理があり、すぐにこの子を妊娠した。夫は30歳ぐらいだとのこと。夫はお金を少しも渡してくれず、結婚して7か月でどこかに行ってしまったので、もう離婚して実家に帰るつもりだという。母乳が出なかったけれど、ここに来て出るようになった。これからどうしていいのかわからないとレクソナが言うと、看護師のシュハシがGUPでバティックの仕事とかできるわよと勇気づけている。赤ん坊はシュハシによれば腎臓病だそうで、レクソナに抱かれてぐったりしている。レクソナは髪の毛がとても薄くて、体は小さくやせており、栄養が足りていないように見える。私たちが彼女に話を聞いてから、彼女の表情が明るくなり、話し終わった後に彼女は赤ん坊の顔を私たちの方に向けて、一緒に写真を撮ってというようにかわいい笑顔でほほ笑んでくれた。

子ども病院にいるお母さんたちはたいてい乳飲み子を抱えているので、子どもに乳を飲ませたり、抱っこしたりしながら話してくれる。レクソナの赤ん坊が台の上におしっこをしたら、ちょっと大きめの男の子がどこからか水を汲んできてさっとかけて流した。別のお母さんの子どもがうんちをしたら、お母さんは草をちぎって拭いて、そのあとぼろ布でさっと拭いた。別の子どもがお母さんに抱かれながらおしっこをしたら、お母さんは子どものお尻を自分の体からずらしておしっこが地面に落ちるようにし、濡れた手をサリーで拭いて、その後サリーを搾った。どの赤ん坊も下半身は何も着けていないので、おむつを取り替えたりおむつを洗ったりしなくてすむ。お母さんたちにとって、ダッカから来たモイナと私はちょうどいい退屈しのぎになったようで、私たちを材料にして冗談を言い合っている。一人のお母さんが、私に「この子の服を見てよ。こんなボロしかないのよ。いいのがあったらちょうだいよ」と言い、別のお母さんも「私のサリーを見てよ。穴があいてるのよ。新しいのをくれない？」と言って、皆でどっと笑っている。貧しさを共有してあきらめの気持ちを笑いに転化しているようだ。みんな貧しく、子どもは病気だけれど、その境遇を認め合って「ほんと、何とかならないかしら」と皆で不幸を分け持ち、自分たちの耐える力に転換しているようだ。通訳としてダッカから来ているモイナは、「お母さんたちは子どものことを聞かれるとみんな関心を示すのに、夫のことを聞かれても誰も興味を示さなかった」とつぶやいていた。

2.　村のヘルス・ボランティア（VHV）

ハリマは毎日9時から12時の間にVHVとして8から10世帯を訪問し、月に

500タカをGUPから支給されている。VHVは全員若い女性だが、VHVを監督する立場にいるのは2人の30-40歳代の男性だ。私はハリマと一緒に一つの村を訪問し、妊娠・出産についての村の人たちの伝統的な考え方と、それに対するVHVの対応を聞くことにした。ハリマによれば、人びとが昔からやっている避妊や中絶の方法には、植物や木を利用したものがあり、不妊の場合に米とdurbaという草を混ぜて餅のようにして7日間食べ続けると妊娠するとされているそうだ。VHVは、何度か家庭を訪問して親しくなってから避妊の話を持ち出して、近代的なやり方をするように勧めると語っていた。普段は、男性の監督者が一緒に訪問するわけではないが、今日は私を案内するということで監督者の男性も同行していた。

私は妊娠中から産後までの期間にどんな言い伝えや信念があるのかを村の女性たちに尋ねた。すると、魚には悪い霊が憑いているかもしれないので、妊娠中は魚を料理したり食べたりしないようにする。小さな豆のダルを使ったスープは人びとの常食なのに、妊娠中に食べると赤ん坊の目が見えなくなるかもしれないという。ココナツを食べると、赤ん坊が白目だけになって目が見えなくなるとされる。マンゴーなどの汁の多い果物を食べると、妊婦は浮腫になる。緑の野菜を食べると便が柔らかくなり、量が増えるという。そうなると、妊娠中に食べられるのは、米とわずかなものしかないことになる。また妊娠中には、真昼間や暗くなってからは外に出ないようにする。昼の12時頃は危険な時で、子どもたちにも外に出ないように言う。妊婦の夫は外から帰ったら火で手足をあぶって、悪い霊を追い払ってから家に入る。これらの言い伝えが、どの程度人々の実際の生活に影響力をもっているのかはわからない。しかしハリマ達ヘルス・ボランティアはその村で育ち、このような迷信や言い伝えを小さい時から聞いて育ったとすると、教育やヘルスメッセージを伝えるときにこのような信念にどう対処しているだろうか。

私はそういう疑問に駆られて、ハリマに「今、色んな言い伝えを教えてもらったけれど、そういう言い伝えに対してあなたは何て言うのですか」と聞いた。村の人たちが周りを取り囲んでハリマが何と答えるのかをずっと注視し、VHVの監督者の男性2人もそばに座って答えを待っている。ハリマはしばらく体が固まったかのようにうつむき、無言のままでいて、ようやく意を決したように「今言ったことは全部正しくありません」と言った。私は、何てことを聞いてしまったのだろうかと後悔した。ハリマは監督者がいる前で、VHVとしてそれらの言い伝えを肯定するわけにはいかないものの、かといって人びとが言ったことを否定するのも村の中での人間関係をこじらせる可能性がある。私はハリマをダブルバインドな状況に追い込み、苦しい答えを要求してしまった。

VHV は日頃から村びとと NGO から示される近代的な考え方との間に立ち、村びとの信頼を得つつ彼らの信念や行動を変えるという難しい役割をこなしているのに違いない。相反する考え方の狭間でバランスをとることに苦労しているはずのハリマに、どちらの答えをしても、もう一方の側を否定することになる質問をしてしまった。答え方によっては、2 人の監督者の前でハリマは立場を危うくしかねなかったが、今回の彼女の答えは村人の考え方を否定することになった。「今言ったことは正しくありません」と言われたことに対して、村人たちがどう感じたのかを聞くことはなかったが、村びとにしてみれば、昔からの言い伝えを聞きたいと言われて教えたら、最後に「それは正しくない」と否定されたことになる。帰ってからその時に写した写真を見ると、男性と子どもたちは屈託なく笑っているのに、女性たちはむっつりと笑顔がないように見えるのは、彼女らが気分を害されたからなのか、あるいは私の気持ちの反映でそう見えただけなのかはわからない。けれども、あの時ハリマがどんな気持ちにさせられたのかを考えると、自分の不用意な質問を反省せざるを得ない。

ここに挙げた子ども病院のお母さんたちや、GUP が養成している VHV はしろうとでありながら、村で清潔や栄養、予防接種などのヘルス・メッセージを広めたり、村の生活習慣をより健康的なものに変えたりするエージェントとしての役割を期待されている。彼女らは実際に治療にかかわるわけではないものの、病気になる前段階の予防の意識や健康に対するニーズを人々の間に産みだし、GUP のヘルス・プログラムに人々をつなぐ役割を果たしていると言える。

第 3 節　民俗セクター：村医者

村医者（gram doctor）は正規の医師免許を持たずに、村の人たちにバイオメディカルな診察・治療をしていることから、都会の人や研究者からはニセ医者とも非正規の医者とも言われている。彼らは、先ほど述べたクラインマンの分類で言えば民俗セクターの治療師にあたる。なぜなら村医者はしろうとではなく、かつ正規の医師でもないものの、その文化で治療の担い手と見なされているからである。村の人が医者という時には、正規の医学部を出た医師（MBBS doctor）ではなく村医者を指していることが多く、村医者こそが人びとにとっての治療への入り口になっている。次に、3人の村医者の話を紹介する。いずれも1995年の聞き取りに基づいている。

1.　ムクテシュ

カリアに住む村医者のムクテシュを訪問した時、彼は女性の患者に処方箋を書いていた。女性に付き添ってきた親戚が、この人は去年も胃潰瘍と扁桃腺炎で元気がなかったんだけど、今年もまたぶり返したようだと説明している。ムクテシュは処方箋に抗炎症剤のジクロフェナク他を書いて、患者に薬の飲み方を説明した。

ムクテシュが村医者になったのは5年前で、88年まではGUPのワーカーとして働いていた。88年から別の村医者に弟子入りをして診察や治療の技術を学び、今は1日に5-8人の患者を診ている。雨季に入ると下痢や熱の患者が増えて、日に20人～50人になることもある。ムクテシュはヒンドゥーだがどの宗教の人も診るし、自分の処置では無理だと思ったら、郡の政府の病院に行くように勧めると述べている。これまでにうまく治療した例として、麻痺の女性を治したことや、ルクリアの女性を治療したことがあると答えた。ルクリアというのは女性特有の病気で、白い下り物が増えて、めまいや食欲不振、体重減少が起こる[(2)]。治療には薬草を用いる場合もあれば、患者が望めばペニシリンを処方することもあるそうだ。ここにある薬はテケルハット市場の薬局で買ってきたもので、ここに薬がある時には渡すが、なければ処方箋を書いて患者に買うように言う。病気の種類にかかわらず1回の診察で10タカもらい、往診にも出向く。

そこに子ども連れの女性が入ってきた。

ムクテシュ	どうぞここに坐ってください。息子さんの体調はどう。まだ熱がある。
母	まだ熱があって、何も食べたがらないんです。
ムクテシュ	便の状態は。
母	トイレに行く間隔は減っているけれど、まだ便に血が混じります。

ムクテシュは子どもの脈を診て、目を見て「口を開けて、舌を見せて」と言い、お腹を軽く押さえて「痛いか」と聞く。子どもは「痛くない」と答える。

写真3　村医者のムクテシュ（松岡悦子撮影、1995年）

母	この子は何も食べたがらないんです。始終食べさせようとするんですが。
ムクテシュ	薬は飲んだ？
母	飲みました

私が何歳ですかと横から聞くと、母親はこの子は1988年の大洪水の時に生まれて、だから7歳ですと答えた。

ムクテシュは「この前はどっちの手に注射したかな。息を吸って手を握って、動かないで」と言って子どもに注射をした。25%のDextrose（グルコース）を注射したとのこと。この子どもは、実は1週間ぐらい前から下痢が始まっていたけれど、ムクテシュの所に来たのは3日前で、彼は赤痢と診断してORSと薬を処方した。今回は下痢の症状は少しましになったものの、子どもが食べようとしないので母親は心配していた。

私はムクテシュに出産の場に呼ばれることがあるかを聞いてみた。彼はあると答えて、次のような例を話してくれた。

その女性は陣痛が7時間続いていて、陣痛が弱いというので呼ばれた。脈をとるととても弱かったので、生理食塩水を点滴で入れた。最初はゆっくりと、そして脈が正常になってきたら普通のスピードで入れる。介助しているダイに、子宮口が全開するまで待つように言い、全開したら500ccの生理食塩水に1アンプルのオキシトシンを入れたところ、20分ほどして赤ん坊が生まれた。ムクテシュは、子宮口が全開するまではオキシトシンを入れないと言い、2回オキシトシンを入れても分娩にならない場合は、女性を郡の政府病院に送ると述べた。

出産には年に12-14回呼ばれるとのことだ。

ムクテシュの診療室の棚には、抗生物質も抗ヒスタミン剤もあり、どんな場合にどんな薬を使うのかを説明してもらっていたところ、今から小さな手術をしに行くけれど一緒に行くかと聞かれたので、連れて行ってもらうことにした。ムクテシュは黒い薄っぺらい鞄一つを持って歩きだした。右乳房が腫れて膿を持っている女性の膿瘍を切除するのだそうだ。

女性の家に着くと、それまで仕事をしていた女性が家の入口の土間にゴザを敷いてそこに坐った。夫とおそらく姑がやって来て、夫は坐っている妻の後ろに立ち、妻の頭を両手ではさんで顔を横にそらせている。ムクテシュは「怖がらなくていいよ」と言い、乳房の腫れものの横に注射針を差し込んで中の膿を抜いた。女性は「お父さーん、お母さーん」と叫んで泣いている。ムクテシュは麻酔の注射を打ち、「どう、まだ痛みを感じるかい」と聞く。妻が何も答えないでいると、「多分、大丈夫だろう」と夫が答えたが、女性は「お父さーん、お母さーん」と叫んでいる。夫が「やめろ」と叱る。女性は上半身を倒してゴザに寝る姿勢になり、夫が女性の腕を押さえた。姑は女性の頭にオイルを塗ってやっている。オイルを塗るのは頭を冷やす、落ち着かせるという意味なのだそうだ。ムクテシュはしゃがんで、女性の頭の方から膿瘍の部分をメスで十字に切り、中の膿を絞り出し、過マンガン酸カリウムの液に浸したガーゼで傷口を洗い、残りのガーゼを傷口の周りに巻いて、上から綿を被せ、赤いビニールテープで十文字に固定した。手術が終わると、ムクテシュは家の人にお湯を持ってくるように言って、使ったメスなどを中庭でお湯に漬けて洗った。自分の手も石鹸で丁寧に洗った。その後女性の所に戻って、ペニシリンの注射をどこに打とうかと聞くと、女性は「何も打たないで」と言った。夫は「打たないと良くならないぞ」と言い、ムクテシュは「打たないと痛みが続くよ」と言ってペニシリンを注射した。その後、ムクテシュはゴザの上に抗炎症剤や痛み止めの薬を広げて、飲み方を姑に説明して渡した。

帰り道で、私は歩きながらムクテシュになぜ村の人は病院に行きたがらないのかと尋ねた。彼は、病院の医師は村びとを丁寧に診察しないし、患者に対して偉そうにするので、村びとは医師の前では窮屈に感じる。けれども村医者に対しては、村びとは友達のように気楽に話をすることができるからだと述べた。また、村医者には医師と比べてずっと少ない支払いですむ。さっきのような手術なら、病院だと200タカはかかるだろう。ムクテシュは60タカを請求した。また、今のような時間帯（午後2時頃）には移動のためのバンを見つけるのはむずかしい（バングラデシュの昼食の時間は午後1時〜2時頃と遅く、2時頃はバンの運転手が昼食をとっている時間のため）。もし村の人がこの時間帯に公立の郡病院に行こうと思っても、乗り物がないので行けないし、医師に往診に来てもらうには莫大なお金が必要になる。そこで、まず村医者がプライマリーケアを行い、それ以上の治療が必要な場合に郡の病院に行くようにすればうまくいく、とムクテシュは説明した。また彼は、自分の病院での経験についても話した。病院では、人はあちこちでたくさん袖の下のお金を払わなければならない。たくさんお金を渡すと、良いサービスを受けられると期待するからだ。でも病人の体の状態ではなく、袖の下のお金の額で治療内容が変わるとしたら問題だと彼は言う。そんなお金を払えない人たちが村にはたくさんいるのだから。

2.　ジョゴボンドゥ

ジョゴボンドゥは現在75歳のヒンドゥーで50年前から村医者をしている。学校には10年生まで行った。子どもは4男6女で全員が生存している。男の子のうち3人はインドにいて、医師になっている子もいる。父親も祖父もコビラージとして薬草を使った治療をしていたので、ジョゴボンドゥも最初の10年間は薬草で治療をしていたが、患者の数が減ってきたので、LMFドクターのアシスタントになった（LMFドクターというのは、個々の医学部や医療機関が認めた医師資格で、当時はそれで正式な医師と認められていたようだ）。3年間LMFドクターの下で助手をして村医者となって以降は、近代医療の薬を使うことが増えた。どちらの治療法にも良い点・悪い点があって、薬草はゆっくり効くが、近代医療は早く効く。薬草治療の時には注射をしていなかったが、今は注射をしている。患者は、村医者になってからの方が薬草だけを使っていた時よりも増えた。彼はイギリス統治時代から治療をしていてこの地域では有名なので、昔は1日に100人来ることもあったが、今は1日に3-4人になっている。薬については、保管するライセンスがないので置いていない。処方箋を書いて患者に買ってもらう。私たちが行ったときには、遠い親戚にあたる22歳の男性が助手として一緒に治療をしていた。助手の男性は、体に麻痺がある老人に注射を打っていた。

ジョゴボンドゥは出産にも呼ばれることがあるそうだ。胎児の位置がおかしい時には手を出さず、病院に行くように言う。難産であっても鉗子は使わず、陣痛を促進するだけだそうだ。かつて、子癇が起こって呼ばれたことがあった。分娩が終わってから2回モルヒネ注射をして母親は助かったが、慣れていない医者だと、分娩の前にモルヒネを与えてしまう可能性がある。そんなことをしたら大変なことになるだろうとジョゴボンドゥは言い、自分は本物の医師ではないので、危険なことにならないように慎重に対処していると語っていた。

3.　ディノバンドゥ

私たちが訪問した時、ディノバンドゥは不在で、彼の妻と息子の妻が話をしてくれた。ディノバンドゥは16歳の時に12歳の現在の妻と結婚したそうで、彼はその時10年生だった。妻の父親が薬草治療をするコビラージだったので、結婚してから義理の父を見習って薬草治療を始めたそうだ。彼はさらに、正規の医師のもとで3～4年間助手として働き、7年前には政府の村医者養成のトレーニングを受けて、村医者としての資格をもらった。妻によれば、彼はタビジ（聖なる言葉が書かれたお守り）やパニポラ（祈りの言葉を込めた水）を病人に与えることもあるし、悪霊を払う力も持っているとのこと。その場にいた人が、このタビジは50タカだったけれど、500タカするタビジもあるのよと教えてくれた。どんな人が患者として来るのかという私の質問に、彼の妻はあらゆる人が来るけれど、子どもの治療が多い。なぜなら子どもは悪霊に憑かれやすいけれども、近代医療では悪霊を払うのは無理なので、ディノバンドゥのような力を持つ人が頼りにされるのだと述べる。

そこにディノバンドゥが帰ってきた。彼は体格が良く、声も大きく、精悍な顔立ちで50歳代前半に見えた。ディノバンドゥは、自分はもっぱら薬草を使って治療すると言い、たまに抗生物質を使うけれど、抗生物質は副作用もあって危険だと述べた。そして自分はヒンドゥーなので、ヒンドゥーの神の力を利用して治療すると語り、これまでに学んだ治療法の順番を述べた。まず、霊を払うための呪文とそれを込めた水による治療の方法を学んだ。その次に、薬草による治療とホメオパシーの治療を学び、最後に近代医療を修得した。彼は患者に合わせて治療法を工夫するけれども、一番得意なのは薬草による治療で、それを32年間続けてきたという。私が「それならなぜ近代医療を勉強したのですか」と聞くと、「時代が変わったからだよ。今ではみんなすぐに治ることを期待する。テラマイシンとかFicillin（アンピシリンと同じ）といった抗生剤はすぐに効くのでたまに使うけれども、いつもではない」と彼は述べた。毎日朝から午後3時まで患者を診て1回に5タカを請求している。子どもや女性の治療が多いそうだ。

私が出産にも呼ばれるのかと尋ねると、ディノバンドゥは呼ばれることがあると述べた。かつては鉗子などの道具を使うことがあったが今は使わないし、出産はダイが行うのを手伝うだけだと述べた。出産に際しても、女性たちは薬草や聖なる水を飲むなどのコビラージのやり方を好むとディノバンドゥは言う。陣痛がある時に呼ばれると、まず聖なる水を飲ませる。すると陣痛がきつくなる。またShatomuliとTatulの木の根を髪の毛に付けるのも陣痛を促進する効果がある。女性特有の病気に生理痛があるが、これにはAshathaという木の皮と乳を混ぜて飲ませると治る。またルクリアは女性特有の病気で、血が汚れているか、性的な欲情が強すぎる場合に白い下り物が増える。その場合はShatomuliの根と乳とモラセス（サトウキビの蜜）を混ぜて飲むと治る。また、悪霊（batash）に取り憑かれて流産が2-3回続いたら、木の枝と呪文を使って霊を払うと述べた。彼は頭蓋骨のような物を手に持ち、「死んだ体の頭蓋骨、蛇の皮、かまどの土……」と唱えはじめ、「こういう言葉をタビジに詰めると、悪い霊は去っていく」と語った。私が「ムスリムの女性は男性の医者の所に行きたがらないと聞きましたが、どうして女性の患者が多いのですか」と尋ねると、ディノバンドゥは「僕は女性を母親として尊敬していて大切に扱うからだよ」と述べた。

ここに紹介した3人の村医者は、いずれもヒンドゥーの男性だった。村医者になった過程を振り返ると、ムクテシュは先輩の村医者に弟子入りして技術を学び、またGUPのコビラージのサヌアから4日間の薬草のトレーニングを受けていた。ジョゴボンドゥは祖父や父から薬草の知識を教わり、その後近代医療の医師の助手になって知識を得た。ディノバンドゥは16歳で結婚して義父から薬草の知識を学んだが、タビジやパニポラという呪術的な治療を先に学んだとするなら、おそらく義父がその両方を彼に伝えたのだろう。その後、彼はホメオパシーや近代医療も学んでいる。

村医者になる方法として、文化人類学者のShahは以下の6つのなり方を挙げている［Shah 2020］。正規の医師の見習いになる、トレーニングを受ける、薬売りから転職する、製薬会社の営業職から転職する、村医者の見習いになる、家族の誰かから継承するの6つだが、この3人の村医者の誰も薬売りや製薬会社の営業、トレーニングという経歴は経ていなかった。3人とも薬草による治療と近代医療を併用し、さらにディノバンドゥは呪術的な方法やホメオパシーも用い、近代医療だけでないハイブリッドな治療を実践していた。彼らは伝統的なコビラージの治療法を身に付けた上で、時代の変化に合わせて近代医学も身につけた点が共通している。また、どのような経緯で村医者になるかは、その村医者の腕とも関わっていそうである。なぜなら、薬売り、村医者、ヘルスワーカーという正規の医師でない人たちを比較した研究によれば、薬売りが最も若く、経験年数が浅く、抗生剤などの薬を使いすぎる傾向が見られた。それに対して、村医者は最も経験年数が長く、学歴も高い傾向があったとされる［Ahmed & Hossain 2007］。この3人の村医者は薬草の知識を持ち、先輩に弟子入りし、見習い期間を経ているため、製薬会社や薬店で覚えた薬の知識をもとに病気治療をする人よりも無理のない治療を行っているようだ。さらに、学歴に関してムクテシュは不明であるが、残りの2人は高齢にもかかわらず10年生まで教育を受けており、村の中では高い学歴を持っていると言える。

また、意外に思われたのは、彼らが女性の患者をたくさん診ていることである。村医者はほぼ男性なので、女性の患者にはほとんど接触しないと述べた本もあるが［Perry 2000］、少なくともこの地域の事例を見る限り、女性は村医者をよく利用しているようだ。しかも、村医者はルクリアという女性特有の病気や生理痛をも治療し、ムクテシュは女性の乳房の手術を行っていた。そして、村医者は出産の場に呼ばれて、あと一息というときに陣痛を強めたり、体力を持たせるための点滴を行ったりしていた。女性と男性の空間が厳しく分けられるパルダの習慣（第7章の174頁参照）がありながら、このように村医者が性の境界を越えて女性特有の病気を治し、乳房の手術をするのは意外に思われる。しかし、村医者の治療法が薬草の他に聖なる水やお守りといった呪術的なものであれば、女性にとってはむしろ利用しやすいのかもしれない。近代医療の場合には、体を医師の前で露にしなければならないが、薬草や呪術的な治療の場合は医者に体を見せなくてもすむからだ。ムクテシュは、人びとが村医者を利用するのは値段が安く、患者を丁寧に扱うからだと述べ、ディノバンドゥは、女性を尊敬して大切に扱うからだと述べていた。地理的な点においても、病院まで行くには交通手段を見つけて移動しなければならず、女性は誰か男性に付き添ってもらわなければならない。さらに病院に着いても長時間待たされたり、あちこちで付け届けのチップを渡したりしなければ丁寧に扱ってもらえないと村人は考えている。これらのことから、村人にとって村医者の存在がいかに身近で現実的な選択であるのか、それに比して近代医療が社会的に手の届かない手段であるのかがわかる。

第4節　専門職セクター：タナ・ヘルス・コンプレックス

GUPのラジョール・オフィスから約1キロ離れたところに、政府の病院であるタナ・ヘルス・コンプレックスがある[3]。政府が第一次五か年計画（1973-1978）

に際して、基本的なヘルスケアを国民に提供することと人口抑制を目的として作られたのが、タナ・ヘルス・コンプレックス（郡の保健施設）とユニオンレベルの Union Health and Family Welfare Centre だった。

1994 年 3 月にタナ・ヘルス・コンプレックスを訪問した時には、建物の入り口に客待ちをしているバンがたくさん集まっていた。院長は恰幅のいい男性で、彼が内部を案内してくれた。病棟は全部で 31 床あり、男女それぞれの病棟が 15 床ずつと、分娩室が 1 床になっている。ベッドとベッドの間隔があいており、ナイチンゲール病棟のように一部屋にたくさんのベッドがずらっと並んでいる[(4)]。病棟に入る入り口には檻のような金属の金網があって、面会人が勝手に入ってこないように鍵がかけられている。医師は全部で 9 人、看護師は 5 人とのことだった。

病院の近くに、やはり政府の機関で家族計画を行う Union Health and Family Welfare Centre があり、そこでは Family Welfare Visitor（FWV：家族福祉訪問員）が MR（Menstrual Regulation 月経調節）を行うとのことだった。2 人の FWV の女性が MR を行うのに用いる道具を見せてくれた。最終月経から 45 日以内の妊娠の場合には MR と呼ばれる初期中絶が行われるが、バングラデシュでは MR は中絶ではないとされている。バングラデシュは中絶を法律で禁止しているので、MR のことばを使って実質的な中絶を可能にしているわけだが、MR の運用にあたってはさまざまな制限が課されたり、その逆に融通がきかせられたりしている[(5)]。この施設では月に 10 件程度の MR を行い、卵管結紮やパイプカットも行っているが、1993 年には男性のパイプカットは 0 件、女性の卵管結紮は 30 件だったとのことだ。男性が避妊をすることは少ないのかと尋ねると、男性は一家を支えるために外で働かなくてはならず、避妊の健康被害が出ると一家が生活できなくなるので、女性が避妊すると説明された。

タナ・ヘルス・コンプレックスから帰る時には、病院のジープで送ってくれた。このジープは救急車も兼ねているようだが、村びとがこのジープを救急車として呼ぶことは考えられず、また病人を運ぶためにこのジープが使われるとも考えられなかった。恐らくこのジープは、私のように外国から来た人や、重要な客や医師の送り迎えに使われるのだろう。ジープに乗って中から外を見ると、道を歩く人たちが乱暴にわきに退かせられているように見える。ジープは明らかにタナ・ヘルス・コンプレックスの権威を表象する乗り物だ。ダッカではリキシャやベビータクシー（自動三輪タクシー）に交じって車も走っているが、その当時見かけるジープや TOYOTA、ワゴン車などの大型車にはたいてい NGO

団体や外国の機関の名前が書かれていた。そんな車に乗っている人たちは、当然NGOsやドナー機関と関係のある人たちで、道路を歩いている一般のバングラデシュ人たちとは別世界の存在に見えた。

とくに、車体に大きくNGOや外国の団体の名前を書いた車がクラクションを鳴らし、道からあふれ出てくる人たちを追い払うように運転する様を見ると、人びとがどういう思いでそれらの車や車体に書かれた団体を見ているだろうかと考えさせられる。それらの団体は大きな権力として人々に認識されていたに違いない。文化人類学者のピントは、インドにおいてヘルスワーカーが組織や機関に所属しているという権威を用いて村びとに接していることを参与観察で述べている。組織や機関はヘルスワーカーに正統性を保障し、彼女らはその権威を日々演じるのである［Pinto 2004］。今、こうして私が、ジープの中からわきに急いで逃げる人たちを見ていると、村の人たちとヘルスケアを提供する側の関係、さらには村の人とNGOsとの関係を考えさせられる。タナの政府病院だけでなく、GUPも村の人にとっては大きな権力と映っているのだろう。

第5節　アーサー・クラインマンによる多元的なヘルスケア

クラインマンは、ヘルスケア・システムは、「特定の地域の社会・文化的な状況下で人びとがどのように病気に対処するのか、すなわち病気をどのように認知し、命名し、説明し、処置するのかの結果であり条件でもある」と述べ、そのような行動や信念は文化のルールに従ってなされるので、ヘルスケア・システムは文化システムだと述べている。そして、ヘルスケア・システムの内部は、互いに重なり合う3つのセクター、つまり民間（しろうと）セクター、民俗セクター、専門職セクターからなっていて、どの文化でも病人はこの3つのセクター間を行き来していると述べている［クラインマン 2021: 29］。そうであれば、病人にとってヘルスケアは常に複数あり、専門職セクターはそのうちの一つということになる。つまり、近代医療は複数ある治療法の中の一つであり、私たちはバイオメディスンが一部をなす多元的なヘルスケア・システムの中で生活している。とくにバングラデシュにおいては、1994-95年当時、専門職セクターは村びとにとってはほとんど利用されていないセクターで、代わって村医者やその他の宗教者、また妊娠・出産についてはTBAであるダイが、女性たちの最初に接触する相手だった。

クラインマンは、ヘルスケア・システムを文化システムとして分析する上での妨げになる要因として3つをあげている［クラインマン 2021: 29］。1つは、医療の専門家の間に見られるエスノセントリズムで、バイオメディカルなパラダイムに固執するというバイアス。2つ目は、発展途上国の医療専門家に見られる先進国の専門職セクターを理想と見るバイアス。3つめは、癒し（healing）を文化的な現象として扱ってこなかったことである。

私が参与観察した1994-95年当時のヘルスケアの状況を、クラインマンのこの考え方に沿って見るならば、村では人々はこの3つのセクターを自由に行き来し、多元的なヘルスケアを実践していたように見える。もちろん、バイオメディカルな治療を正規の治療と見なし、村医者をニセ医者と見なして、バイオメディスンを基準にヘルスケアを判断する見方は、都会の人たちや教育のある人たちには存在した。しかしここに挙げた3人の村医者は、いずれも薬草などと並行して近代医療を実践しており、バイオメディスン自体は資格のあるなしの境界を越えて浸みだしていた。また、村医者たちはバイオメディスンを優先させるわけではなく、薬草やアーユルヴェーダ、ホメオパシー、霊的な治療などの多様な治療法を提供しており、その意味で彼らはバイオメディスンに対して相対的な見方をしていた。ただ、だからこそ村医者が正式な医師資格がないにもかかわらず、処方箋を書いたり薬を与えたり、手術までしたりすることに対して、潜在的に危険な行為を行っているという批判が正規の医師から出てくることになる。そこにはバイオメディカルな知識が正しく、その教育を受けていない非正規の治療者がバイオメディスンを実践するのは危険だという見方があり、正規の医師とそうでない治療者との間に境界が設定されている［Cross & MacGreagor 2009; Mahmood 2010］。

さらにクラインマンの2つ目の指摘、専門職セクターの治療を理想的な形と見て、村医者などの治療を劣ったものと見ることは、医療専門家の間には見られたが、村の人たちはそのような見方を共有していなかった。人びとが専門職セクターに行かない理由として、ムクテシュは袖の下として支払うお金も含めて多額の費用がかかること、患者の扱いが親切ではないこと、遠くにあってアクセスが悪いことを挙げていた。したがって、人々はより親切で安く、歩いて行けるところにある村医者やダイを利用していた。このことは、人々がヘルスケアに何を求めるかを示していて興味深いが、考えなければならないのは、村の人たちがバイオメディスンと村医者とを比較して村医者の方を選んでいることである。90年代には、GUPにおいて確かに正規の医師であるラジャックがヘルス・チームを監督していたが、コビラージによる治療も、ボランティアのヘルスワーカーによる予防教育もいずれもが重視され、正規の医師を特別視する感覚は今より少なかった。

とはいえ、村医者がバイオメディスンや公的な病院との対比の上で選ばれていることは、公的なヘルスケアに問題があることを示している。たとえば、病院では本来任命されるべき医師や看護師のポストが空いたままであったり、任命されているのにその医師がいなかったり［Chaudhury & Hammer 2003］、また袖の下のチップをあちこちで払わなければならなかったりしている。このように公的な病院が十分に機能していないことが、人々を専門職セクターから遠ざけるもう1つの理由になっていただろう。この時点では、ラジョール郡には政府のタナ・ヘルス・コンプレックス以外に民間（私立）の病院はなかった。だが公的な病院への不満は、人々がたとえより高価であっても私立病院にいずれ向かうことになる素地を作っていた。それについては第8章で述べる。

このように、90年代のバングラデシュ農村では、バイオメディスン以外の民間セクターや民俗セクターの裾野が広く、正規の医師以外の人々がヘルスケアの担い手になっていた。その一方で、ドナー団体やNGOsはバイオメディスンを正統なヘルスケアと見なし、人びとがその恩恵を受けられるようにすることをめざしていた。TBAトレーニングやヘルスワーカーのトレーニングは、基本的にはバイオメディカルな見方を広めることを目標にし、グローバルな資本はバイオメディスンに基づくプロジェクトに予算を投じてきた。その中で、GUPが薬草治療をヘルスケア・プログラムの中に取り入れたのは、多様で安全なヘルスケアを提供することと同時に、コストの点でのメリットがあったからだろう。ヘルス・プログラムはGUPにとっては持ち出しで、ずっと赤字が続いていたからだ。バイオメディスンと専門職セクターを基準にヘルスケアを組み立てる方向性はすでに世界の流れになっていたが、90年代のバングラデシュでは図1にあるように、正規の医師や看護師の割合は圧倒的に少なく、伝統的治療師や村医者、TBA、薬売り、ヘルスワーカーを含む非正規の人たちが大部分を占めていた。その意味でクラインマンが述べたような多元的なヘルスケアが、目の前で展開されていたのが90年代のバングラデシュ農村だったと言えよう[(6)]。

注

(1)　アルマ・アタ宣言は、1978年9月6–12日に当時のソ連カザフスタン共和国の首都アルマ・アタ（現在のアルマティ）で開かれたWHOとユニセフ主催の会議で採択された。その経緯については、Kickbusch I. 2000, Cueto M. 2004, Brown et al. 2006参照。アルマ・アタ宣言の文面については、以下を参照。
chrome-extension: //efaidnbmnnnibpcajpcglclefindmkaj/https: //cdn.who.int/media/docs/default-source/documents/almaata-declaration-en.pdf?sfvrsn=7b3c2167_2 （2023 年 1 月 27 日）
宣言の第 5 条で、「西暦 2000 年までに世界中のすべての人々が社会的・経済的に生産的な生活を送ることができるような健康状態を達成すること（Health For All by the Year 2000）」とされている。

⑵　バングラデシュだけでなく南アジアの女性たちの間では、白いおりものが出るルクリアが、精神的なストレスや体調不全を表すイディオムとして用いられていると、Trollope-Kumar は述べる。アーユルヴェーダ医学では、身体から体液が出ることで病気になると考えられ、女性にとっておりものが出るルクリアはその表れとされる［Trollope-Kumar 2001］。

⑶　タナは 1982 年にウパジラ（Upazila）と名称が変更になったとのことだが、95 年の時点では、タナ・ヘルス・コンプレックスと呼ばれていた［Osman 2008］。

⑷　ナイチンゲール病棟とは、大部屋に 30 床余りのベッドが、カーテン以外何の仕切りもなく並べられているもので、ナースステーションが部屋の中央にあり、患者を常に視野の中におさめることができるようになっている［松岡 1992］。

⑸　日本にいるバングラデシュ人医師の話によれば、MR とは早期の中絶であり、最終月経から 45 日以内に行うことが理想とされるが、60 日以内でも 2 か月半でも場合によっては可能だとのこと。政府のクリニックでは無料で行っているが、いくつかの条件があり、既婚者のみ可能、第一子の場合は受けられない、第二子以降については医師と相談の上などいくつかの条件が課されることがあるそうだ（2001 年 3 月 5 日聴取）。

⑹　WHO は伝統的治療を人々の間で長年にわたって用いられてきた知識や技術の総体だとして、それを現代の医療制度に組み込むことが必要だとしている。そうしなければ多様性が失われ、人類が膨大な知の総体を役立てる機会を失ってしまうことになると述べている［Burki 2023］。

文献

Ahmed, S., and Hossain M.
　2007　Knowledge and practice of unqualified and semi-qualified allopathic providers in rural Bangladesh: Implications for the HRH problem. Health Policy 84: 332-343.

Akhtar. Su., Husain, M., and Begum Kharshida
　1991　*Prochesta 73-90: An Impact Study Report on Gono Unnayan Prochesta 1973-1990*, GUP.

Arifeen, S., Christou, A., Reichenbach, L., Osman, F., Azad, K., Shamsul Islam, K., Ahmed, F., Perry, H., and Peters D.
　2013　Community-based approaches and partnerships: innovations in health service delivery in Bangladesh. *Lancet* Vol. 382.

Bangladesh Health Watch

2008　*The State of Health in Bangladesh 2007: health Workforce in Bangladesh.* James P. Grant School of Public Health, BRAC University.

Brown T., Cueto M. and Fee E.

2006　The World Health Organization and the Transition From International to Global Public Health. *American Journal of Public Health* Vol 96, No. 1: 62-72.

Burki, T.

2023　WHO's new vision for traditional medicine. *Lancet* vol 402: 763-764.

Chaudhury N., and Hammer, J.

2003　Ghost Doctors: Absenteeism in Bangladeshi Health Facilities. *World Bank Policy research Working Paper* 3065.

Cross, J., and MacGregor H.

2009　Who Are 'Informal Health Providers' and What Do They Do? Perspectives from Medical Anthropology. *IDS working paper* 334.

Cueto M.

2004　The Origins of Primary Health Care and Selective Primary Health Care. *American Journal of Public Health* Vol. 94, No. 11: 1864-1874.

Kaosar, A.

2012　Maternal and Child Health in Developing Countries. (eds) Hussein, J., McCaw-Binns, A., and R. Webber. *Empowering the Community: BRAC's approach in Bangladesh.* P. 170-180.

Kickbusch I.

2000　The development of international health policies – accountability intact? *Social Science & Medicine* 51: 979-989.

Mahmood, S., Igbal, M., Hanifi, S., Wahed, T., and Bhuiya, A.

2010　Are Village Doctors' in Bangladesh a curse or a blessing? *BMC International Health and Human Rights* 10: 18.

Osman, F.

2008　Health Policy, Programmes and System in Bangladesh: Achievements and Challenges. *South Asian Survey* 15 (2) : 263-288.

Perry, H.

2000　*Health for All in Bangladesh: Lessons in Primary Health Care for the Twenty-First Century.* The University Press Limited.

Pinto, S.

2004　Development without Institutions: Ersatz Medicine and the Politics of Everyday Life in Rural North India. *Cultural Anthropology* 19 (3): 337-364.

Rifkin, S.

1996　Paradigms Lost: Toward a new understanding of community participation in health programmes. *Acta Tropica* 61: 79-92.

Sarma, H., Jabeen, I., Luies, SK, Uddin M. F, Ahmed, T., Bossert, T. and Banwell, C..

2020　Performance of volunteer community health workers in implementing home fortification interventions in Bangladesh: a qualitative investigation. *PLOS ONE* 15(4).

Shah, F.

2020　*Biomedicine, Healing and Modernity in Rural Bangladesh*. Palgrave Macmillan, Singapore

Trollope-Kumar, K.,

2001　Cultural and biomedical meanings of the complaint of leukorrhea in south Asian women. *Tropical Medicine and International Health* 6 (4): 260-266.

クラインマン、アーサー

2021　『臨床人類学：文化のなかの病者と治療者』大橋英寿・遠山宜哉・作道信介・川村邦光訳　河出書房新社（英語の初版は 1980 年）。

松岡悦子

1992　「メディアとしての病院：治療空間の文化人類学」『病院建築のルネッサンス』INAX BOOKLET Vol.11 (2): 72-75。

第4章　TBA（ダイ）が介助する出産の現場

松岡 悦子

はじめに

1994年12月のカリア村で、私は通訳のモイナといっしょにGUPの宿舎に滞在していた。私はカリア村とラジョール村でダイの話を聞き、村医者の話も聞き、妊婦健診に立会い、産後の女性たちからも話を聞いていたのに、肝心の出産に立ち会えないまますでに2週間が過ぎようとしていた。ダイから過去の難産の例や、その時に行った所作についての話を聞いてはいても、実際に産婦とダイがどのようにふるまい意思決定をするのか、細かい動きや言葉のやりとりを知ることができないもどかしさを感じていた。やはり実際にその場に立ち会って、出産の場にいる人びとの動きやその場の雰囲気、感情のやり取りに触れたいという思いがあった。現場を共有することで感じとれる微妙なことや、明らかになる気づきがあるだろうと思われた。果たしてしろうと産婆と言われるダイの出産介助が危険なのか、どのようにしてダイが取り上げるのか、日本の助産師による介助とどこが違うのか、出産の現場に立ち会わせてもらうことでわかることがたくさんあると思われた。ここにいる間に出産があれば呼んでほしいと周りの人たちに伝えていたけれども、一向に陣痛が始まったという連絡がなかった。

そこで、年が明けた1月5日の夕食の後、周りにいるGUPのワーカーたちに出産にまだ立ち会えていないけれども、私がここにいた2週間の間に本当に出産がなかったのだろうかと聞いてみた。そして「5人のバンの運転手を雇って、5人のダイの所で待機してもらったら出産を見逃さずにすむと思う」と言った。そうすれば、ダイを呼びに来た人がいたらバンの運転手に私の所にも来てもらい、ダイといっしょにバンに乗って産婦の家に行けると思ったからだ。ワーカーたちは、「バングラデシュの出生率は、思ったより低かったんだ」と冗談を言い合っていたが、医師のラジャックが次第に真剣な顔になって、「明日ダイの所に行って、どうなっているのか聞いてみるから」と言ってくれた。

そして、次の日にラジャックは、ダイのジェスミンもアニタも出産が終わったと言っているけれど、まだこれから予定しているお産もあるようだから、彼女らが知らせてくれたら立ち会えるよと言ってくれた。

第1節　村の女性達の出産

1.　モヘラの出産

すると、本当にその日の夜7時頃に一人の女性と女の子が「お産が始まった」と呼びに来てくれた。ちょうどその時に通訳のモイナが近くにいなかったので、GUPのワーカーのバドールといっしょに歩いて行くと、途中でダイのアニタに出会った。どうやら彼女がこのお産の介助をするらしい。GUPのカリア・オフィスから北に向かって畑の間のあぜ道を20分以上かけて歩き、クマール川のすぐ近くまで来た。産婦の家まで来ると、舟の音や隣の精米所で籾を落とす機械の音、対岸で何をしているのかお祭りのような音がないまぜになってとてもやかましい。産婦はモヘラと言い、GUPのヘルス・ボランティアをしていて3人目の出産だった。ここはモヘラの実家らしく、彼女のお母さんがそばに付き添っている。モヘラは破水したのですぐお産になると思ってダイを呼んだが、陣痛はまだ来ていないとのことだった。家の中は比較的スペースがあり、私が来てから2時間半ほどの間に、何人もの女性がふらっと中に入って来ては腰かけておしゃべりをして、私の方を見て笑って納得したような顔をして出ていく。近所の人たちは、モヘラのお産の進行具合が気になって見に来るのだろうが、来てみると外国人がいるので興味をそそられるようだ。そしてGUPから来ていると聞いて「ああ、なるほどね」という顔をして出ていく。モヘラの夫の母親も一度ふらっと入ってきた。夫自身は、近くの大きなテケルハット市場に行っているとのことだ。ここでは、妻の出産に夫が立ち会う習慣はないようだった。

夜の10時半ごろ、通訳のモイナがラジャックのバイクの後ろに乗ってやってきた。この時になってもモヘラは一向に陣痛の始まる気配がなく、近所の人たちも暗くなってからは入って来なくなったので、モイナと隣のスペースでもう寝ようと横になった。けれども一晩中いろんな音がうるさくて、なかなか寝入ることができない。隣の精米所では休みなく機械の回る音がし、船のエンジン音や、夜中の2時、3時に井戸の水を汲む音が聞こえる。対岸はシンディアガートという賑やかな船着き場なので、人が集まっているのだろうか。大きな音楽に乗って「バングラデシュ、バングラデシュ」と歌う声が聞こえ、男性が「おーい、○○の婆さん、夜明け前に○○に来てくれ」と叫ぶ声が何度か響いた。空が少し白み始めると、すぐさま動物の声があちこちから聞こえてくる。最初はわずかだった鶏やアヒルの鳴き声がだんだん賑やかになる。家と家との間隔が狭いし、壁は素通しに近いので、人がコンコンとあちこちで咳をする音が聞こえてくる。結核の人なのだろうか、あるいはただ咳だけが続いているのだろうかと、色んな思いが頭をよぎる。明け方の4時にダイのアニタがモヘラを診たところ、お産が進む様子はないとのことだった。そこで、6時半頃にモイナと私はまたあぜ道を歩いてカリアのGUPの宿舎まで帰ってきた。部屋に入ってさあもう一度寝ようとベッドで眠っていたところ、朝の9時頃にバドールが「また出産だよ」と呼びに来てくれた。

2.　見逃した出産

今度はこの近くで、ララというダイが扱うそうだ。モイナとさっそくバンに乗って出かけた。途中でララに出会って一緒に産婦の家に行ったところ、陣痛は今のところ止んでいるらしく、さらに第一子なので時間がかかりそうだとのことだった。それで陣痛が始まったらまた連絡してほしいと言って、いったんカリアに戻って来た。

後になってバドールから聞いたところによると、夕方にこの産婦のところからGUPの近くに住むヒンドゥーの治療師の所に聖なる水をもらいに来たそうだ。「偽陣痛なら治まりますように、本当の陣痛なら強まりますように」と願って、産婦の家族が聖水をもらって帰ったそうだ。GUPには本物の医師のラジャックがいるのに、彼を通り越して治療師の所に聖水をもらいに行くとは、出産には本物の医師よりも聖なる水の方が効果があると思われているのだろう。その夜9時ごろに、バドールが産婦の様子を聞きに行ってくれたが、産婦の陣痛は治まったままだったそうだ。しかしバドールによれば、その近くの村で出産があり、村医者が呼ばれて陣痛促進剤を打ったところ、赤ん坊が死産になったのだそうだ。取り上げたのは、別の村から来たトレーニングを受けていないダイだったとバドールは言っていた。

この日の夕方5時頃に、もう一か所からお産を知らせに来てくれた。3か所目だ。産婦の夫の弟だという少年が呼びに来てくれたが、一緒に行ってみるとものすごく遠いところで、しかも第一子の出産だという。私は昨日一晩を過ごしたモヘラの出産が気がかりで、彼女は3人目で進行が早いだろうからと思い、「後からもう一度来ます」と言って先にモヘラの所に行った。すると、何とモヘラはすっかり元気になり、子どもや夫と一緒に食事をとっていて、まったく陣痛の気配がなくなっていた。一体あの時のお産の兆候は何だったのだろうか。

そこで私たちはモヘラの所からGUPに戻り、夜10時頃に3か所目のとても遠かった産婦の所に行くことにした。一晩中ずっとそこで過ごすつもりで、寒さに備えて毛布を体にまきつけて、モイナと一緒にバンに乗って出かけた。ところが着いてみると、何とお産は夜の9時頃に終わったらしい。あの時、あと3時間そばについていれば出産に立ち会うことができたのに、と自分の見通しのまずさが悔やまれた。

3.　ジェスミンによる出産介助

その夜部屋に戻って、今晩はもうお産で起こされたくないなと思って寝入ると、夜中の3時50分に「ディディモニ（お姉さんという意味）」と私を呼ぶバドールの声が聞こえた。女の人がバンで迎えに来ていて、そのバンの運転手が産婦の夫だとのことだった。迎えに来てくれたのは産婦の義理の姉にあたる女性で、彼女はGUPに雇われて庭仕事をしているのだそうだ。真っ暗な道をかなりの時間バンに揺られて行き、着いたところの小さな小屋に入っていくと、中には小柄なダイのジェスミンが静かに坐っていた[(1)]。この部屋は土間しかなくとても狭かったので、物置か貯蔵庫かと思っていたが、ここが家なのだそうだ。産婦は筵にあおむけに寝て、その隣に小さな3歳ぐらいの女の子が眠っている。産婦は時々立ち上がっては服を掛けるひもにぶら下がるような姿勢でいきんでいる。まだいきむには早すぎると思うのだが、ジェスミンもそれを止める風でもない。ジェスミンが言うには、妊娠中に産婦に破傷風の予防注射をするように言ったが、彼女は注射をすると赤ん坊が大きくなるからいやだと言ってしなかったらしい。ジェスミンは、妊娠8か月以降は彼女を診ていなかったそうだ。

先ほど迎えに来てくれた義理の姉のモメヌが入ってきて「あなたたちを迎えに行くのに大変な思いをしたわ。サンダルを片方失くした」と言った。ジェスミンがここに呼ばれたのは夜の2時頃で、それからバンに取り付ける灯りを探し、モメヌに私たちを呼びに行くよう言ってくれたらしい。2時に来た時には陣痛が頻繁にきていたので、すぐに生まれると思ったのにと言っていた。産婦が陣痛に合わせていきむと、ジェスミンは「アラーを呼びなさい。アラーは痛みを乗り切るのを助けてくれるから」と言っている。産婦は立ったり横になったりしながら陣痛が来るたびに「ウーン」と気張っている。横でぐっすり眠っていた女の子が目を覚ました。そして一度目を開けて私の顔を見たとたんに眠れなくなったらしく泣き出したので、父親を呼んで抱き取ってもらった。7時前にジェスミンが「石鹸はどこにあるの」と産婦に尋ねた。産婦が指さした方を見ると、小さくちびた石鹸が棚の上にあった。ジェスミンは「これしか用意していないの」と困ったような表情をした。その後ジェスミンが産婦を横にならせて出産の進み具合を見ると、産婦の膣のところからピンクの部分が見え隠れする。最初は赤ん坊の頭かと思ったがそうではなく、ジェスミンは「これは子宮が先に出てきているので、ちょっと時間がかかるよ」と私たちに告げた。子宮が出てきていると聞いて私は驚いた。子宮が本当に出てくるようなことになれば、産婦の命に関わるだろうと十分な知識のない私は気が気ではなかった。子宮という言葉で説明をしたのは通訳のモイナなので、ジェスミンがそう言ったのか、モイナがそう訳したのかは今となってはわからない。産婦は陣痛のたびにいきむので、そのたびにピンクの部分がずっとせり出して来る。

ジェスミンが、これは陣痛が足りないだけだから、促進剤を入れれば出てくると言い出した。でも産婦は貧乏で促進剤を買うお金がない、とあたかも私がお金を出すことを期待しているかのように聞こえたので、私は不安になった。促進剤を使って死産になった話を聞いたばかりで、そんな危険なことに私がお金を出すことはしたくなかった。けれどもこの膠着状態を脱するには促進剤が必要なのだろうか、お金を払えないから買えないのはかわいそうだと思い、とうとう「促進剤を使うなら、その費用は私が出してもいい」と言った。それを聞いた女性たちは、さっそく村医者を呼んでくるように夫に伝えに行った。ジェスミンがいつも呼ぶ村医者がいて、ダイと村医者との間には協力関係ができているようだった。ところがいつまで待っても村医者が来ない。ジェスミンたちは、この家が貧しくてお金を払えないと思って来ないのだろうと言ってあきらめてしまった。モイナは横で、「村医者は本物の医者と違って、貧乏な人の所にも行くと言っていたのに嘘だわ」と言っている。私は、別の村医者を呼べばいいではないかと思うと同時に、促進剤を打って危険なことにならないで良かったと、むしろほっとする思いだった。

8時頃にモメヌが朝ごはんにおいでと呼んでくれた。ルティ（薄く焼いたパン）、卵、ジャガイモのカレー味いため、紅茶、リンゴ、みかんと随分とたくさんのものを出してくれた。モメヌによると、産婦は25歳で2番目の妻だとのこと。夫は15年前に最初の妻と結婚したが、子どもが生まれなかったため2番目の妻をもらった。最初の妻は怒って、夫は賠償金を払うことになった。最初の妻は、今日は実家に帰っているとのことだった。

この頃になると、近所の女性たちが次々に家に入ってきて、皆で産婦を取り囲み、ピンクのはみ出てくるところを触って「これはおかしい。こんなの見たことがない」と言っている。ジェスミンによれば、赤ん坊の頭はあと5センチぐらいの所にあるそうだ。女性たちはピンクの部分を指で抑え込みながら、産婦がいきむのを手伝っている。そして血が付いた手をそばにある洗面器の水でゆすぐので、水はすぐにピンクから赤に染まる。もう消毒や清潔どころではない。でも不思議なことに、洗面器の水が真っ赤になった頃に外からすっと手が伸びて、誰かが水を新しいのに取り換えてくれる。10時頃にモメヌがラジャック医師を呼ぶと言い出した。ジェスミンは、これは促進をしたら下から生まれるのだから、呼ぶ必要はないと言っている。ジェスミンも女性たちも産婦を取り囲んで口々に喋りながら、何とか赤ん坊が出てくるようにいきみを助け、その合間にはパーンの葉を自分の口に押し込んだり、隣の人の口に入れてやったりしている(2)。

昼の12時頃にラジャック医師がやって来た。けれども、家の中に入ってこようとはせずに、外の少し離れた所に坐っている。モイナとジェスミンが出て行ってラジャックと話していた。私も意見を聞かれたが、モイナからジェスミンの言葉として「子宮が出てきている」という説明を聞いていたので、本当に子宮が出てきているのなら促進したら危ないと思い、帝王切開をした方がいいと答えた。日本にいるときには医療介入を批判的に見ていた私が、ここに来て帝王切開をした方がよいと言うなんて、何と一貫性がないのかと思った。しかしこの6時間、産婦がひたすらいきみを繰り返しても何の進展もない。あのまま何度も何度もいきみを繰り返しているのは、見るにしのびなかった。ラジャック医師は、夫に病院に連れて行くようにと言うと、夫は黙ってシャツを着て用意をし始めた。しかし、夫は女性たちが大きな声で言い合っている人垣のそばに立って、ぼーっと女性たちの意見を聞いている。夫は病院に行こうとする気配がないし、女性たちはあちこちで塊になって口々に意見を言い合っている。人々が病院に行くのに簡単に賛成しそうにないことは見て取れた。一人の大柄な女性が自分もダイだと言って内診をし、しばらく介助していたが、やがて出て行ってこんなお産は初めてだと人びとに言っている。家の中では、病院に連れていかれる前に出してしまおうと、女性たちがもっと一生懸命に産婦をいきませている。誰かが爪楊枝ぐらいの小枝の束を小屋の入り口から差し入れた。ジェスミンが布から糸を引き抜いてその束を縛り、産婦の太ももに括り付けた。これがお産を進めるための伝統的な習俗だということは、GUPのヘルス・ボランティアから聞いて知っていた。分娩を終了したらすぐに外さないと、子宮まで出てしまうと信じられている。

そこに医師のラジャックが、ラジョール・タナの公立病院からFWV（Family Welfare Visitor）の女性を2人連れてきた。サリーを着たFWVの女性が家の中入ってくると、そこが一瞬にして威厳を帯びた空間になった。一人が手袋をくるっとひっくり返して手にはめ、産婦のピンクの肉の塊の中に指を入れて診察をした。そして病院に行った方がいいと言ったようだ。それであきらめがついたのか、女性たちは嫌がる産婦を立ち上がらせて着替えさせ、近くに止めてあるバンの所までゆっくりと付き添った。バンに行くまでの間、産婦は途中で立ち止まっては「行きたくない」と泣いている。夫は何もしゃべらず、意見を聞かれることもなく、言われるままに行動している。病院に行くことは、自分たちの生活を経済的に破壊することと映るのだろうか。女性はバンの荷台に乗り、彼女の周りを数人の女性たちがとり囲むようにして病院まで歩いて行った。

病院の2階にある分娩室には、ジェスミンの他に数人の女性たちが入った。産婦が横になると、病院の医師とラジャックが入ってきて診察し、これは性器が下垂しているだけだから点滴で促進して下から産ませると言った。ジェスミンは自分の判断と同じだったので、内心満足したようだった。ラジャックは、村では女性たちが取り仕切る出産の現場に近づこうとせず、ましてや中に入って産婦を診ようとしなかったのに、病院に来ると当然のように病室に入ってきて産婦の診察をした。女性たちは、点滴の薬剤としてオキシトシン、抗生物質、生理食塩水を買いに走った。薬は自己負担だそうで、あとで聞くとその費用の200タカはラジャックが産婦に代わって払ったのだそうだ。4時頃から点滴を始めて、5時15分に羊膜に包まれたままの赤ん坊が誕生した。女の子だった。出る瞬間には看護師がやって来て手袋をはめ、慣れない手つきで大騒ぎをしながら、しかし会陰をきちんと保護して赤ん坊を受け取った。病院の看護師が出産を扱う機会はそう多くはないだろうから、ダイほどには慣れていないのだろう。ラジャックは、夫に「もうお産はこれでおしまいだ。次には命取りになるかもしれない」と言った。

翌日にモイナが産婦を訪問すると、彼女は病院に入れてよかったと言っていたそうだ。そして病院にもう一日いたいと医師に頼んでいたらしい。彼女は女の子が2人になったけれども、女の子だけで満足しているし、夫も子どもはもう2人でいいと言っているとのことだった[(3)]。

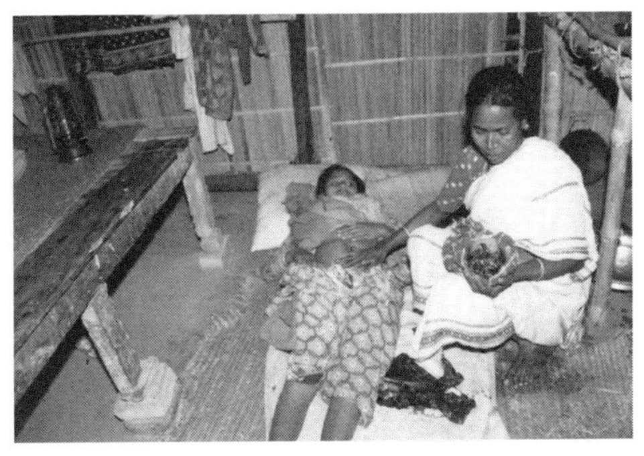

写真1　アニタの出産介助（松岡悦子撮影、1995年）

4. アニタによる出産介助

ジェスミンのお産があったのは1月8日のことで、その夜にGUPの部屋に戻って寝ていると、夜中の12時過ぎにお産の呼び出しがあった。私は昼間の大騒ぎで疲れて頭痛がしたけれども、モイナと出かけた。子ども病院のすぐ近くで、取り上げるのはダイのアニタだった。家に入ると土間の奥に部屋があり、産婦が腰を片手で押さえながら立っているのが見えた。陣痛は頻繁に来ているようで、アニタは産婦の横に立って腰をさすったり、しゃがんだりしながらお産が進むのを待っている様子だった。奥の部屋は左右に人が寝起きするための一段高くなったところがあり、その間は土間で通路になっていた。その土間の上に筵が敷かれ、産婦は筵の上で立つかしゃがむかして、垂直な姿勢をずっと保っていた。夜中の2時前にアニタは油紙と布を筵の上に敷いたが、産婦は寝て産むのを嫌がるので、しゃがんだまま取り上げることにするとアニタが言った。

産婦がしゃがんで産む体制になった時に、アニタは土間の奥の水のある所に行って手を洗ってきたようだ。でも産婦に腰をさすってと言われて、洗った手で産婦の腰をさすっていた。産婦は四つん這いになり、後ろからアニタが会陰を保護する。赤ん坊はまもなく頭が出て、すぐに身体がするりと布の上に滑り出た。赤ん坊は女の子で、上の子と合わせて女の子が2人になった。産婦はがっくりして赤ん坊を見て「いらないから、連れてって」と言った。アニタは「きれいな赤ちゃんじゃない、いい赤ちゃんじゃない」と声をかけている。アニタは赤ん坊を布でくるみ、産婦に赤ちゃんを抱かせた。産婦はそのまま赤ん坊に初乳を吸わせたが、男の子ではないのがうらめしそうだった。胎盤を出すとき、アニタはへその緒をゆっくり回して胎盤がすっかり出てから、臍の緒を2か所縛って切っていた。そして産婦の身体に付いた血を拭いて、裾広がりのスカートのようなものを履かせ、ぼろ布を産婦の股に当てて、赤ん坊の横に寝かせた。その後アニタは外に行って、石鹸で自分の手を丁寧に洗っていた。

この出産はとてもスムーズに進んだが、それはお産が2人目で軽かったことに加えて、環境上の好条件があったからだと思う。たとえば家が比較的広く、夜でも灯りがあり、水がすぐ隣にあって家に手助けをする人がいたことは、出産の介助を楽にしたと思われる。昼間にあったジェスミンの出産の場面と比較すると、環境の違いが衛生状態の違いをもたらすことがよくわかる。ジェスミンは、産婦の家では洗面器の水で繰り返し手を濯ぐしかできなかったが、病院に行くと部屋の中に水道の蛇口があったので、彼女はしょっちゅう水道の栓をひねって水で手を洗っていた。水がないところで清潔を保つのは難しいが、水道があるところなら手を洗うことは楽にできる。一定の環境条件がそろうことは、衛生や清潔を保つ上で不可欠であり、そのためには人びとの衛生観念が変わるだけでなく、それを可能にする環境、つまり家や地域の豊かさに支えられた設備が伴わなければならないことがわかる。

第2節　妊婦健診

女性たちの出産の状況を紹介したが、ここで妊婦健診の様子も紹介したい。GUPでは、94年には近隣の4か所で妊婦健診を行っていた。月曜日はシンディアガート、火曜日はアムグラム、水曜と日曜日にはカリア、土曜日にはラジョールで開いていた。妊婦健診を担当するのはGUPの助産師のヘレンと、パラメディックのバショナとカマラだ。妊婦健診では、妊婦への破傷風の予防注射と、生まれた子どもへのBCGやポリオなどの予防接種も行っている。GUPは、政府から予防接種のプログラムを委託されているので、薬液などは政府から配られていた。

1.　シンディアガートでの妊婦健診

94年3月にシンディアガートの妊婦健診に行った。シンディアガートはカリアから見てクマール川の対岸に位置するので、そこまで途中で舟に乗り換えて行くことになる。船着き場では子どもたちが素っ裸で水遊びをしている。笹の葉を大きくしたような形の渡し舟を船頭が漕いで向こう岸まで行くが、まだ12-3歳に見える子どもの船頭もいる。GUPのワーカーと通訳のモイナと私は、予防接種の薬液などが入った鞄を渡し舟に積み替えて、舟に腰を下ろしてのん

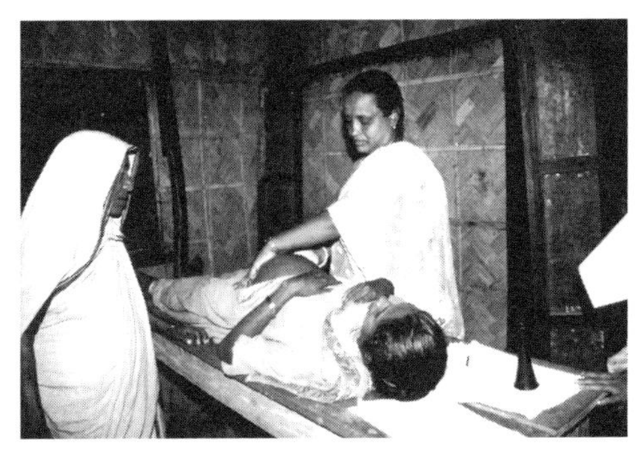

写真 2　ヘレンが妊婦健診をする横でダイが見ている
（松岡悦子撮影、1994 年）

びりと景色を楽しんだ。

妊婦健診と予防接種には、すでにたくさんの母子が来ていた。どの赤ん坊の額にも悪霊から身を守るための直径 2 センチほどの黒い丸が描かれている。赤ん坊は上半身にシャツを着て、下半身は何もつけていないけれども、お母さんたちは赤ん坊の下半身に布をふんわりとかけて抱っこしている。予防接種の部屋と妊婦健診の部屋に分かれていて、バショナが赤ん坊の予防接種を担当し、カマラが妊婦の受付と血圧測定、破傷風の予防接種を行い、助産師のヘレンが妊婦の診察をしていた。妊婦健診では初診の時に 5 タカを払うと、次からは毎回 2 タカを払うだけでよい。初診の時に住所、氏名、番号を書いた黄色い紙をもらい、それを次回に持参すると、自分のカルテとなるわら半紙の紙と照合できるようになっていた。妊婦たちは、それぞれ担当するダイに連れられて健診に来ている。GUP ではダイに TBA トレーニングを行うが、その内容は基本的な消毒や衛生観念を伝えるのに留まり、ダイ自らが妊婦健診をできるようになることを期待してはいなかった。ダイの役割は女性達を妊婦健診につれてくることであり、そのためのインセンティブとして、妊婦一人につき 10 タカをダイに渡していた。

2.　ラジョールでの妊婦健診

94 年 12 月に、今度はラジョールの妊婦健診に立ち会った。今日は、バショナが健診をしている。彼女によれば、妊婦はだいたい妊娠 5-6 か月で初めてやって来るが、以前に流産の経験がある妊婦はもっと早くやって来るそうだ。最終月経を覚えている妊婦には出産予定日を伝えるが、覚えていない妊婦には月経が月の初めか終わりの方にあったかを聞いて予定日の見当をつける。1994年時点では半分ぐらいの妊婦が最終月経を覚えているとバショナは述べた。ダイはそれぞれ自分の妊婦を連れてきていて、その妊婦が診察される時にはダイもそばに立って見ている。通訳のモイナの印象では、ダイは妊婦を連れてきているのをとても誇らし気にしているとのことだ。またモイナが見ていた時に、3人の妊婦のうち2人は2タカを持ってきていなかったと言う。毎回の健診で2タカを支払うはずなのに、一人は「今度4タカ持ってくる」と言い、もう一人は「今日は来るつもりがなかったので何も持ってこなかった」と説明していたそうだ。

おなかの中の赤ん坊の大きさは、臍の位置から何指離れているかで測っている。バショナはある妊婦を診察したときに、最終月経から判断して6か月半のはずが、5か月位の大きさしかないと言った。その妊婦の体重は107ポンド（約48キロ）で6か月半にしては確かに小さい。それを見ていたダイのジェスミンが、どれどれ見せてごらんとやって来て診察し、やはり小さいと言った。ジェスミンはダイではあるけれども、実際のところバショナやカマラよりもずっと経験を積んでおり、妊婦健診では彼女らに代わって診察をすることもある[(4)]。ジェスミンは、今日は3人の妊婦のお腹を診ていた。臍の位置からの距離を測って妊娠何か月目かを伝え、次に妊婦の足を伸ばしてリラックスさせ、骨盤に児頭が入っているかを触って確認する。その際に産婦のお腹を露出せずに、サリーの上から恥骨の所に両手を当てて胎児の位置をチェックしている。その後、耳を直接妊婦のお腹に当てて心音を聞いていた。

GUPの年次報告書の“Prochesta”によれば、1994年の1年間に延べ3958人の妊婦が1～5回の診察を受けた。1回目を受診した妊婦は46.2％、2回目は32.6％、3回目は15％と次第に少なくなり、4回目、5回目を受けた妊婦は一桁しかいなかった（Prochesta '94）。妊婦健診では体重と血圧を測り、胎児の位置や大きさと心音を確認し、妊婦の栄養不良、ビタミン不足、浮腫がないか、高血圧ではないかをチェックし、子癇発作を起こさないようにしている。しかしGUPのヘルス・プログラムでは、こういった異常をダイが察知できるようになることをめざしてはおらず、ダイは妊婦を健診に連れて来ることを期待されている。なぜなら次に述べるように、ダイの能力には大きなばらつきがあり、技術の優れたダイもいればそうではないダイもいるからだ。また、GUPは読み書き能力が低く年齢の高いダイよりも、若くて未経験でも教育のある女性にダイのトレーニングを受けさせて出産介助をさせようとしていた。

第3節　村の出産の担い手　ダイ

1. 技能にばらつきが見られるダイ

1980年前後にバングラデシュで調査を行ったテレーズ・ブランシェットは、ムスリムのダイを3つのタイプに分けている。1つは、近所や親類の出産のみを扱い、年に4-5件とわずかな数しか扱わないダイ。2つめは集落や村の出産を一手に引き受けるダイで、未亡人か貧しい女性が多く、大半のダイはこの部類に入る。3つめは、1か月に10-20件もの出産を介助するプロ並みの腕を持つダイである［Blanchet 1984: 147-148］。つまり、ダイと言ってもその技術や役割は一定しておらず、かなりのばらつきがあると想像できる。免許や資格試験を経てなる日本の助産師とは違って、ダイは一定の基準や技能を保証された存在ではないのだ。私が話を聞いた8人のダイの話を紹介しておきたい。

パキ・ベグム（50歳ぐらい、ムスリム）

彼女は、TBAトレーニングを受けるまで出産介助をしたことがなく、84年にGUPが行ったトレーニングでイギリス人の助産師レベッカから介助のしかたを教わったそうだ。彼女は出産までの準備について次のように語った。出産の一か月前までに、妊婦には赤ん坊を包む布、石鹸、かみそり、糸をひとまとめにして用意しておくように言う。そして、陣痛が始まって産婦の元に呼ばれたら、油紙の上にバナナの皮を敷いて産み場所を作る。女性には陣痛の初期には歩くように伝え、分娩になると肛門をきれいな布で押さえて娩出させる。へその緒を切るかみそりを煮沸するのに、水の中に米粒を入れてそれが食べられるようになるまで火にかけるようトレーニングで教わった。初めて出産の介助をしたのは、自分の姪だったとのこと。この3か月の間に5人のお産があり、今年は3枚のサリーをもらったと述べていた。お礼にサリーをもらうこともあるけれど、10タカや20タカのお金のこともある。妊娠中の女性を自分で診察することはなく、GUPの妊婦健診に連れて行くと語っていた。

シナ・モンデル（40歳ぐらい、ヒンドゥー）

祖母がダイで、小さいときから祖母に付いて歩いて介助の仕方を学んだ。23歳の時に初めて妹のお産を介助した。今は3か所の村から呼ばれるので、これまでに何人取り上げたのかはわからない。1か月に4-5人を介助するので、サリーがありすぎて人に売っているぐらいだ。困難なお産の時には、いつもヒンドゥーの最高神に祈って助けてもらう。予定日を計算するには最終月経の日を聞き、9か月と7日を足して予定日としている。妊娠中の健診では、臍の真上が妊娠5か月、臍の上から指二本分だと妊娠6か月と判断する。産婦の中には、陣痛の間に大騒ぎをして飛び上がるような人もいるけれども、そのうち生まれるのだからと言って落ち着かせる。逆子でも無事に産ませることができるし、臍の緒が首に巻いているような場合には、まずへその緒を首から外して取り上げないと危険だと述べていた。これまでに産婦を病院に送ったことはないとのことだ。

クスム（40歳ぐらい、ヒンドゥー）

1年前にダイを始めたばかりで、今までに5人取り上げた。2人からはお礼をもらったが、あとの人からは渡すと言われたまま、まだもらっていない。母もダイだったが、母からは何も習わなかった。ダイになったきっかけは、度胸があるからあなたならやれると皆から言われたからだ。たとえば、誰かが怪我をした時に彼女が手当てをしてあげる。すると、皆からそんな勇気があるのならダイの仕事もやれると言われて、引き受けるようになった。21歳と18歳の息子がいる。孫の出産を介助したが、3日間もかかる難産だった。村医者を呼んで促進の注射をしてもらい、出てこようとする赤ん坊の耳を押し戻して、正しい位置に直して取り上げた。そのときにはシナ・モンデルを呼び、彼女といっしょに協力して取り上げた。クスムはGUPのトレーニングで介助の技術を学んだと言ったが、そばにいたバショナは、この人はトレーニングを受けていないと言っていた。どちらが正しいのかはわからない。

ナシマ・ベグム（30代の半ば、ムスリム）

71年に結婚してから4年後に初潮があったそうで、現在31才だとのこと。23年前に結婚したとすると8歳で結婚したことになる。息子は現在15才とのことなので、16歳で出産したことになる。学校には行ったが、結婚してやめたので自分の名前を書ける程度だという。夫は日雇いで働いている。初めて助産したのは9歳の時で、叔母に当たる人の出産を介助した。叔母さんはすでに2男1女がいて、40歳を過ぎて妊娠したことを周りに隠しており、たまたま夜にナシマと2人きりになった時に陣痛が始まった。叔母さんは彼女に、頭が出てきたら布で受けて、その後お腹を押したら胎盤が出るので、その後に臍の緒を切るようにと言った。彼女は言われたとおりに、そばにあった刃で消毒もせずに、臍の緒のどこを切るのかもわからずに切った。生まれてから赤ん坊の泣き声がして、彼女が介助したことが皆の知るところとなり、他からも呼ばれるようになった。初めて介助をしたときに、「自分にはやる勇気がある」と感じたそうだ。産婦の家に行って赤ん坊が出てきたら受けとり、臍の緒を切って胎盤を出すだけだから、大したことではないと言いたげだった。

90年か91年にGUPのトレーニングを受けた。助産師のヘレンが村に来て、助産をする人はいますかと聞いて回っていたので、ナシマが「私がしている」と名乗り出てトレーニングを受けた。これまでに出会った大変なお産の例として、彼女は足から出てきた例と、お尻から出てきた例を挙げた。足から出てきたときには、手を入れて赤ん坊を回そうとしたが、すでに赤ん坊は死んでいたそうだ。お尻から出てきたときには、赤ん坊の黒い胎便がまず見えたので変だなと思ったら、お尻が見えた。お母さんはとても苦しそうだったので、もっといきむように言うと、赤ん坊は出たけれどすでに死んでいたという。どちらのケースでも、ナシマは赤ん坊が出てくるときまで胎児の位置異常に気づいていなかったようだ。お礼に何をもらうのかと尋ねると、サリーをもらうのは10回のうち1回ぐらいで、もし毎回もらっていれば大変な数になっていたはずと述べていた。他の時には15タカや20タカのこともあれば、食事に呼ばれることもある。皆貧しいからそんなにもらえないのだと彼女は言う。ナシマは両親の家に住んでいるらしく、夫がお金を渡してくれないと言っていたそうだ。そういう状況にもかかわらず、彼女は私たちに紅茶とビスケットを出して食べるよう勧めてくれた。

レカ・ベグム（50歳代、ムスリム）

7歳で結婚し、5、6年たって第一子が生まれた。全部で11人産んだが、現在は2男2女がいて、長男は40歳だという。夫は71年に末っ子がお腹の中にいるときに亡くなった。学校には行かなかったけれど、GUPのショミティで習ったので自分の名前だけは書ける。7歳で結婚をしたけれども、夫の家には行きたくなかったので両親の家にいて、祖母にくっついて歩いた。祖母はダイだった(母はダイではなかった)。祖母は大きな鎌で臍の緒を切っていた。祖母の頃は破傷風で死ぬ子が多かっただろうが、当時は破傷風だと思わず、悪い霊が憑いたと思っていた。それに赤ん坊は死んでも仕方がないと感じていた。初めて出産介助をした相手は夫の兄の妻で、その次には兄の妻を介助した。81年にジェスミンと一緒にレベッカからTBAトレーニングを受けた。これまでに出会った難産の例は、片手が先に出たケース。陣痛が始まってすぐに呼ばれたのではなくて、別のダイが介助をしていて片腕が出てから呼ばれた。そのときには母子を病院に送ったけれど、医師は赤ん坊の腕を切り落として母親の命を救ったとのことだ。

シルピー・モンドル（50歳代、ヒンドゥー）

1951年に11歳で結婚した。学校には行かなかったが、自分の名前は書ける。3男1女がいて、夫は68年に亡くなった。叔母がダイをしていて、お礼にグラスや皿などをもらっていた。15歳のときに初めて1人で出産介助をして皆から度胸があると言われ、それからダイをするようになった。初めて介助したのは、義理のいとこにあたる人。1971年の独立闘争の時に、インドへ逃げる道中でも5人を取り上げた。先月も5人をとりあげた。自分の第一子の出産のときに、叔母が会陰を布で押さえてくれてとても気持ちが良かったので、自分も産婦の会陰を布で押さえるようにしている。叔母は寝かせて取り上げていたので、彼女も寝た姿勢で取り上げている。昔は、陣痛が始まると、足踏み式脱穀機（デキ）の所に連れて行って、陣痛が激しくなってもう踏めなくなるまでデキを踏ませた。昔は台所用の小屋で産んで6日間は漁網で入口を覆い、もし誰かがこの漁網に触ろうものなら、水浴びをして体を清めなければいけなかった。そして、産んだ女性はトイレの時以外6日間はそこから出なかった。けれども、今は家の中の寝る場所で取り上げている。これまでに出会った難産の例で、足が先に出たことがある。その時には指を一本入れて腕を出し、もう一本の腕も指を入れて出して、あごを後ろに引かせてうまく娩出した。双子を無事に取り上げたこともある。

ジェスミン・ベグム（ムスリム、50歳代）

ジェスミンは、小学校3年で腸チフスに罹り、そのあと髪の毛を切った。昔はこの病気に罹った人は髪の毛を切ることになっていたそうだ。病気から回復後は学校に行かずに、モスクに通ってコーランを習うようになった。両親はジェスミンをとてもかわいがっていたので、彼女は10歳で結婚してもそのまま親の家にいて母親について歩いた。母親はダイだったので、母親から助産の技術を学んだ。母は、人を助けるのはいいことだからと、彼女にダイになることを勧めた。結婚後15年たって第一子の娘が生まれ、2人目の娘がやっと1歳になった時に夫が亡くなった。29歳の時に初めて甥の息子の妻の助産をした。最初は近所や親戚の人を月に2、3件扱うだけだったが、1981年にレベッカからトレーニングを受けて、呼ばれる回数が増えた。今月は23件のお産があり、先月は17件あった。サリー以外にも、お盆や水汲みの甕を謝礼にもらう。夜に呼びに来られても断るわけにはいかない。たいていは夫が迎えに来て一緒にバンに乗って行く。昔はへその緒を竹の刃で切ったり、調理器具の太い包丁で切ったりもした。昔は土器の粉を水と混ぜて臍の周りに塗り、山羊の糞も焼いて臍に塗った。破傷風に罹っても、それは悪霊に憑かれたからだと言って、感染したとは言わなかった。母の時代にはそれで充分だったし、母はうまくやっていた。でも、今はそういうわけにはいかない。産婦から出てくるものは汚いものだから、ぼろ布で拭くという習慣は今も残っている。赤ん坊が出てきたら、昔は水で洗っていたけれど、今は布で拭くだけで洗わない。昔は会陰裂傷をしても何もしなかったので、そのために離婚する夫もいたけれど、今は病院に送って会陰縫ってもらう。母の時代には坐って産む姿勢だったので、会陰に布を当ててはいたけれど、しっかりと保護するのは難しかった。今は寝る姿勢で取り上げるので、裂傷させないように保護している。そして胎盤がなかなか出ない時には、産婦の髪の毛を口に入れたら出ると言われた。今は臍の周りをマッサージして2時間待ってもいいとトレーニングで教わった。産婦はそれまで辛い思いをしていきんでいたのだから、神が与えた休息だとして30分はゆっくり待つことにしている。

ジェスミンと村の中を歩いていると、あちこちから「坐っていって」と声がかかる。するとジェスミンは「また今度ね」と言って通り過ぎながら、「あの子も、この子も私が取り上げげたんだよ」と子どもの姿を見て教えてくれる。確かにあちこちにジェスミンの取り上げた子どもがいるようだ。彼女は物腰が柔らかで、品のいいお婆さんという印象を受ける。度胸の良さでダイになった人とは別のタイプのダイのようだ。

アニタ（45歳ぐらい、ムスリム）

小学校には2年生まで行った。14歳の時に第一子を出産し、全部で6人の子を産んだけれども3男1女が生きている。母もダイだったので、近所の人から「もしお母さんが死んだら、誰がとりあげてくれるの。あなたもできるでしょう」と言われて、母から習うことにした。19歳の時に初めて助産をした。産婦の陣痛が始まって呼ばれて行くと、産婦は坐った姿勢ですでに赤ん坊の頭が出かけていた。会陰を布で押さえるように言われたけれど、片手が出てきてからやっと赤ん坊の身体に触った。それまではただ驚いて見ていた。その子は5番目で男の子だった。産婦の口に髪の毛を入れると、胎盤が出た。アニタの母親は健在だったけれど、その時にはそばにいなかった。謝礼としてサリー、ブラウス、ペチコートをもらい、とても大きなお祝いの席に呼んでもらった。その子はもう25歳になっている。81年に母親といっしょにGUPでレベッカからトレーニングを受けた。先月は7人、今月は13人を取り上げた。これまでに病院に送ったケースは何件かある。片腕が先に出た2つのケースでは赤ん坊が亡くなった。お尻から出た赤ん坊は生きている。この3つのケースについては、他のダイがすでに介助していてアニタは後から呼ばれたそうだ。足が先に出たケースも病院に連れて行ったが、赤ん坊はすでに死んでいた。唇から出たケースは産婦が出血したので助産師のヘレンを呼び、薬を飲ませて助かった。赤ん坊も生きて生まれた。アニタは、カリア村で最も経験を積んだダイだとバショナは述べていた。

バングラデシュのダイについて調査した文献に共通しているのは、ダイが出産という穢れ（pollution）を扱う専門家だという点である［Rozario 2002］。出産は最も強い穢れで、出産介助は人がやりたがらない汚い仕事のため、ダイになるのは貧しく周縁的な地位にある女性だとされる。だが、社会が存続していくために出産はなくてはならない行為であり、そのためには穢れを扱うダイの存在は不可欠である。ダイたちが、自分は人助けでやっていると言うのは、ダイが地域になくてはならない存在だからだろう。

ここに挙げた事例でも、何人かは村の人たちから「あなたなら度胸があるからやれる」「お母さんがいなくなったら誰がやるの」と言われてダイになっている。ダイは地域から要請されて赤ん坊を取り上げ、穢れを引き受けていると言ってもいいだろう。少なくとも1995年の時点では自宅分娩が当たり前で、病院で産むのは明らかな異常のときに限られていたので、病院が穢れを引き受ける場所にはなっていなかった。その一方で、貧しい女性にとって、介助の謝礼としてもらえるサリーや現金、提供される食事は魅力的で、ダイを志すインセンティブになっていたかもしれない。たとえばナシマにとっては、少額の謝礼や一回の食事であってもうれしいことであり、どのダイもサリーの数を自慢気に話し、私たちに見せてくれようとした。

バングラデシュでは、石鹸、赤ん坊をくるむ布、臍の緒を切るためのかみそりや臍の緒を結ぶ糸は産婦が用意するものなので、ダイは何も持たずに産婦の家に行く。ダイになるのに何の道具も必要ないことは、ダイになるハードルがとても低いことにつながっている。しかも、何の準備や学習もないままに初めて出産の場に出くわした時には、産婦自身が取り上げ方を教える場合すらある。「赤ん坊の頭が出てきたら布で受けて、胎盤が出たら臍の緒を切って」と分娩の進行に合わせて産婦の方が手ほどきをし、ダイの仕事の中味を教えている。村では、普通の女性たちが近所の出産に立ち会って得た正常な出産の経験が、そのままダイの経験と技術に生かされ、両者の間の知識や経験にはほとんど差がないかのようだ。言い換えれば正常な出産の場合、女性は産み、ダイは出てきた赤ん坊を受け止め、臍の緒を切るという両者の共同作業が行われている。その意味で正常産については、ダイは問題なく介助できると言えよう。

またTBAトレーニングでは、まったくの未経験者を短期間で訓練済みのTBAとして養成しており、パキ・ベグムはそのようにしてダイになったし、GUPで働くバショナやカマラもトレーニングを受けて出産介助を手掛けるようになっていた。そのように考えると、バングラデシュではダイに高等な専門技術を期待してはいないようだ。ダイには基本的な清潔や消毒の手順を教え、妊婦健診に女性を連れてくることや、異常の兆候を見つけたら助産師や病院に連絡することを教えている。人々がダイに期待するのは、度胸があって怖がらずに出てくる赤ん坊を受け取り、汚れた場所や布の後始末をきちんとすることなのだろう。

だが現実には胎盤がすぐに出なかったり、赤ん坊の体の思わぬところが先に出て来たり、出産が異常に転じたりすることはあり得るので、その時にダイがどこまで対処できるかがダイの能力の分かれ目になる。ここに紹介した8例の中で、ジェスミンやアニタはGUPも認める経験を積んだダイであり、介助する数も他のダイよりずっと多かった。しろうと産婆は一定の資格や基準を満たした上で介助をしているわけではなく、また読み書き能力も十分とは言えないため、経験以外に文字を通じて新たな知識を得る機会はないに等しい。そうなると、介助する数が多ければ多いほど経験の幅が広がり、介助の腕も磨かれるため、産婦から頻繁に呼ばれるダイほど優れた技術を持つことになる。しろうと産婆の能力にばらつきがあることは、他の文化のTBAも同様だ。中には免許を持つ助産師よりも優れた技術や経験を持つTBAもいるが[(5)]、その反対に出産の場にいて、赤ん坊を受け止めるだけというTBAもいる。

2. 難産に遭遇したとき

1990年代の農村部では、自宅や産婦の実家でTBAのダイが出産の介助をするのが一般的だったが、難産の場合にはどうするのだろうか。ジェスミンが介助した例や他のダイの経験談を基に考えると、いくつかの呪術的・宗教的慣習が見られるようだ。たとえば、陣痛を促進する効果があるとされる植物を産婦の太ももに括り付けることや、聖なる水を手に入れて陣痛が強まることを期待していた。また、村医者を呼んで陣痛促進の注射や点滴をすることもよく行われていたが、これはうまくいく場合もあれば、逆に死産になることもあった。また1人のダイの介助でうまくいかない時には、別のダイを呼んで協力し合うことも行われていた。これらはいずれも正規の医療（近代医療、バイオメディスン）を利用するのではなく、ダイや村医者、コビラージといった民俗セクターの治療師の力を借りるやり方である。またGUPとの接点がある人は、助産師のヘレンやパラメディックのバショナやカマラに連絡していた。たとえば、助産師のヘレンは次のような例を挙げている。

あるダイが出産を介助していて、蛇のようなものがあるとヘレンに連絡してきた。ヘレンが行ってみると、それは臍の緒が脱出しかけている状態だった。もし臍帯が脱出してしまえば胎児は窒息死してしまうので、緊急を要する状態である。ヘレンは急いでバンを捕まえて産婦を病院に運ぼうとしたが、雨と風が3時間も続いてバンを見つけることができず、とうとう胎児を死なせてしまったとのことだった。

このような事例から考えると、病院があってもそこがアクセス可能な場所になるためには、さまざまな条件がそろわなければならないことがわかる。また、ダイが異常を見つけて通報したとしても、それを医療につなげるためにはいくつもの関門がある。よく持ち出される「素人が介助していて手遅れになる」という事態がバングラデシュではどのように起こるのかを考えてみたい。

Thaddeus & Maineは手遅れが生じる背景に3つの遅れがあると言う。1つは、発見が遅れること。これは、病院に行かなければならないと気づくのが遅れることであり、介助者が異常を見極められないと遅れにつながる。2つ目は病院にたどり着くまでの遅れで、交通手段がない、遠すぎて行くのに時間がかかる、あるいは悪天候のために移動ができないなどを指す。最後は病院に着いてから適切な医療を受けるまでの遅れで、病院にたどり着いても待たされる、医師がいない、薬がないなどをさしている［Thaddeus & Maine 1994］。今回のダイの話をもとに考えてみると、片腕や片足、唇が先に出てきたケースでは、妊娠中に胎児の位置異常を知って、もっと早くに産婦を病院に送って帝王切開をしていれば、無理に赤ん坊を引っ張って死産にならずにすんだだろう。だが病院に送ろうと思っても、家族や本人が行きたがらないことがある。ジェスミンが介助していた例では、産婦とその夫は病院に行くのを渋り、医師のラジャックが病院からFWVを連れてきて初めて産婦は病院に行くのを承諾した。その背景には、病院に行くだけのお金がないことや、病院では親切に扱われないだろうとの思いがある。そうだとするなら、病院の医師や看護師の村人に接するときの態度も、病院へのアクセスに影響を与えていることになる。今回は、医師のラジャックが病院への橋渡しをし、薬代を彼が支払うことで入院が可能になった。つまり、ダイの異常を見極める能力不足だけで第1の遅れが生じるわけではないのだ。

さらに2つ目の遅れについては、ヘレンが関わった悪天候の例にあるように、病院へ行く交通手段がないこと、雨季や浸水で道路が使えないことはバングラデシュではよくあることだ。今回のジェスミンの例では、たまたま産婦の夫がバン引きだったので産婦はすぐにバンに乗って病院に行くことができたが、もし夜であったり、周囲にバンを持つ人がいなければ、病院にたどり着くのに長い時間がかかった可能性がある。

3つ目の病院に行ってからの遅れについては、バングラデシュでは国立病院に本来いるはずの医師がいないケースは40パーセントに上るとされ［Chaudhury & Hammer 2003］、病院が24時間対応になっていないことが大きな問題になっている。さらに、薬は患者の家族が市場で買ってこなければならないため、運び込まれてすぐに治療が行われるとは限らない。そのように考えると、病院があっても利用されなかったり、手遅れになったりすることはバングラデシュ農村では十分に起こりうる。ということは、第1の遅れであるダイの見極める能力だけを問題にして手遅れが生じると考えるのは一方的すぎるだろう。ダイの見極める能力だけを問題にしても、人びとの生活レベルの向上や交通インフラの整備、質の高い医療などが合わせて提供されなければ、第2、第3の遅れは解消されないからだ。そう考えると、病院が女性達にとって手の届くものになるまでには、経済的な余裕もなければならないし、医師や看護師の態度も変わらなければならない。出産を安全に行うためには、女性たちが最初に接するダイの能力ももちろん重要だが、それ以外にもさまざまな要因が絡み合って現在の状況が作られており、その一つ一つを変えていかなければならないと言えよう。

私が1995年に経験した出産は以上のようなものだった。それから約25年を経た2021年には、女性たちと医療との関係は、95年には想像もできなかったような新たな展開を見せていた。次章以下の第二部と第三部では、2015年～2021年の同じ村の状況について紹介したい。

注

（1）この出産の事例については、［松岡 2014：24-31］でも紹介している。文章は同じではないが、事例としては同一のものである。

（2）パーンと現地で呼んでいるのは、キンマの葉あるいは、キンマの葉にビンロウ椰子の実と石灰とを包んで食べることも指している。食べると清涼感があり、キンマの葉の汁で食べた人の歯が真っ赤に染まる。東南アジアや南アジアでは年配の女性たちの嗜好品となっている。

（3）2006年にこのときの産婦を訪問すると、子どもは2人でおしまいにすると言っていたはずなのに、下にもう1人男の子が生まれていた。私が立ち会わせてもらった1995年の出産で誕生した女の子は小学校4年生になり、当時3歳ぐらいに見えた女の子はダッカに働きに出ているとのことだった。息子は7歳で、ジェスミンの介助で自宅で楽に生まれたそうだ。彼女は95年の出産はとても痛くて死ぬかと思ったけれど、神のおかげで助かったと語っていた。入院したのが政府の病院だったので、合計8日間入院したが無料だったそうだ。2019年に再度彼女を訪問すると、あの時に生まれた女の子はすでに2人の息子の母親になっており、当時の産婦は祖母となり、3人の子どもと4人の孫に囲まれてどっしりと貫禄が備わり、幸せそうだった。

（4）バショナとカマラは、GUPのワーカーとなってすぐにTBAトレーニングを受け、1995年の調査時までにバショナは約20例、カマラは38例の出産を介助していた。したがって、ジェスミンのようなダイと比較するなら、圧倒的にジェスミンの方がたくさんの出産を介助している。

（5）無資格の産婆と助産師の違いを考察したものとして、［松岡 1996］がある。また北海道のある助産師は、しろうと産婆だった姑の方が、弟子入り先の助産師より上手だったという思い出を語っている［松岡 2014］。さらにインドネシアのしろうと産婆と免許のある助産師との比較から、無資格者の方が有意に良いアウトカムを示していたという文献もある［Badriah et al. 2014］。

文献

Badriah, F., Abe, T., and Hagihara, A.

2014 "Skilled Versus Unskilled Assistance in Home Delivery: Maternal Complications, Stillbirth and Neonatal Death in Indonesia". *J Nurs Care* 3 (5).

Blanchet, T.

1984 *Meanings and Rituals of Birth in Rural Bangladesh.* University Press Limited.

Chaudhury, N., and Hammer, J.,

2003 Ghost Doctors: Absenteeism in Bangladeshi Health Facilities. *Policy Research Working Paper Series* 3065, The World Bank.

Rozario, S.

2002 The healer on the margins: the dai in rural Bangladesh. In *The Daughters of Hariti:*

Childbirth and female healers in South and Southeast Asia.（eds）Santi Rozario and Geoffrey Samuel. London and New York. Routledge.

Thaddeus & Maine

1994　Too far to walk: maternal mortality in context. *Social Science and Medicine*, Vol. 38, April: 1091-1110.

松岡悦子

1996　「無資格の産婆と助産婦の違い」『助産婦』第 50 巻 2 号、p.66-69。

2014　『妊娠と出産の人類学』世界思想社。

第二部

貧困からの脱却とジェンダー平等
――2015～2021年のカリア村とラジョール村――

第 2 部、第 3 部の調査方法について

松岡 悦子

第 2 部および第 3 部の各章は、2015–2021 年の調査に基づいている。そこで、第 2 部以降の章のもとになる調査について、詳しく述べておきたい。2015–2021 年の間に、各章の筆者が現地のラジョール村を訪れて聞き取りや観察、あるいは GPS を装着してもらう調査（第 7 章）を行ったが、それとは別に現地の調査者に依頼して行った調査がある。それは大きく分けると、A. 2016–2017 年の質問紙とインタビュー調査、B. 2021 年の質問紙調査で、これらの調査を行った理由とその方法および内容について述べておきたい。

A. 2016–2017 年の質問紙とインタビュー調査

【調査の実施まで】

2016 年 7 月にダッカのレストランで襲撃事件があり、日本人 7 名を含む多数の死傷者が出た。この事件以降、バングラデシュへの不要不急の渡航を控えるようにという注意が出されたため、苦慮の末 2016 年に現地の研究者に依頼して調査を行ってもらうことにした。神戸女学院大学の文化人類学者・南出和余氏の紹介で、文化人類学の修士号を持つヌルル・イスラム・ビプロブ氏（当時 27 歳）を紹介してもらい、彼に現地での調査のコーディネートを依頼した。調査地はラジョール郡の GUP の活動地域で、ヌルル氏と GUP のワーカーに日本に来てもらい、質問紙の内容について検討した。質問紙には、以下の 5 つのモジュールを盛り込んだ。

Module A: 世帯の基本情報

家族全員の年齢・性別・学歴・職業・収入・出稼ぎ経験、土地所有、NGO 活動の有無

Module B: マイクロクレジット

借入先、理由、時期、額、収入を得るための事業、返済状況、身の回りの変化

Module C: リプロダクション

写真1　GUPのラジョール事務所の前に立つヌルル氏
（調査チーム撮影、2016年）

出産時期、場所、分娩様式、妊婦健診、出産の感想、産後の援助や気分、授乳期間、家族計画

Module D: 分娩後1か月間の健康状態

身体の症状と原因、対処法、受診の有無

Module E: 女性の行動様式

家事や農作業への参加、家から外出する頻度と場所、携帯電話の所有、1日の生活時間調査

質問紙は英語で作成したものをヌルル氏がベンガル語に翻訳して用いた。

【質問紙調査のための準備】

質問紙調査は、ヌルル氏と6人の調査助手が現地のラジョール郡のGUPの宿舎に2021年10月-11月の約1か月間滞在して行った。調査助手を選ぶにあたって、ヌルル氏はFacebookといくつかの大学のFacebookグループに調査助手募集の広告を載せ、応募してきた25名から履歴書と電話によるインタビューで最終的に6人を選んだ。調査にはリプロダクションに関する質問が含まれているため、調査助手は全員女性とし、採用条件として人類学を専攻し調査方法について事前に学んでいること、農村での滞在経験が

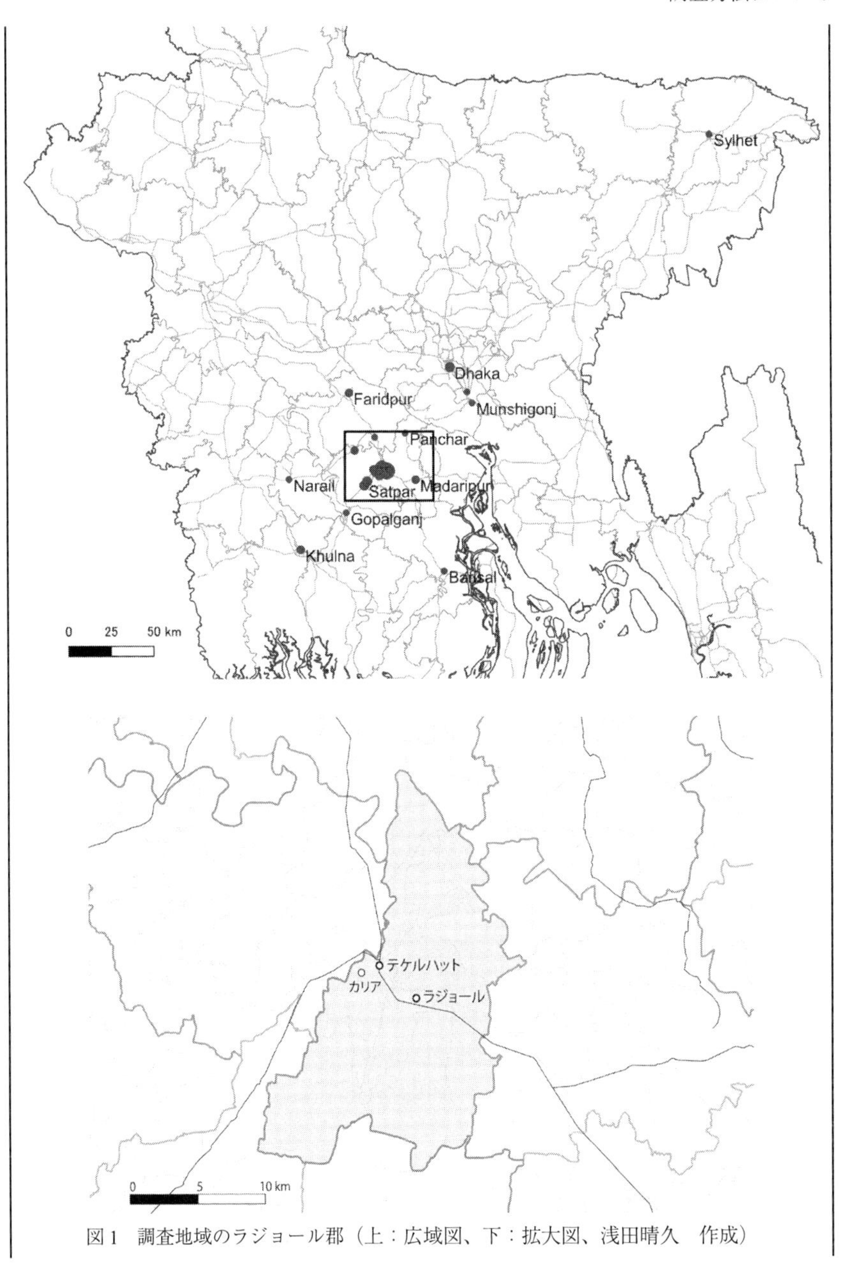

図1　調査地域のラジョール郡（上：広域図、下：拡大図、浅田晴久　作成）

あり農村に長期滞在ができることを重視した。6人の調査助手には、2日間にわたってヌルル氏が事前トレーニングを実施した。この時の調査は質問紙調査ではあったが、回答者に記入を依頼するのではなく、調査助手が一軒一軒家庭を訪問して質問しながら記入する形をとった。事前トレーニングでは、調査の目的、回答者との関係の取り方、回答者がどのように答えても、また答えなくてもかまわないこと、回答の内容を他の人に知らせないこと、データを捏造しないことなどの基本的な調査マナーと倫理を調査助手に伝えた。その上で、質問紙にある質問項目の内容を一つずつ確認し、調査助手どうしでペアになって、質問者と回答者の役割を演じ、感想を話し合った。このような2日間の事前トレーニングを経て、現地での調査を実施した。

【調査地と質問紙調査の実施】

マダリプル県ラジョール郡ラジョール村（ユニオン）とカリア村（ユニオン）の中から2つの集落（ラジョール村ゴビンダプル集落とカリア村カリア集落）を選び、そのほぼ全世帯を訪問し、合計514世帯から回答を得た。図1の拡大図にあるように、カリア村の近くにテケルハットという大きな市場がある。ラジョール郡は、カリア、ラジョール、テケルハットを含む薄く色をつけたエリアである。

モジュールAは世帯全体に関する情報、Bはマイクロクレジットで借り手は女性であり、C、D、Eは女性に尋ねる質問なので、B以下の項目についてはその世帯の女性が質問に答えた。調査助手によると、農村の女性たちは常に家事で忙しくしているため、手を休めて質問に答えられないこともあり、すべての質問に対する回答を得るまで、同じ人のところに2、3回通わねばならないこともあった。また、女性たちにとって過去の年を正確に思い出すのはむずかしく、周囲の人に尋ねて共通項として得られた年を採用することもあった。また、妻がインタビューされることを好まない夫もいたため、途中で質問を切り上げざるを得ないなど、いくつか困難なことがあった。

【調査結果とその処理】

調査した質問紙データに世帯番号を振り、世帯番号を通してデータにア

写真2　2017年のインタビュー調査の様子（調査チーム撮影、2017年）

クセスできるようにした。調査が終了した後に、ヌルル氏は質問紙の記述をベンガル語から英語に翻訳し、エクセルに入力した。そのエクセルデータと用いた質問紙の一部をこちら側にもらい、私たちは疑問点についてメールでヌルル氏とのやりとりを重ねた。また、モジュールB～Eのトピックスに関して、質問紙だけでは見えてこない点についてより深く話を聞かせてもらうことを目的にインタビュー調査を行うこととした。新たに児童婚（早婚）をテーマに加え、514世帯の中からインタビュー調査に協力をしてもらいたい人を選び出し、2017年度にその人たちにインタビューを依頼することにした。

【インタビュー調査の実施】

ヌルル氏は質問紙調査の時と同様のやり方で、新たに6名の調査助手（男性2人を含む）を選び、2017年11-12月にラジョール村とカリア村でインタビュー調査を実施した。テーマは、マイクロクレジット、リプロダクション、産後の健康状態、女性の行動範囲と児童婚であり、調査助手は該当する回答者の家を訪問して一対一のインタビューを実施した。だが、インタビューを受けて欲しいと思っていた女性から同意を得られないことや、女性が以前と同じ場所に住んでいないこともあったため、予定していたのとは異なる女性に依頼する場合もあった。また、GPSを装着した上でインタビューに同意してくれる男性を見つけるのは非常に難しかった。インタビューの際には、中庭で椅子に坐って話を聞くことが多かったが、若い女性の場合には小さな子を抱っこしたり遊ばせたりしながらのこともあった。インタビューの内容は、許可を得て録音し、話の最後に一人一人の写真を

写真3　物売りからアクセサリーを買う調査助手（調査チーム撮影、2017年）

撮らせてもらった。インタビューの回数は全部で79回だったが、一人の人が複数のテーマについて話すことがあったため、インタビュー協力者の数は79名より少なかった。インタビュー内容をヌルル氏が英語に訳し、写真とセットにして添付ファイルで日本側に送った。以上が、2016-2017年の質問紙とインタビュー調査の方法と内容である。

B. 2021年の質問紙調査

2018年、2019年、2020年にはバングラデシュに行くことができたものの、2020年3月を最後に、Covid-19の流行で渡航ができなくなった。2020年3月にはすでに中国でのCovid-19の流行が知られていたため、村を歩いている私たちの姿を見て中国人と思い、子どもたちが「コロナ、コロナ」と呼びかけることもあった。

そこで、今度はコロナ禍であってもラジョールとカリアの村内を移動できる人に調査を依頼したいとGUPに相談したところ、カベリ氏と3人の女性を紹介された。カベリ氏はGUPの所長の妻で、自身もかつてGUPで働き、その後は別のNGOで働いていたので調査の経験を積んでいた。また、もともとGUPではカリア村（ユニオン）内を12人のヘルスワーカーが巡回するプログラムを2014年から実施していた。そのプログラムでは、ヘルスワーカーが担当の家庭を訪問し、妊婦やプライマリーケアの必要な人びとの健康状態を定期的にチェックしていた。それに対して、ラジョール村ではそのようなプログラムは実施されていなかったので、新たに2人の調査助手を雇ってラジョール村の中で出産した女性を訪問し、質問紙に答えてもらうことにした。2021年1-12月までの間に、3人の調査助手の1人がカリア村を、2人がラジョール村を担当し、産後の女性に漏れなく質問紙に答えてもらうよう依頼した。とは言え、実際には女性たちの同意が得られなかった場合や、コロナ感染が増えて移動が制限された時期があったため、多少の漏れがあったものと思われる。だが、ヘルスワーカーや調査助手は移動が可能な限り家庭を訪問し、感染の防止に努めつつ、許されるぎりぎりの条件のなかで調査を行った。この質問紙は、妊娠・出産の情況に加えて、以下のことについても聞いていた。

・妊娠中から産後までの薬の使用（どんな薬を、どこで、誰から手に入れるのか）
・産後の授乳の情況（母乳についての考え、授乳のアドバイス、母乳のトラブルと解決法）
・出産費用についての感想とその捻出の仕方
・産後の儀礼の有無と儀礼をしない場合の理由
・行動範囲や移動（病気の際に、どこに、どんな手段で行くのか、コロナ前と後との外出の頻度。この質問は、産後の女性に対してだけでなく、その近くにいた男女にも行った）

これらの質問の中には2016-17年の調査と重複する項目もあったが、2016年から2021年までのわずか5年間の村の変貌ぶりは著しく、とくに出産に関しては5年前とは大きく異なる状況が見られた。とくに、予定（希望）していた出産と実際の出産との乖離が予想されたため、質問項目には意図していた出産（場所、介助者）と実際の出産とを問う項目を入れた。

カベリ氏は、毎月ラジョールに1週間滞在して、その前の月に調査助手が訪問して得た質問紙の結果を収集し、それを英訳してエクセルに入力した。さらにカベリ氏は、日本側とのやり取りを頻繁に行い、不明瞭な箇所や追加の質問事項について現地の調査助手に電話で確かめ、正確なデータになるよう努めてくれた。また、より詳しく話を聞きたい人については、実際にカベリ氏がその人に会い、インタビューも行った。以上のような方法で、合計626人（カリア村214人、ラジョール村412人）の回答を得た。

【児童婚（早婚）についての若者の考えを知るワークショップ】

児童婚（カップルのいずれかが18歳未満の結婚）は現在も日常的に行われてい

る。そこで、若者の結婚観や高等教育を受けることに対する考え方を知りたいと思い、カベリ氏に依頼して、ラジョール村とカリア村でワークショップを開いてもらった。参加者はラジョール村では10年生（15-16歳）の女子20名、カリア村では16～26歳の独身男女20名の計40名だった。このワークショップでは、希望する結婚時期、結婚相手の見つけ方、児童婚に対する考え、将来希望する職業などについて、若者たちどうしで話し合い、その状況を録音してもらった。この結果については、第5章で述べている。

以上のように、2015-2021年にかけては文化人類学的なフィールドワークに加えて、現地の調査者に依頼して行った調査が大きな部分を占めている。

第5章　農村部における児童婚の現状と展望
リプロダクティブ・ヘルス／ライツの視点から

五味 麻美

はじめに

バングラデシュは女性の結婚年齢が世界で最も低い国の一つである。同国では英国植民地時代の1929年に児童婚制限法（Child Marriage Restraint Act）を制定し、法定婚姻年齢を女性18歳以上、男性21歳以上と定めたが、その効力は弱くほとんど守られてこなかった。バングラデシュ女性の婚姻率は15歳未満で15%、18歳未満では51%であり、世界で8番目、アジアでは最も高率となっている［UNICEF Bangladesh 2023］(1)。

18歳未満での結婚は「児童婚（Child marriage）」と定義され、さまざまな問題点が指摘されている。国連機関を中心に世界各国で児童婚根絶に向けた取り組みが進められているが、バングラデシュでは2017年の法改定により“特別な事情”のもとでの児童婚が事実上合法化され、時代に逆行するかのような法改正は国内外で物議を醸している［Human Rights Watch 2017; UNFPA & UNICEF 2020］。

筆者は1990年代後半から2000年代初頭にかけてJICA（独立行政法人国際協力機構）青年海外協力隊の看護師/助産師としてバングラデシュ農村部に在住し、帰国後も同国の母子保健に関する研究を継続してきたことから、本章ではバングラデシュが抱える闇とも評される児童婚の現状について、まずリプロダクティブ・ヘルス／ライツ（性と生殖に関する健康と権利）の視点から記述する。その後、児童婚の現状を社会・文化的な背景から考察し、最後に若者世代の意識の変化をもとに、今後の展望について述べることとする。

第1節　児童婚とは

児童婚（Child marriage）とは、その語が示すとおり、夫婦のどちらか一方または双方が18歳未満で結婚、あるいはそれに相当する関係にある状態を意味する。児童婚には男児も含まれるが、女児が圧倒的多数とされている［UNICEF 2022］。「子どもの権利条約」では18歳未満を児童（子ども）と定義し、世界中のすべての児童に対して一人の人間として基本的人権を所有し、行使する権利を保障することを約束している。この条約では、子どもが差別なく教育を受ける権利（第28条）、自分の能力を最大限に伸ばし、ジェンダー平等や自文化と異文化の尊重、平和を尊ぶ教育を受ける権利（第29条）、経済的搾取や有害労働などの児童労働から守られる権利（第32条）、性的虐待や性的搾取から守られる権利（第34条）を有するとしており、本条約の観点からも児童婚は多くの問題を孕んでいる。

児童婚に伴う具体的な問題として、女児の場合は結婚や妊娠によって被る心理・社会的な負担、性交の強要、望まぬ妊娠、妊娠・出産時の健康被害、性行為感染症のリスク増大などのリプロダクティブ・ヘルス／ライツに関連する問題、学業の中断、意思決定権の欠如、暴力や虐待、搾取被害などが挙げられる。男児の場合は若くして家族を養うことへの心理・社会的な負担、跡継ぎを求める親族などからの事実上の性交強要、学業の中断などが指摘されている。児童婚の背景には経済的要因、教育や知識の欠如などの構造的要因、古くからの慣習や性的暴行等のリスク回避などの社会的要因があるといわれており、2015年に採択された持続可能な開発目標（以下、SDGs）では、目標5のジェンダーの平等と女性のエンパワーメントにおいて児童婚や強制結婚などの有害な慣行を撤廃することが目標に掲げられ、UNICEFなどの国連機関が中心となり、各国で児童婚の撲滅を目指した取り組みが進められている［UNFPA & UNICEF 2020］。

第２節　児童婚を取り巻く現状

1.　世界の現状

2020年の日本の平均初婚年齢は、夫が31.0歳、妻は29.4歳であり［厚生労働省 2021：14］、日本人にとって児童婚はあまり身近な出来事ではないが、世界に目を移すと毎日4万人以上の児童が18歳の誕生日を迎える前に結婚している。世界で暮らす人々のうち児童婚を経験した女性は推定6億5000万人で、その児童婚の半数がバングラデシュ、ブラジル、エチオピア、インド、ナイジェリアで起きている。男性は1億1500万人と推定され、中央アフリカ、ニカラグア、マダガスカルなど、主にサハラ以南のアフリカや中南米、南アジアで起きている［UNFPA and UNICEF 2020］。

写真1　11歳で45歳の男性に嫁いだ女性（ボグラ県）
（五味麻美撮影、2006年）

児童婚は全世界的に緩やかな減少傾向にあるものの、アフリカなど一部の地域では急激な人口増加に伴い児童婚も大幅に増加しており、今後30年の間に世界中で児童婚を経験する児童の数は3億人を超えると予測されている。またCOVID-19パンデミックの影響により、多くの国では女児の児童婚のリスクが急激に高まっていることが報告されており、児童婚の撲滅というSDGsの目標達成には程遠い状況にある［UNICEF 2021, 2023; MJF Report 2021; Yukich et al. 2021; Hossain et al. 2021］。さらに、南アジアでは結婚から妊娠までの平均期間が1、2年であることから、児童婚は早い段階での妊娠・出産につながり、10代の出産が母児の健康にもたらす悪影響が指摘されている［Scott et al. 2021; Shahabuddin et al. 2017］。バングラデシュのように、法律で児童婚を禁じていても古くからの慣習や認識を変えることは難しく、法的な縛りがほとんど意味をなしていない国も少なくない。また、民法改正以前の日本のように、女性の法定婚姻年齢が18歳未満の国も存在しており[(2)]、児童婚は根深い問題を抱えている。

2. バングラデシュの現状

バングラデシュでは、およそ3.5人に1人の女性が16歳の誕生日を迎える前に結婚しており、特に貧しい農村部などでは初潮前に結婚させられるケースもある。そして、法的に婚姻の契約が結ばれれば、幼くとも夫となった男性の性的対象者となる。最新のバングラデシュ人口保健調査（BDHS 2022）によると、女性の児童婚率は都市部の44.4％に対し、農村部は52.6％、15-19歳の女性の妊娠経験率は都市部19.8％、農村部では25.2％と、農村部の方がより深刻な状況にある［NIPORT and ICF 2023］。

バングラデシュにおける児童婚には様々な要因が複雑に絡み合っているといわれているが、主な要因として女児の存在が経済的な負担とみなされていること、ダウリー（Dowry：結婚持参金）の習慣、女児に対する誘拐や性的暴力の蔓延などが挙げられる［Yount et al. 2016; UNICEF Bangladesh 2020］。

1つ目の要因である女児が経済的な負担とみなされていることの背景には、貧困問題がある。貧困により子どもを扶養できないと判断した親は、娘が食べることに困らないように、別の見方をするなら家庭内の食い扶持を減らすために娘を手放し、結婚させることを決める。また、教育費を捻出できないことを理由とする親も少なくない。義務教育の学費は無料だが、安価な制服や学用品の費用さえ、近い将来嫁いでいく娘のために支払うことを躊躇う親もいる。親の意向によって学業継続を断念した女児は家に留まる理由を失い、児童婚の道を辿ることになる。

2つ目の要因、ダウリーの慣習も女児の親を苦しめる。ダウリーとは結婚の際に女性側から男性側に金銭や貴金属、電化製品、家畜などを贈るならわしで、新婦が持参するダウリーの額面によって婚家における立場や扱われ方が決まるともいわれる。実家が男性側の期待に添うだけのダウリーを用立てできなかった新婦は嫁ぎ先で肩身の狭い思いをするばかりか、嫁としての価値が低い者として長年にわたり蔑まれたり家庭内暴力（以下、DV）を受けたりするなど、ダウリーにまつわる問題は数多く指摘されている。1990年代後半に筆者が北西部の村で助産師をしていた際、誕生した児が女児であることを知った両親から「将来、この児に十分なダウリーを用意することが出来そうもないから……」と、その場で児の口を塞いで殺して欲しいと、いわゆる「間引き」を依頼されたこともあった。バングラデシュでは1980年に「ダウリー禁止法（Dowry Prohibition Act）」が制定され、ダウリーを渡すこと、受け取ること共に罰則の対象となったが、今なおダウリーの慣習は根強く残り、ダウリーにまつわる不幸な事件は後を絶たない。一般的に女性の結婚年齢が若く外見が美しいほど、そして初潮前または初潮を迎えてから日が浅いほどダウリーの額面が少なく済む傾向にあり、女児を持つ親たちは娘ができるだけ幼く価値が高いうちに嫁がせたいと考える。だが、本人の意思によらない結婚であった場合は、たとえ親であっても児童の人権侵害に相当する。大抵、村の大人たちは自らが我が子に対し人権侵害を犯しているという認識は持っておらず、長く続く慣習に従って少しでも良い縁談を進めたいと考えているに過ぎないだろう。実際に親の決めた相手との強制的な結婚を経て、幸せに暮らす夫婦も多くいる。しかし、初潮から時が経つにつれて嫁として母としての価値は本当に下がるのだろうか。幼いほどに高い価値とは一体、何なのか。そして、誰から見た価値なのか。ダウリーという慣習は児童婚の課題を如実に表しているともいえよう(3)。

児童婚の主な要因の3つ目は、女性に対する誘拐や性的暴行の蔓延である。バングラデシュにはパルダ（Purdah）と呼ばれる行動規範があり（パルダの規範については第7章のP.174を参照）、イスラム教徒に限らず他の宗教徒であっても女性はできる限り身体を露出したり、男性の興味を引くような身なりや行動をしたりすることのないように留意し、外出を控えることが美徳とされてきた。しかし、そうした行動規範が男性側に有利に利用されている現状もある。前述のとおり、バングラデシュでは1929年に制定された児童婚制限法に代わる法律として、2017年に児童婚禁止法（Child Marriage Restraint Act）が可決された。同法では、法定婚姻年齢に変更はないものの駆け落ちをした、性的暴行を受けた、非嫡出子を出産したなどの"特別な事情”が生じた場合に限り婚姻年齢の制限を緩和し、18歳未満であっても結婚を認めるとしている。つまり、新法では男性側が駆け落ちという名目の誘拐や性的暴行を加えた場合、“特別な事情“だからと相手の女児と合法的に婚姻関係を結ぶことが可能になったのだ。

通常、性的暴行は暴行をした男性側が罰せられることが一般的であるが、パルダの風習を持つバングラデシュ、特に農村部では男性側に性的関心を抱かせた女性（女児）側にも落ち度があったと判断される。閉鎖的な農村部では未婚女性が性的な暴行を受けたという噂はあっという間に広まり、被害を受けた女性は純潔を守ることができず穢された娘として認識され、婚姻の機会を失うことになる。また、性的暴行により妊娠した場合も家族からも加害者側からも見放され、被害女性が一人で子どもを育てるケースも少なくない。そのような状況からの救済を目的の一つとして児童婚禁止法の特別規定が設けられたものの、2017年の法律改訂以降、特別規定を逆手に取った大人たちによる幼い女児を対象とした誘拐や性的暴行は増加している。全国各地で児童の誘拐や性犯罪事件が急増し、性的暴行を受けたことを苦にした女子児童の自殺、性的暴行の加害者を被害者の親が殺害するなどのショッキングなニュースがメディアを賑わせ、事態を重く受け止めた政府は児童婚禁止法施行から3年後の2020年に性的暴行犯に死刑を適用する方針を発表した。しかし、死刑罪適用後の 2021 年に性的暴行の被害を受けた女児は公になっているだけでも 800 人を超えている［The Daily Star 2022］。女児を持つ親たちは常に娘の安全に気を配り、少しでも早く無事に娘を嫁がせなければと考える。伝統的な文化や慣習は尊重されるべきであるが、このような社会的悪循環をどうにかして断ち切ることが切実に求められている。

第 3 節　農村部の現状：児童婚を経験した女性たちの語り
〈マダリプル県ラジョール郡　2017 年〉

本節では児童婚を経験した女性たちに対するインタビューをもとに、農村部における児童婚の現状を記述する。マダリプル県ラジョール郡のカリア村とラジョール村において児童婚を経験した女性 8 名を対象に、結婚やリプロダクティブ・ヘルスに関するインタビューを 2017 年に実施した。

インタビュー対象者 8 名の結婚年齢は 12 歳から 16 歳で、そのうち 5 名が 15 歳以下、3 名が 16 歳で結婚していた。宗教はヒンドゥー教が 7 名、イスラム教が 1 名だった。結婚理由は親や親族の決定が 3 名、恋愛結婚が 5 名だった。全員が実家の経済状況は貧しいと語ったが、それが理由で児童婚をしたわけではないと答えていた。ダウリーを夫方に渡したのは 2 名で、4 万タカを払ったと答えたのが 1 名、夫側からは要求されなかったがテレビや貴金属などを贈ったと答えたのが 1 名で、残りの 6 名はダウリーについて何も述べていなかった。全員が 10 代で出産し、第一子を流産、あるいは死産した人が 3 名いた。就学については 2 名が結婚前、6 名は結婚を機に学業から離れていた。全員が自分の子どもには高校卒業まで学業を授けたいと希望し、子どもの早婚に否定的であった。また、8 名中 3 名が家庭内での意思決定権は夫と義理の家族にあると語った。以下に、4 名の女性たちの語りの一部を紹介する。

アニタ（20 歳：14 歳で 16 歳の男性と結婚　子ども 1 人、死亡した子 1 人）
〈結婚〉

結婚は兄が決めました。兄がダッカに進学することになり、私の身を案じて（性的な被害や誘拐など）結婚を決めました。兄が私を結婚させると決めて、父と叔父も賛成しました。結婚に私自身の意思は何の価値もありません。兄が私を結婚させようとしたので、私は同意しました。それ以外に何ができますか？もし、私が兄や親の意向に従わなかったら、私は親や周囲から付き合っている男性がいると疑われるでしょうし、身に覚えがないなら結婚に反対する理由はないはずです。私には何の問題もなかったから結婚したんです。村の人々は、嫉妬したり羨ましがったりするものです。美人だとか素行がいいということで、その子の悪い噂を言いふらしたりもします。だから、兄はすぐに結婚を決めたんです。結婚が決まった時は複雑な気持ちでした。新しい土地でどんな風に暮らしていくのか考えると嫌な気持ちになりました。でも、私は兄や父、叔父が決めたことなら何でも同意すると言いました。夫の家はダウリーを要求してきませんでしたが、私の家からはイヤリングや金のネックレスを贈りました。母方の叔父は子牛、父方の叔母はテレビ、父方の叔父はネックレスを、父はイヤリングを贈りました。

この国では女の子は18歳以上で結婚することになっています。でも、実際には早婚もあります。家が貧しくて良い結婚相手が見つかったら、女の子の家族が結婚を遅らせる理由なんてありますか？警察に知られると大変だから、こっそり結婚するんです。この村には25歳を過ぎても独身の女性がいます。彼女には昔いくつか縁談があったのに、彼女の家族はもっと良い条件が来るのを待ったんです。でも結局、未だにそんな縁談はないみたいです。村の男は一般的に若い女の子が好きですよ。結婚相手として一番好まれるのは6年生か7年生の子です。若い女の子はかわいいし、従順だから嫁として好まれます。

〈教育について〉

小学校は卒業しました。勉強を続けてみたい気持ちはあったけど結婚したから……。だって結婚後に勉強が役立ちます？ 家事をしながら勉強に集中できると思います？ 結婚後も学校に行けたらよかったけど、お金もかかるので嫁の私が学校に行くなんて無理でした。

〈出産〉

最初の出産は結婚して1年後、私が16歳の時です。私は最初の1年は子どもを作らずにいたいと思って、夫に内緒でピル（経口避妊薬）を飲んでいました。1人目の時は妊娠がわかってから3回くらい健診を受け、妊娠中は元気でしたが出産直後に死んでしまいました。出産が近づいた頃、2、3日軽い陣痛があって自宅に村医者（正式な医師免許をもたずに医療を提供し、村人から医者と見なされている。村医者については第3章第3節を参照）を呼びました。その後、医者が陣痛促進剤を注射したところ急に痛みが強くなって、赤ちゃんは産まれてすぐに死にました。

この時は自宅出産でしたが、2人目は病院で産みました。1人目の時は若くてとても虚弱で痩せていて、貧血もありました。2人目の時はピルのせいか体重も増えました。1人目の時も2人目の時も膣壁裂傷があったので膣壁を縫って[4]、1か月くらい医師から処方された薬を飲みました。

〈子どもの結婚・教育観〉

娘が勉強したいのであれば、私は彼女に教育を受けさせます。彼女が美しく成長して教養も身につければ、いい夫と家族を得ることができますよね。中学までは行かせたいです。SSC（中期中等教育修了認定試験＝中学卒業程度）に合格した後に良い縁談があれば結婚させるつもりです。私の母も早婚ですし娘の結婚も遅くするつもりはないです。学業と結婚を両立させるなら別ですが、中学を卒業したら18歳よりは前に嫁がせると思います。

サビナ（推定19歳：13歳頃に17歳の男性と結婚　子ども1人）

〈年齢〉

結婚したのは16歳だと言っていますが、本当はもっと若い時に結婚しています。今の年齢を20歳と言ったのも、おおよその年齢です。村では実年齢を隠して結婚します。18歳未満じゃ有権者になれないし結婚もできない。女性が結婚すると、次の日には役人が有権者登録の書類を持って訪ねて来るんです。そして、その書類にはどんなに若い子でも「18歳」と書くんです[5]。

〈結婚〉

私は12、13歳で結婚しました。夫は私より年上で、彼が私を選んで、すったもんだした挙句に結婚しました。夫の親戚が夫の結婚相手を探すために私の村に女の子を見に来ました。その時、私は学校に行っていたのですが、夫が私の母方の叔母の携帯に電話をかけてきて、叔母が夫に私の居場所を伝えました。夫はバイクで私のところにやってきて、私たちは3時間ほど色々な話をしました。そして彼はそのまま私を家に連れて帰り、夫の家族が私たちの結婚を認めてくれました。最初、父は怒って私を引き取りに来なかったんです。私はまだ若かったので家族は結婚を許してくれませんでしたが、数日後には結婚しました。当時、私の父は貧しかったので面目が立たず、取り戻しに来られなかったのだと思います。私は当時6年生でした。だから何もわかっていませんでした。なぜ結婚したのかもわかりません。私は彼のことが好きでしたし、彼も同じです。でも、なんで12､13歳で結婚してしまったのかは説明できないんです。当時、どう思ったのか自分でもよくわからないけど、もしも今、同じ状況になったら私は違う選択をすると思います。

〈今の自分〉

今なら家庭を持つということがどれだけ大変で面倒かがわかるから、12、13歳で結婚なんてしません。結婚よりも勉強を選びます。今は間違った選択だったと思っています。結婚後、義母に学校に行きたいと頼みましたが聞き入れてもらえませんでした。今、すべての決定権は義母と義兄が持っています。私は稼ぎがあるわけでもないし、何もできないから全て人の意見に従うだけです。私は義母、義兄とそのお嫁さんとうまくいっていません。義母たちは私に話しかけてくれません。私が一生懸命家事をしても私がやることすべてが気に入らないみたいです。頑張っても家族を喜ばせることができず、家庭内では喧嘩や妬みもあって雰囲気が悪いです。夫が怒って暴力をふるうこともあります。妊娠中に夫からの暴力がありましたが、当時の夫は大麻中毒だったから。大麻をやめるよう説得しても聞いてくれず、暴力を受けました。今、夫は出稼ぎに行っています。夫は今も私に興味を持ってくれてはいて、相談相手も夫です。誰もが家庭での安らぎや快適さを望んでいると思います。私だって枯草ではなくガス器具で調理をしたいですが、嫁ぎ先が貧しいので自分の希望を叶えることは難しいです。

〈妊娠・出産〉

夫が病院でピル（経口避妊薬）を買ってきました。私は意味が分かっていませんでしたが、私は夫の意見は全部聞き入れますし、周囲の人たちは政府から出されたピルを飲んでいたので私もそうしました。結婚後、私は子どもが欲しくなかったんです。でも義母に､「あなたは若いんだから早く子どもを産みなさい。結婚して2年も経つのにまだ子どもがいないということは不妊症なんじゃないか」と責められてすごく傷つきました。私は意地になって、すぐ妊娠しました。そうでなければ妊娠はもう少し後になっていたと思います。

妊娠中は頭痛や嘔吐が続き手足にも痛みがあり、十分に食べられませんでした。自宅出産の予定でしたが、陣痛中に排尿障害になって病院に行き、超音波検査で膀胱に尿が貯まっていることがわかりました。尿を取ってもらったら痛みが少し落ち着き、その後陣痛促進剤を打って出産しました。お産は正常でしたが会陰切開と縫合が必要でした[6]。産後、病院にいる間は少し調子がよかったんですけど家に帰ってから具合が悪くなりました。今もずっと体調が良くないです。

〈将来への希望〉

私は、仮に娘が良い職につけないとしても、教育はしっかり受けさせたいです。貧しいですが、他人に頼ってでも彼女に教育を授けます。娘の願いが叶うようにしてやりたいと思っています。

ハリシャ（推定22歳：16歳頃に推定22歳の夫と結婚　子ども１人　流産１回）

〈結婚〉

結婚して6年になります。今の自分の年もよくわかりませんが、22～24歳ということにしておいてください。私は4年生頃まで学校に行きましたが、その後は行っていません。母は早くに亡くなりました。私を含めて5人きょうだいで、弟と妹がいます。一番上の姉は母が亡くなって1年後に結婚し、そのあと次の姉も結婚しました。自分が結婚した年齢はよくわかりませんが、私が結婚してすぐに、2歳年下の弟も結婚しました。私が嫁いでしまい、家事をやる人がいなくなってしまったからです。私が結婚した時に、弟はまだ12、13歳だったと思います。私が結婚を望んだのではなく、家族が決めたんです。それは私が女だからで、女の子は結婚しなきゃいけないんです。周囲が結婚のタイミングだと考えたんでしょう。決められた結婚に逆らう女の子はいないでしょう？勉強を続けて遅くに結婚する人もいますが、私は学校も行かなかったから、結婚しないでどうするつもりだと言われたら何も答えられないでしょう。結婚を嫌がれば、親からも周囲からも私が男の人と付き合っているのではないかと疑われて、いろいろ詮索されます。私は父に同意し、村の慣習に従って結婚しました。

夫の親戚がアシャール月（ベンガル暦で、西暦の6-7月にあたる）に私を見に来ましたが、そのときにはダウリーの折り合いがつかず、結婚に至りませんでした。翌月、彼らはまたやってきて、「明日には結婚が成立する」と告げました。そして翌日、私は結婚しました。そんな短時間で何をどう感じますか。ダウリーは4万タカ（約5万6000円）でした。お金は父が手配しました。夫の年は正確にはわからないけど、かなり年上です。夫は学歴が低いです。長男なので彼が早くから働かないと家族が食べていけなかったんです。

私の村では女の子が結婚するのに年齢の決まりはありません。勉強を続けなければ家族は娘を結婚させます。男性が村に女の子を見に来て、選んで結婚することもあります。叔父の娘もびっくりするくらい早く結婚しましたよ。嫁が若ければダウリーは少なくてもいいというわけではなくて、ダウリーは家族間の交渉次第です。叔父の娘の結婚の時は、結婚費用以外は何も出さなくてよかった。ダウリーは要求されませんでしたが、叔父は金のアクセサリー（イヤリング、指環、ネックレス）を贈りました。要求されなくても財力に応じて何か贈るという習慣があるんです。

〈妊娠・出産〉

結婚後、気づいたら妊娠していました。実家からは避妊しないように言われていたので、避妊はしていませんでした。でも、その子は流産しました。夜、トイレに行った時に流産してしまったんです。その時は病院には行きませんでした。すぐに次の子を妊娠するなら病院に行ったかもしれないけど、少し時間をあけようと思ったんです。流産の後に私は腎臓の病気になって、そのためにお金もかかりました。流産や体調を崩したことと幼くして妊娠したことが影響しているとは思いません。義理の姉も早くに結婚しましたが、何の問題もありませんでした。昔は早くに結婚して問題があったと聞くけれど、今はそういうことはないみたいです。

ラディカ（32歳：14歳で16歳の男性と恋愛結婚　子ども3人）

〈結婚〉

私たちは恋愛結婚です。私は、14歳で自分の意思で結婚しました。1999年に結婚したので、もう18年になります。当時、両親は私を別の裕福な家に嫁がせたいと考えていました。それで私と夫の結婚に反対したので、私は家を飛び出して夫の家に行きました。両親が夫との結婚に反対したのは、実家よりも裕福な家に私を嫁がせたかったからです。実家は農地も持っていますが、嫁ぎ先は自分の家だけですから。結婚後に披露宴をしましたが、私の両親は来てくれませんでした。

私自身は14歳で結婚しましたが、自分の娘は18歳以降に結婚させるつもりです。娘にはこのまま学業を続けてほしいと思っています。14歳で結婚というのは健康上よくありません。18歳未満での結婚は禁止されていますし、法律には従わなければなりません。女性が児童婚をすると体調を崩したり、自分が何をしたらいいのかわからなくて困惑したり、義理の家で役割を果たすことが大変だったりと、苦労が多いです。出産も大変だし落ち込むことも多いし、いろんな問題がありますよ。

〈妊娠・出産〉
結婚の翌年に最初の子を産みました。妊娠中は家事ができなくて、すごく大変でした。家事も食事もままならず、軽い感染症にもかかりました。4、5日熱が続き、ベッドの上で動くことさえできませんでした。そんなとき義母は不機嫌でしたが、それ以外は問題ありませんでした。出産では異常はなく、村医者が来て点滴をしました。大きな問題はなかったけれど、産後は体重が激減しました。赤ちゃんは1年半ほど母乳で育て、徐々に私も回復しました。

〈意思決定〉
私が嫁いできた頃、家の意思決定権は義母にありました。私はいつも家族の指示に従い、家族のやることをいっしょにしました。家族は私を会話に混ぜてくれ、私の意見を優先してくれました。家族の意思決定で私が置き去りにされたこともありません。今でも何かあれば私に聞いてくれます。それに今は夫が稼ぎ手なので、私が一家の責任を担っています。

第4節　児童婚の社会・文化的背景

バングラデシュの児童婚の割合は、1995年の79％から2023年には51％へと減少しつつあるものの、依然として南アジアで最も高率となっている。政府は女子の教育費を高等教育まで無料にし、女子が長く学校に留まるように誘導することで児童婚の抑制に努めている。2021年にラジョール郡で実施した626人の産後の女性の調査では、夫婦の平均教育年数は妻が8.5年、夫は7.9年と妻の教育年数の方が長くなっていた。しかし、女性の教育年数が延びても依然として全婚姻の約半数を児童婚が占めている。その背景には、人々が女性にとってふさわしい結婚年齢やふさわしい役割といったジェンダー規範を内面化していることがあるだろう。UNICEFなどの国際機関は、児童婚の悪影響やジェンダー不平等をとりあげ、児童婚根絶の啓発を行っているが、実際の人々の行動が変わらない背景には、社会や文化が色濃く影響していることが考えられる［Chowdhury 2004; Fattah 2022］。第2節で児童婚の要因として、貧困、ダウリーの存在、女性にのみ性的な貞淑を求める意識について述べたが、ここではさらに詳しくバングラデシュ社会を規定するジェンダー規範について考えてみたい。

前節であげた4つの事例に見られるように、児童婚と言っても親が取り決めてそれに従う場合もあれば、近年は、年若い男女が恋愛関係に入り、結婚に至る例も増えている。インタビューした8例のうち5例は恋愛結婚であったが、多くの場合は親が認めて結婚を取り行った形になっている。そこには女性が男性と恋愛関係に入ることを不名誉なことと見なし、それが大っぴらになる前に結婚を準備して親の監督下による結婚の体裁を整えたいという親側の考えがあるようだ。アニタの例にあるように、兄や親が先回りをして恋愛関係になる前に結婚を決めてしまうこともあるが、そこには女性に性的な自己決定権を認めないといった背景が見え隠れする。そして、もし親や親族の決めた結婚に従わないと、恋愛関係を隠しているのではないかと疑われるので、女性たちは決められた結婚に従うのである。つまり、女性には恥や貞淑、純潔が要求され、男性には家族の名誉や威信を維持する責任が要求されていると言える。その際に、家族の名誉は女性の服装や行動といった女性の身体を通じて表現されると考えられており、男性は女性の動きや服装をコントロールしなければならないと考えることになっている。

また、農村部では、女性の移動の自由が制限され（第7章参照）、女性は外でお金を稼ぐのではなく、家庭内でアンペイドワーク（無償労働）をするものとされている。そうなると女性は外で稼いでくることができず、家にとっては負債と見なされるため、貧しい家では女性を早く結婚させようとする。だがハリシャの例にあるように、女性が婚出して家事労働をする人がいなくなると、外から家事労働をする嫁をもらってこなければならず、ハリシャの例では、弟が若いうちに結婚したのは嫁の労働を手に入れるためだった。そう考えると、実際には女性の労働は負債どころか必須の家事労働であり、それを獲得することが男性側にとって婚姻の目的の一つになっている［Biswas et al., 2020］。だが、バングラデシュでは女性の労働をあくまで無償のものと見なし、女性の活動を家の中に制限することで、女性の存在を家庭の中にだけに認め、婚姻へと女性たちを向かわせることになっている。

また、女性は結婚すると夫の家に住み、婚家の一員になる。つまり、女性は男性の家にもらわれることになる。バングラデシュでは、結婚の核心にあるのが、夫による保護（guardianship）の提供であり、結婚することで女性は男性のからかいや性的暴行から身を守ることができるようになるとされる［White 2017］。つまり、女性は結婚しなければ安全を手に入れることができず、社会的な立場も得られないので、結婚することは女性にとって義務となる。事例のハリシャが言うように、「女の子は結婚しなきゃいけない」のである。そうして初めて、女性は社会的な位置づけを与えられ、バングラデシュ社会の中で正当な地位を占めることができるようになる。その逆に、男性は稼いで家族を養わねばならず、家族に保護を提供するという規範がある。

以上のように、バングラデシュでは男性と女性に相異なるジェンダー規範が設定され、その規範が互いに補い合うために、両者が結婚することで社会が維持される形になっている。たとえば、女性は外で働かずに家でアンペイドワークをするものとされ、その反対に男性は外で働いて家族を養うことが期待されている。また、女性は男性より年下であるべきとされ、男性は年長であることが良いとされる。そして、女性は男性に保護されるべきで、逆に男性は女性に保護を提供するべきとされている。さらに、女性には貞節や純潔が強調され、女性がそれらを守ることで男性の名誉や威信が保たれると考えられている。このように、男女に相異なる規範が要求されているために、両者は結婚することで社会的に安定し、その結果結婚が持続的に行われるようになっている。確かに、男女の関係は平等ではなく、女性が男性に従属する形になっている。しかし、結婚が社会生活を送るうえで不可欠だと認識されているならば、「良い相手」（good match）からの話があったときには、そのチャンスを逃すまいとして早すぎる結婚が引き起こされることになる［Fattah 2022］。また、娘のために良い安定した結婚を取り決めるのは、親の責務だと考えられていることも、早すぎる結婚を生み出すことになっている。

第 5 節　農村部の展望：若者たちの声
〈マダリプル県ラジョール郡　2021 年〉

この節では、カリア村とラジョール村の未婚の男女が、教育、就職、結婚など自らの将来設計に関する意見を語り合ったワークショップの結果を紹介したい。カリア村では未婚の男女 10 名ずつの 20 名（16-26 歳）が集まり、ラジョール村では 10 年生の女子 20 名（15-16 歳）が参加した。ワークショップでは GUP のカベリ氏がファシリテーターとなり、若者の意見を引き出す役割を担った。

1．結婚相手との出会いについて
『結婚する際、結婚相手をどのように探したいか』というトピックスでは、男

写真2　カリア村での未婚男女によるワークショップの様子
（カベリ氏撮影、2021年）

女ともに8割以上の参加者が「親が決めた相手と結婚したい」と語った。カベリ氏によると、この場合の親が決めた相手とは、親が自分に相応しい人として十分に検討したうえで選んでくれた相手という意味だという。また、16歳の女性2名と23歳の大卒女性は、「自分の意思で交際相手と結婚（恋愛結婚）したい」と理想を語った。その他の意見として「親が決めた候補者の中から自分で決めたい」(25歳男性、修士院生)、「自分の意思で決めるが、親の同意は得る」(26歳男性、修士院生）といった意見があった。近年、都市部や高学歴層を中心に恋愛関係にある男女が両家の親に結婚の意思を伝え、両家の話し合いにより結婚が認められる『親公認の恋愛結婚』が増加しているという。この結婚スタイルは事実上の恋愛結婚でありながら、対外的には「親が決めた結婚」とされ、親にとっても世間体を保てるメリットがある。農村部においても、今後はこうした形の恋愛結婚は増加していくと思われる。

2. 教育について

『後期中等教育（高等学校）以上の教育を受けたいか（受けたか）』というトピックスについては、男女全員が高校進学以上を希望、または実際に進学したと語った。28名は親と自分の双方が高校進学を希望し、3名は親の希望、9名は自分の希望だと語った。高校進学を希望する（した）理由について多くの参加者は、教育や知識は人や社会を豊かにし、より安定した就職や家庭生活につながるからだと述べていた。一方で、学業継続を阻む要因として経済的な問題を語った参加者も数名いた。現在25歳で社会科学の修士院生の女性は、「農家で貧しかったし、自分が中学を卒業した頃は社会的にも児童婚が多かったので、高校に進むことは難しいかもしれないと覚悟していた。実際にいくつか縁談もあった」と10年前を振り返った。また23歳の大学3年生の男性は、「15歳の頃は実家があまりにも貧しくて、中学卒業までが限界かもしれない。これ以上の進学は自分には難しそうだと悩んだ」と語った。参加者は男女ともに進学に対する意識が高く、結婚よりも先ずは学業を優先させるという考えが調査地域で浸透しつつあることが伺えた。

また、男女ともに結婚相手として高学歴者を希望する意見が多く、児童婚を経験したアニタがインタビューで語った（前節）「村の男性は従順で若い女性を好む」という認識（2017年）と、未婚の若者との間には認識のズレも生じているようだった。カベリ氏によると、ここ数年で親たちは早婚を否定的にとらえ、子どもの教育を重視するようになってきており、考え方が大きく変化してきているという。また、その理由については、政府の女子の教育強化への取り組み、児童婚禁止法の制定（一部、課題はあるものの）、就学率向上と児童婚防止のための政府や多くのNGOの活動といった多角的なアプローチが効を奏した結果と分析している。しかし、教育が将来のために重要であることを理解しても、現実には高等教育を修了させるだけの資金がない家庭もあり、教育を授けられないならせめて少しでも若くて美しいうちに有利な相手と結婚させてやりたいという親心が働く。

だが、近年は若さや美しさという条件の他に女性の教育の高さが条件の一つに加えられることも少なくない。とくに男性自身が高等教育を受けている場合、妻となる女性に知性を求めると同時に、高等教育を受けた妻の収入も期待する傾向がある。その背後には社会経済的な変化があり、農村に残って農業で生計を立てるよりも都会に出てサラリーを得る生活をしたいと考える男性にとって、妻の学歴は将来の高い収入を約束する有利な条件になると考えられている。この考えは女性側にも当てはまる。かつて日本においても高学歴、高収入、高身長の三高男性が理想の結婚相手と言われた時期があったが、本ワークショップでも複数の未婚女性が結婚相手に高学歴男性を望むと語っていた。しかし、彼女たちは自らも勉学に励み、職に就きたいという希望を持っていた。こうした変化は農村部における女性のエンパワーメントの兆候ともいえるかもしれない。女性の教育が、若さや美しさ、従順さと並ぶ結婚の好条件の一つになれば、ジェンダー平等が進み、児童婚が減少することになるだろう。だが、一部の階層の人たちにとって妻の教育はダウリーの代わりになる資産と見なされる［Rozario 2001］との指摘もあり、同国におけるジェンダー平等に向けては、産業構造の変化とともに経済的な余裕や、女性のモビリティやセクシュアリティに対する人びとの考え方も変わっていく必要があるだろう。

3. 身近な児童婚経験者について

『身近に児童婚経験者がいるか』というトピックスについては、参加者の8割以上が「いる」と答えていた。男女ともに同級生や親族、幼なじみなどが若くして結婚したと語ったが、中には実の妹が児童婚をし、妊娠7か月で早産となり分娩時異常出血（出血多量）で亡くなったと告白した女性（16歳）もいた。男女ともに児童婚をした身近な人は女性であり、男性の事例は聞かれなかった。参加者は、幼くして結婚をした元同級生や親族、幼なじみの現在について、経済的な困窮やDV、多産、心身の不調などに苦しんだり、離婚後に消息不明になったりしているといったエピソードを心配そうに語っていた。彼らの身近に早すぎる結婚の後に幸せに暮らしている人の存在もあるのか否かは不明だが、彼らが児童婚を望ましい結婚の形として捉えていないことは語りから伝わってきた。

また、現在中期中等教育（中学校）在籍中の参加者からは、COVID-19の影響で何人もの同級生が嫁いだという話題が語られた。Manusher Jonno Foundation（MJF）が2020年に実施した調査によると、同年4月からの半年間で、国内では約1万4000人の児童が結婚し、その約半数は15歳未満だったという。さらに、明らかになっているだけでも5089件の意図せぬ妊娠が報告されている［MJF Report 2021］。COVID-19パンデミックを背景とした児童婚増加の要因として、長期にわたる学校の閉鎖、家族の失業、貧困、食糧不足、感染による扶養者の死亡などに加え、行動制限を理由に挙式などをコンパクト化し費用を抑えられることや、海外に出稼ぎに出ていた未婚男性が多く帰国したことなどが指摘されている［Sakib 2021; UNICEF 2021］。ラジョール郡でもパンデミック以降、多くの海外出稼ぎ者が帰国し、児童婚に影響を与えたという。失業によるストレスがDVを生み、精神的・肉体的な健康に悪影響を及ぼしているとカベリ氏は指摘する。バングラデシュの児童に対する性的暴行は、その大半が親族または近隣住人によって行われていることを鑑みると、一部の子どもたちにとって家庭も決して安心・安全な場所ではなく、COVID-19による行動制限により逃げ場を失っている子どもたちの救済も大きな課題となっている。

4. 自分や妻の出産について

ワークショップでは参加者が未婚の若者であることを鑑み、性行動や避妊等に関する具体的な質問は行っていないが、『将来子どもを持ちたいか、もし持つ場合はどのような出産形態を希望するか』といったリプロダクティブ・ヘルス／ライツに関する意見を聞いた。2017 年に実施した 8 名の児童婚経験者へのインタビュー（前節）では、「自身が結婚した時点では性交渉の結果、妊娠することを知らなかった」、「避妊に関する知識がなかった」、「実家から避妊をしないよう言われていた」、「義理の親に妊娠を強要された」といった内容の語りも聞かれたが、ワークショップ参加者たちは男女ともに自分や妻が出産するなら病院か自宅か、帝王切開か自然分娩かといった比較的具体的な理想についても臆すことなく意見を述べていた。産む、産まない、産むならいつ・どのように産みたいかを自分たちの意思で考え、産まない場合もその決断を周囲が認めて支えることができるような健全な成熟が男女ともに求められている。若者世代のリプロダクティブ・ヘルス／ライツに関する意識の変化に期待したい。

5.　若者たちの語り

以下、ワークショップでの若者たちの具体的な語りの一部を紹介する。

ミナ（16 歳、女性）

将来は親が決めてくれた人と結婚したいです。自分自身も高校に進学したいですし、夫になる人は教養のある良い人であってほしいです。

ファティマ（16 歳、女性）

私は親が選んだ人と結婚したいです。高校、大学に進学して良い仕事に就き、高学歴の夫と平和な家庭を築きたいです。そのためにもしっかりと高等教育を受けたいと思います。私は公務員を目指しているので、そのためにも高等教育が必要です。そしていつか結婚したら子どもが欲しいです。出産は病院がいい。帝王切開ではなく普通分娩ができたらいいです。

アニタ（16 歳、女性）

私は親から紹介された人と結婚したいです。でも、先ずは高等教育を受けたいと思っています。そして、誠実できちんとした教育を受けた夫と結婚したいです。私の隣家の幼なじみが 12 歳で 35 歳の男性と結婚しました。聞くところによると、彼女には 2 人の子どもがいて、とても大変な状況にあるそうです。

サビナ（16歳、女性）

将来、ボーイフレンドができたら結婚の約束をしたいです。私の父はビジネスマンですが私は公務員になりたいので、中学を卒業したら良い大学に入るために勉強をします。クラスメートの中には、COVID-19で学校が休みになったときに児童婚をした人がいます。その子たちのうちの何人かは現在妊娠中で、もう母親になっている子もいると聞いています。

アザド（19歳、大学生、男性）

両親の選択に従って結婚するつもりですが、学歴の高い女性との結婚を希望しています。僕は家族を助けるために働くことは必要だと思います。僕は海外に留学したいと思っていて両親も留学を応援してくれています。幼なじみの女の子は12歳で結婚して、1年後には息子が生まれました。その後、いろいろな事情で家庭内が不穏になってしまったそうです。いつか子どもを持つなら、妻が自宅で正常に産めるよう環境を整えたいです。

ナディム（26歳、大学院生、男性）

将来は親の選択だけでなく、自分の意思で相手を選んで結婚したいです。私はもっと勉強してから働きたい。お金は生きるために不可欠だから、働く必要があると思います。今はコロナ禍のために人々の収入が減っているので、仕事を持っていることがより重要になっています。SSCの試験を終えると、多くの女子は母親の家事を手伝います。でも、SSCに合格した女子は家事だけでなくコンピュータやミシンなどのトレーニングを受けることもできるし、宗教的な規律についての知識を得ることもできます。でも、早すぎる結婚や出産は母親と赤ちゃんの両方によくないと思います。

モニカ（23歳、大卒、女性）

私は自分の意思で結婚します。私は高等教育を受けた人と結婚したいです。だって夫が教育を受けていれば、いろいろなことを話し合えるから。教育は人をとても自立させます。早すぎる結婚は社会と人間にとって多くの問題の原因になっています。子どものうちは結婚してはいけないんです。高等教育は国家にとって恵みですし、人々により良い未来をもたらすと思います。私は修士課程まで進むつもりです。教育は自分自身への投資です。

写真３　筆者が初めて参加した結婚式、新婦に付添っていた女性たち
（五味麻美撮影、1998年）

将来は政府の仕事に就きたいと思っています。将来子どもを産むときには、病院で出産したい。自宅出産だと出産時にいろいろな問題が起こる可能性があるからです。帝王切開は産後にいろいろな問題が起きるから病院で正常分娩をしたいですね。

おわりに

筆者が初めてバングラデシュを訪れたのは1998年だった。青年海外協力隊員として農村部の村々を巡回し、多くの母子と関わってきた。バングラデシュに赴任して２週間ほどが過ぎた頃、ホームステイ先の家族に「結婚式があるから参加しないか」と誘われた（写真3）。ホストファミリーに連れられて行った先はダッカ郊外の一軒家だった。案内されるまま室内に入ると、派手なサリーに身を包んだ幼い少女がベッドに腰掛け泣いていた。一目見て、嬉し泣きではないことは理解できたが、私には少女がなぜ泣いているのかが分からなかった。そもそも、まだ小学生くらいにしか見えないこの少女が新婦なのか、新婦の妹なのかさえ判断がつかなかったが、ホストファザーは彼女が今日の主役だと語った。その後、母親と親族らしき女性数人が新婦を呼びに来ると、少女は泣き叫んで抵抗した。嫌がる少女を親族たち数人で抱きかかえて身を清める儀式に連れて行く様子を、私はただただ見つめることしかできなかった。バングラデシュ赴任当初は児童婚という言葉も知らず、新婦が幼く見えたのは派手なサリーと化粧のせいだったのだろうと自己解釈した。新婦が泣き叫んでいたことについても、ホストファザーの「バングラデシュではどの新婦もああやって大声で泣くものだ。儀式みたいなものだから心配はいらない」という説明をそのまま受け入れた[6]。しかし、その後、ダッカからバスで6時間ほど離れた農村部の任地で生活するようになるとすぐに児童婚の問題と向き合あうこととなった。妊婦健診に来る妊婦は皆、あまりにも幼かった。早すぎる結婚、妊娠は精神的にも身体的にも大きな負担をもたらし、貧血, 流早産、異常出血、産道裂傷、低出生体重児といった問題も生じやすい。また、多くの場合、健診には義母や義姉などが付き添ってきたが、診察時に最終月経や妊娠をしたタイミングについて質問すると、妊婦本人よりも義母や義姉の方が詳細を知っていることが多く、夫婦のプライバシーは一体どうなっているのだろうと驚いたものである。筆者自身も職場の同僚や近所の方、患者さんなどから「もういい年だろうに、ちゃんと結婚しているのか？」、「こんなところに来て、旦那とは死別したのか？」と何度も質問された。当時の私は日本の平均初婚年齢にも達しておらず、「まだ結婚していない」と答えると皆、同情したような表情になり、「一日も早く結婚しろ」「すぐにバングラの男と結婚しろ」と勧められたり、「こんなところにいないで、帰国して結婚した方がいい」と世話を焼かれたりした。しばらく後には先輩隊員たちの助言により、「実は婚約している。帰国したら結婚する」と答えるようになったほどである。当時、地方に赴任していた女性隊員は誰もが同様の経験をしており、それだけ児童婚が当然と認識されていたということだろう。

あれから20年が過ぎたが、今もなおバングラデシュにおける児童婚の現状に大きな変化は見られない。児童婚はバングラデシュにとって長年の課題であり、SDGsの目標達成に向けて政府としても改善に力を入れている。児童婚の背景には貧困やジェンダー差別、セクシュアリティ、宗教など多くの問題や利害関係が「伝統的慣習」という言葉を隠れ蓑にして存在し続けている。COVID-19パンデミックの影響による児童婚の増加や、児童婚禁止法の特例を逆手に取った性犯罪の増加といった出来事もバングラデシュで起きている現実であり、楽観視はできない。

しかし、2017年にラジョール郡で行った児童婚経験者に対するインタビューでは、ほとんどの方が児童婚や早すぎる妊娠に対して否定的な意見を述べていた。また、2021年のワークショップでは若者たちの認識の変化も見て取れた。女性のエンパワーメントのためには男性側への働きかけが重要であるが、ワークショップに参加した男性たちは、未来の妻に対しパートナーとしての教養や経済力を望み、妊娠や出産について妻と共に考え、サポートをしたいと語っていた。このことは未来への大きな希望となるだろう。世間の目や宗教上の観点からこれまで恋愛結婚は公には歓迎されなかったが、親公認の恋愛結婚が少しずつ増加し、若者たちは恋愛結婚をしたいと堂々と口にすることができるようになってきた。スマートフォンの普及により農村部でも世界の恋愛、結婚情報が自由に入手できるようになっている。宗教や文化を尊重しつつも、バングラデシュを担う若者世代の一人一人が自分らしく幸せに暮らせるよう、これからも見守っていきたい。

注

⑴　児童婚の割合は、20-24 才の女性のうち、18 才未満で初めて婚姻かそれに等しい関係に入った人の割合で示す［UNICEF 2023: 7］

⑵　日本は 2022 年の民法改正により女性の婚姻年齢を 18 歳に引き上げた。引き上げ以前の女性の法定婚姻年齢は 16 歳であった。

⑶　バングラデシュでは、もともとダウリーはヒンドゥーの高位カーストの習慣であり、低カーストやムスリムでは婚姻に際して婿側から嫁側に支払う花嫁代償（bride wealth, bride price）の習慣が一般的だったとされている。しかし 1971 年の独立以降に妻側からダウリーを支払うケースが増え、80 年代にはヒンドゥー、ムスリムどちらにおいても花嫁代償がダウリーに変わった［White 1992; Rozario 2001］。かつてのダウリーは、ヒンドゥー教徒にとって嫁側からの gift of a virgin という意味を持ち、妻が結婚後も使う品々を持参していたが、徐々に夫が自分のための電気製品や時計、バイクなどを要求する（demand）ようになったという［White 1992］。また、なぜダウリーの習慣がヒンドゥー、ムスリム、クリスチャンにおいても一般化したのかについて、Rozario は 3 つの説を挙げている。1 つは人口学的な説で、独立以降男性の都市移動などで、農村部に適齢期の女性が余るようになったと考えられていること。2 つ目は、農業中心から近代的な社会への移行により、男性側の教育投資に見合うものを妻側のダウリーとして要求する傾向と、妻側も婚姻によって地位の上昇を図るためにダウリーを用いるようになったこと。3 つ目に、女性のモビリティが高まり、かつてのように処女性が保証されなくなったために、男性側がその埋め合わせにダウリーを要求するようになったという見方である［Rozario 2001］。

⑷　膣壁裂傷としているが、通常の会陰裂傷だった可能性がある。ベンガル語から英語に翻訳された言葉は、vaginal tear となっているが、別の所では placenta cut という言葉も使われており、会陰に当たる言葉が女性達（あるいは翻訳者）に知られていなかった可能性があるからだ。バングラデシュ農村では、会陰切開を小さな帝王切開と呼び、normal delivery（正常出産）ではないと考えている人もいる。

⑸　バングラデシュの選挙権年齢は 18 歳以上。

⑹　Del Franco によれば、結婚式は女性が実家から引き離されて別の家に行く悲しみを演じる場であり、泣くことが期待されている。幸せそうに振る舞うことは、実家に対す

る愛着がなく、恥じらいがなく、性的な関心があると受け止められることになる［Del Franco 2012: 220, 226］。

文献

Biswas S., Karim, S., and Rashid, S.,

2020　Should we care: a qualitative exploration of the factors that influence the decision of early marriage among young men in urban slums of Bangladesh. *BMJ* Open 2020i-10: e039195

Chowdhury F.,

2004　The socio-cultural context of child marriage in a Bangladeshi village. *International Journal of Social Welfare* 13: 244-253.

Del Franco N.,

2012　*Negotiating Adolescence in Rural Bangladesh: A Journey through School, Love and Marriage.* Zubaan.

Fattah KN, Camellia S.

2022　Poverty, dowry and the 'good match': revisiting community perceptions and practices of child marriage in a rural setting in Bangladesh. Journal of Biosocial Science 54（1）: 39-53.

Hossain MJ., Soma MA., Bari MSet al.

2021　COVID-19 and child marriage in Bangladesh: emergency call to action. *BMJ Paediatrics Open* 5: e001328.

Human Rights Watch

2017　Bangladesh: Legalizing Child Marriage Threatens Girls' Safety: Contain Harm with Strict Regulations.
https: //www.hrw.org/news/2017/03/02/bangladesh-legalizing-child-marriage-threatens-girls-safety.（2022 年 8 月 20 日アクセス）

MJF（Manusher Jonno Foundation）Report

2021　13,886 child marriages in pandemic in 21 dists: report
https: //www.newagebd.net/article/132414/13886-child-marriages-in-pandemic-in-21-dists-report（2023 年 4 月 30 日アクセス）

NIPORT and ICF

2020　Bangladesh Demographic and Health Survey 2017-18. Dhaka, Bangladesh, and Rockville, Maryland, USA. https: //dhsprogram.com/pubs/pdf/FR344/FR344.pdf.（2022 年 8 月 20 日アクセス）

2023　Bangladesh Demographic and Health Survey 2022: Key Indicators Report. Dhaka, Bangladesh, and Rockville, Maryland, USA.

Rozario, S.

2001　*Purity and Communal Boundaries: Women and social change in a Bangladeshi vil-*

lage. University Press Limited.

Sakib, SM

2021　Bangladesh: Child marriage rises manifold in pandemic. Anadolu Agency 22nd March https: //www.aa.com.tr/en/asia-pacific/bangladesh-child-marriage-rises-manifold-in-pandemic/2184001.（2022 年 8 月 20 日アクセス）

Scott S., Nguyen P., Neupane S.,Pramanik P., Nanda P., Bhutta Z., Afsana K., and Menon P.

2021　Early marriage and early childbearing in South Asia: trends, inequalities, and drivers from 2005 to 2018. *Annals of the New York Academy of Sciences*. 1491: 60-73.

Shahabuddin A., Nostlinger C., Delvaux T., Sarker M., Delamou A., Bardaji A., Broerse J., and Brouwere V.

2017　Exploring Maternal Health Care -Seeking Behavior of Married Adolescent Girls in Bangladesh: A Social-Ecological Approach. *PLoS ONE* 12（1）: e0169109. Doi: 10..1371/journal.pone.0169109

The Daily Star

2022　2021, A Violent Year for Children. Feb. 23.　https://www.thedailystar.net/news/bangladesh/crime-justice/news/2021-violent-year-children-2968336（2024 年 1 月 13 日アクセス）

UNFPA and UNICEF

2020　Child-marriage-annual-report-2019: Global Program to End Child Marriage. Phase 1（2016-2019 Report）, August.
https: //www.unicef.org/media/83516/file/Child-marriage-annual-report-2019.pdf.（2022 年 8 月 20 日アクセス）

UNICEF

2021　COVID-19: A threat to progress against child marriage, March 2021.
https: //data.unicef.org/resources/covid-19-a-threat-to-progress-against-child-marriage/（2022 年 8 月 20 日アクセス）

2022　Child marriage: Child marriage threatens the lives, well-being and futures of girls around the world. https: //www.unicef.org/protection/child-marriage.（2022 年 8 月 20 日アクセス）

2023　Is an End to Child Marriage within Reach? Latest trends and future prospects. 2023 update.

UNICEF Bangladesh

2023　Global polycrisis creating uphill battle to end child marriage - UNICEF.　https://www.unicef.org/bangladesh/en/press-releases/global-polycrisis-creating-uphill-battle-end-child-marriage-unicef　（2024 年 1 月 9 日アクセス）

White, S.

1992　*Arguing with the Crocodile: Gender and Class in Bangladesh*. Zed books Ltd, University Press.

2017　Patriarchal Investments: Marriage, Dowry and the Political Economy of Development in Bangladesh. *Journal of Contemporary Asia* Vol. 47（2）: 247-272.

Yount, K., Crandall, A., Cheong, Y., Osypuk, T., Bates, L., Naved, R., and R. Schuler

2016　Child Marriage and Intimate Partner Violence in Rural Bangladesh: A Longitudinal Multilevel Analysis, *Demography*. 2016 Dec; 53 (6): 1821–1852.

Yukich J., Worges M., Gage A., Hotchkiss D., Preaux A., Murray C., and Cappa C.

2021　Projecting the Impact of the Covid-19 Pandemic on Child Marriage. *Journal of Adolescent Health* 69: S23-S30.

厚生労働省

2021　『令和 2 年人口動態調査 結果の概要 婚姻』、14、https: //www.mhlw.go.jp/toukei/saikin/hw/jinkou/geppo/nengai20/dl/kekka.pdf.（2022 年 8 月 20 日アクセス）

第6章　マイクロクレジットから見る女性の生活変容とNGOsの課題

青木 美紗

はじめに

バングラデシュにおける世帯や個人の経済状況をみるとき、マイクロファイナンスの影響を無視することはできない。マイクロファイナンスとは、銀行サービスにアクセスできない人びとに融資や保険といった小規模な金融サービスを提供することであり［カルラン他 2016］、特に低所得国において貧困層を対象にした取り組みが1980年代以降に急速に本格化した。国連が2005年を「国際マイクロファイナンス年」と定めたことや、2006年にグラミン銀行とその創設者であるムハマド・ユヌス氏がノーベル平和賞を受賞したことで、マイクロファイナンスは世界的にも注目され貧困解決策の1つとして期待されてきた。

マイクロファイナンスのなかでも、ユヌス氏がグラミン銀行へと発展させた取り組みであるマイクロクレジットは、貧困層が援助漬けにならず経済的に自立できる支援策であるとされ、先進国においても導入されるようになっている。マイクロクレジットの基本的な仕組みは、貧困層の人々が貧困から脱出することを目的として着手する収入を得るための事業（Income Generating Activities: 以下、IGA）を支えるために、担保なしで提供されるローンのことであり［ユヌス 2010 125頁］、無担保少額融資などと呼ばれている。マイクロクレジットと同様の取り組みは、18世紀から20世紀にかけてアイルランドで始まったthe Irish Loan Funds［Hollis 2002］や、同時期のドイツで拡大したライファイゼンによる協同組織金融がルーツであるとされている［Casanova et al. 2018］。そしてマイクロクレジットが世界的に認知されるきっかけとなったのは、ユヌス氏のバングラデシュにおける活動であった。マイクロクレジットにおける融資の対象は、通常の金融機関へのアクセスを持たない貧困層であることが多く、また融資を子どもの教育や家族のために使用する傾向が強く返済率が高いとされる女性がほとんどであることから、女性の生活変容を見るうえで、マイクロクレジットとの関りは切っても切り離せない。

マイクロクレジットに関する先行研究は相当数存在し、その効果や課題を述べているものが多い。本章では、先行研究がテーマとしているマイクロクレジットの効果の有無ではなく、バングラデシュ農村において、マイクロクレジット利用にどのような変化が生じているのかを明らかにすると同時に、女性の出産状況と経済状況を見ることで、マイクロクレジットがどのような影響を与えているのか、またNGOsにはどのような役割があるのかを考察する。なお、本章で用いるデータは以下である。第1回目の質問紙調査（2016年）に回答した514名（うちマイクロクレジット利用経験があった回答者333名）の女性の回答データ、およびマイクロクレジット利用に関するインタビュー調査（2017年）の対象となった15名の女性のデータを用いる。加えて第2回目の質問紙調査（2021年）の結果からは、質問紙調査対象となった626名の女性の回答データを用いる。

第1節　GUPにおけるマイクロクレジットの取り組み

GUPでは、Cooperative and Credit Program（以下、CCP）という名称でマイクロクレジットを展開している。1974年にCooperative and Microfinance Programとして、社会経済的環境の改善と貧困削減を目的に参加メンバーの知識と技術の向上、雇用機会の創出、所得の獲得を目指して開始された。この流れを受け、CCPの目的は、「社会経済環境の向上と貧困女性のエンパワーメントのために、所得獲得のための活動（Income Generating Activities: IGA）をマイクロファイナンスによって支援し、雇用を創出しながら農村地域の貧困を削減し、都市部のスラムを解消することである」とされている。2018年2月時点におけるGUPのCCP活動は、156ユニオンのなかの853村で展開されており、33,662人のメンバーが1,852のショミティと呼ばれるグループを結成し、メンバーによる預金額は23,000タカとなっている。

GUPのマイクロクレジット活動ではまず、20–30人からなるショミティを結成し、このショミティのメンバーとして承認されれば融資を受けることが可能となる。メンバーとなるためには、以下の最低要件を満たす必要がある。既存のメンバーからの紹介を受ける、年齢は18歳から60歳まで、最大1エーカーの土地を伴った家を所有していること、平均月収が5,000タカ未満（最大7,000タカ）であること、週に25から50タカを貯蓄できること、自身あるいは保護者の

写真1　マイクロクレジットの集まり（モウリカ撮影、2019年）

収入源があること、管轄地域での永住者であること。これらの要件を満たした上でショミティに所属し、週1回のミーティングに4回参加するとともに、貯蓄プログラムに参加することで、ショミティの代表者がメンバーとして承認することが必要である。メンバーとして承認されると、そのショミティを通じて融資を受けることが可能となる。メンバーになると、毎週あるいは毎月預金をする必要がある。

マイクロクレジットは女性のエンパワーメントも目的としており、女性が自身で収入を得ることで家族への経済的貢献が可能となるとともに、自信が持てるようになり、更なる活動の展開を期待することができるとしている。そのため GUP は、女性が IGA をうまく運営できるように、IGA に関する研修、養殖や家畜飼育の研修、家の庭での作物栽培に関する研修、農業に関連する研修などを提供している。実際 GUP のマイクロクレジットに参加した女性のなかには、家庭の中の意思決定に女性が参加できるようになったという報告もされている。一方で、メンバーになるためには上述したような条件があることから、全体の10%を占める最貧困層は返済能力がないため、マイクロクレジットを利用することができず、貧困削減の根幹にマイクロクレジットが行き届いていないという指摘もある。

第2節　マイクロクレジット利用の変容と マイクロファイナンス機関の多様化

1.　マイクロクレジット利用と世帯収入

調査対象者の世帯の経済状況を把握しておくため、第1回目および第2回目

表１　マイクロクレジット利用有無と世帯収入　　人〔%〕

世帯月収	マイクロクレジット利用の有無							
	第１回調査（2016年）			第２回調査（2021年）				
	なし	あり	合計	なし	妻のみ	夫のみ	夫婦とも	合計
10000タカ未満	27 [14.9]	56 [16.8]	83 [16.1]	12 [5.0]	15 [5.4]	11 [4.4]	8 [5.8]	30 [4.8]
10000タカ以上 20000タカ未満	64 [35.4]	161 [48.3]	225 [43.8]	120 [50.0]	160 [57.1]	146 [58.4]	80 [58.0]	322 [51.9]
20000タカ以上 30000タカ未満	33 [18.2]	55 [16.5]	88 [17.1]	29 [24.6]	63 [22.5]	56 [22.4]	28 [20.3]	161 [25.9]
30000タカ以上	57 [31.5]	61 [18.3]	118 [23.0]	49 [20.4]	42 [15.0]	37 [14.8]	22 [15.9]	108 [17.4]
合計	181 [100.0]	333 [100.0]	514 [100.0]	240 [100.0]	280 [100.0]	250 [100.0]	138 [100.0]	621 [100.0]

出所：筆者作成。Pearson chi2（4）=13.8528 Pr = 0.008

双方の調査で得られた世帯月収についてみると、第１回目の調査（2016年）では平均月収が約20,654タカ（１タカは約1.4円）、第２回目調査（2021年）では約21,129タカとなっており、バングラデシュにおける地方の平均月収13,998タカ[(1)]よりはやや高かった。それぞれの最大値と最小値は、275,000タカと500タカ、200,000タカと1,000タカとなっており、大きな幅があることがわかる。月収30,000タカ以上の世帯のうち、第１回調査では48.3パーセント、第２回目調査では38パーセントが、夫が海外で働いているケースであった（2021年はコロナのために海外から帰国した人たちも多かった）。海外送金が必ずしも世帯収入を押し上げるとは限らないが、海外送金がある世帯の方が、世帯月収が高くなる傾向は見受けられる。

表１はそれぞれの調査における世帯月収とマイクロクレジット利用有無を表している。これを見ると、両調査において世帯月収が10,000タカ以上20,000タカ未満の世帯の世帯員がマイクロクレジットを利用している割合が多いことがわかる。第２回目調査では、夫婦それぞれの利用有無のデータを入手した。これを見ると、夫婦ともに利用しているという回答が比較的多い結果であった。夫婦ともにマイクロクレジットを利用しているケースには、妻がお金を借りて夫がIGAに取り組むケースが多いが、近年では妻も夫もそれぞれがお金を借りてそれぞれのIGAに取り組むケースも出てきている。

表 2　調査地域におけるマイクロファイナンス機関

順位	第 1 回目調査（2016 年）			第 2 回目調査（2021 年）		
	機関名	借り入れ回数	割合	機関名	利用者数	割合
1	GUP（NGO）	353	33.7	Grameen Bank	32	29.09
2	Grameen Bank	220	21	GUP（NGO）	31	28.18
3	ASA（NGO）	125	11.9	BRAC（NGO）	7	6.36
4	BRAC（NGO）	53	5.1	Islami Bank	6	5.45
5	PEP（INGO）	53	5.1	ASA（NGO）	5	7.37
6 位以降	その他（22 機関）	243	23.2	その他（20 機関）	29	26.36
合計		1047	100		110	100

出所：筆者作成。

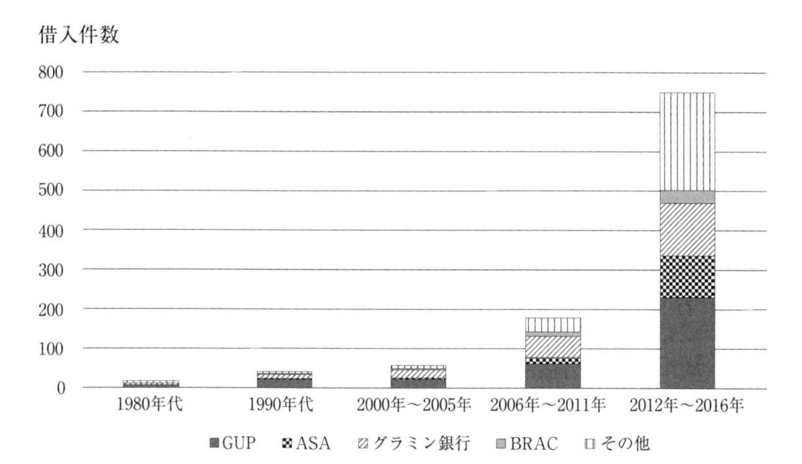

図 1　利用されているマイクロファイナンス機関の推移
（第 1 回目調査結果より筆者作成）

2.　マイクロファイナンス機関の多様化

マイクロクレジット事業を展開する NGO や銀行などをマイクロファイナンス機関というが、調査対象地域においてはどのようなマイクロファイナンス機関がマイクロクレジット事業を展開しているのだろうか。表 2 は、マイクロクレジットを利用している回答者にどのマイクロファイナンス機関の事業を利用しているかを尋ねた結果を示している。第 1 回目調査では、回答者に過去のマイクロクレジット利用についても尋ねており、それぞれの利用においてどの機関

表3　マイクロファイナンス機関の選択理由

	GUP		グラミン銀行		ASA		BRAC	
	実数	割合	実数	割合	実数	割合	実数	割合
近くに事務所があるから	337	58.5	100	37.5	65	43.9	16	27.6
借入先に親しい人がいるから	140	24.3	86	32.2	32	21.6	18	31.0
評判が良いから	72	12.5	37	13.9	29	19.6	14	24.1
金利が低いから	8	1.4	16	6.0	3	2.0	0	0.0
希望しているローンが組めるから	18	3.1	17	6.4	14	9.5	7	12.1
その他	1	0.2	11	4.1	5	3.4	3	5.2
合計	576	100.0	267	100.0	148	100.0	58	100.0

出所：第1回目調査結果より筆者作成。

を利用したかを聞いている。これを見ると、利用回数の多い、あるいは利用者が多いマイクロファイナンス機関は、地域NGOであるGUPの他、全国展開しているNGOであるBRAC[(2)]やASA[(3)]、そしてマイクロクレジット事業で有名になったグラミン銀行であることがわかる。その他の機関が20機関以上存在していることから、もともとは地域NGOであるGUPが展開していたところに、多様なマイクロファイナンス機関が参入してきていると考えられる。

その様子は図1によく表れており、1980年代はGUP（7件）、グラミン銀行（4件）、その他（6件）であったが、借入件数が増加するなかで、GUPの比率が下がる傾向にあり、より多くのマイクロファイナンス機関がこの地域に参入してきたことがうかがえる。また表2から、NGOだけでなく銀行もマイクロクレジット事業を展開し始め、その利用者が増加しつつあることも大きな変化であると考えられる。

このようにマイクロファイナンス機関が多数存在していることがわかったが、利用者はどのような理由で利用機関を決定しているのだろうか。表3を見ると、全体的に「近くに事務所があるから」と回答している割合が多く、なかでも地域NGOであるGUPを選択する理由としては突出している。ムスリムの女性が多い地域においては、近くに事務所があることが利用を決める際に重要であると考えられる。「評判がいいから」や「希望しているローンが組めるから」という回答はBRACの選択理由で多く、利便性よりも内容で選択している利用者も一定数存在していることがわかる。

表 4　マイクロクレジットの借入回数と借入金額

	平均額（タカ）	標準誤差	標準偏差	最小値	最大値	回答数
1 回目	16,644	1,147	20,836	1,000	200,000	330
2 回目	23,787	1,287	20,675	1,000	150,000	258
3 回目	25,840	1,497	21,336	1,000	150,000	230
4 回目	33,808	2,035	24,590	1,000	200,000	146
5 回目	33,970	2,267	22,667	5,000	100,000	100
6 回目	45,500	20,193	40,386	7,000	100,000	4
7 回目	25,000	5,000	7,071	20,000	30,000	2

出所：第 1 回目調査結果より筆者作成。

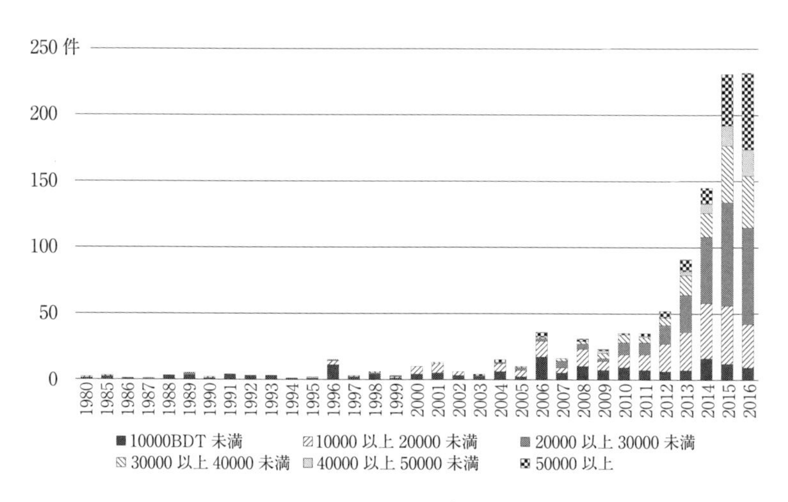

図 2　借入金額の推移（筆者作成）

3.　マイクロクレジットにおける借入額の変化と利用理由

表 4 は、マイクロクレジット利用者の各借入時における借り入れ金額の平均値を算出したものである。1 回のみ利用した回答者は、330 から 258 を差し引いた 72 名、2 回利用した回答者は 28 名、3 回利用した回答者は 84 名、4 回利用した回答者は 46 名、5 回利用した回答者は 96 名であり、複数回利用している人が多い。また、融資を受ける回数が増えると、融資の平均額が増加していることも見て取れる。この要因として、回数を重ねることでマイクロクレジット機関に信用してもらえるようになることでより高額の融資を受けることができるこ

と、本調査が過去の融資も遡って質問していることから物価上昇が融資額の増大に関与していることがあると考えられる。また、図2は借入金額の推移を示したグラフである。これを見ると、1回あたりの借入金額が年々高くなっており、特に2010年以降は30,000タカ以上の借入金額が増加していることがわかる。インタビュー調査では以下のような内容が見られた。

最初は40,000タカの融資を受けてカメラを購入し、50,000タカの融資でお店を開きました。昨年は100,000タカを借り入れてコピー機を購入しました（22歳 女性）。

最初の融資は2,000タカをグラミン銀行から借り入れて、そのあとも何度か借りて合計で700,000から800,000タカを借り入れました。私たちはそのお金で養殖をし、さらに牛を購入しました。牛を購入するには85,000から90,000タカ必要です。GUPからも40,000タカの融資を受け、さらに40,000タカ、次に100,000タカ、300,000タカの融資を受けました。乳牛は毎日10から12リットルのミルクを出し、そのうち5リットルは家族用、残りを市場で販売することで返済しています（30歳 女性）。

初めは10,000タカ、次に15,000タカ、そして今回は30,000タカを借りました。私はバン（荷台の前に自転車を取り付けた乗り物）と電池を購入し、この小さな家をそのお金を使って建てました。最初のローンは生きていくために借りており、食べ物を買っていましたが、息子がビジネスに繋がることをした方が良いとアドバイスしたことから、バンを購入しました。今私たちは、稲作とジュート生産用に60,000タカを投資しています。30,000タカはローン、残りの30,000タカは息子の貯金です（40歳 女性）。

私たちはNGOの融資を使って農地を購入し耕作しています。なぜなら私たちは土地を所有していなかったからです。作った作物はすべて私たちのものになります。お米を買う必要がなくなりました。さらに拡大するために、35,000タカほど政府の銀行から借り入れましたが、100,000タカ必要なのでこれでは足りません（30歳 女性）。

次にマイクロクレジットを利用する理由の変化（表5）について見てみると、

表5　マイクロクレジット利用理由の変化

	1980～1989		1990～1999		2000～2009		2010～2016	
	実数	割合	実数	割合	実数	割合	実数	割合
事業のため	3	16.7	15	37.5	45	25.3	219	25.3
家の修繕のため	1	5.6	3	7.5	21	11.8	98	11.3
他のローンの返済のため	0	0.0	0	0.0	8	4.5	105	12.1
農業のため	3	16.7	2	5.0	19	10.7	85	9.8
家族のための支出	4	22.2	9	22.5	24	13.5	67	7.7
土地を購入するため	2	11.1	3	7.5	21	11.8	56	6.5
バンやリキシャを購入するため	0	0	1	2.5	5	2.8	45	5.2
健康問題のため	1	5.6	0	0	6	3.4	33	3.8
子どもの結婚資金	1	5.6	1	2.5	2	1.1	25	2.9
子どもを海外に送るため	0	0	1	2.5	10	5.6	24	2.8
子どもの教育のため	3	16.7	0	0	3	1.7	7	0.8
自身のマイクロクレジットを始めるため	0	0	0	0	0	0	4	0.5
その他	0	0	5	12.5	14	7.9	98	11.3
合計	18	100.0	40	100.0	178	100.0	866	100.0

出所：第1回目調査結果より筆者作成。

どの年代においても「事業のため」という回答は比較的多くなっており、借り入れた融資を用いて事業（IGA）を展開していることがわかる。それ以外にも事業に関連する理由として、「農業のため」「土地を購入するため」「バンやリキシャを購入するため」「自身のマイクロクレジットを始めるため」などは、融資を元手に事業（IGA）を実施しているものと考えられる。IGAの内容によっては、融資を受けた女性がIGAに取り組むものもあれば、夫がIGAに取り組むものもあり、必ずしも女性が何らかのIGAに取り組んでいるわけではない。一方、受けた融資を事業に活用していないケースも見受けられる。たとえば、「家の修繕のため」「家族のための支出」「子どもの結婚資金」「子どもの教育のため」「健康問題のため」という理由は、必ずしもIGAに取り組んでいない可能性を示唆している。

私たちは30,000タカを借りて台所の修理に使っています（18歳女性）。

私たちは土地と池を所有しているので、融資を使って養殖を始めました。

また、融資の一部はコメの生産にも使いました。それ以外には、子どもの教育のためと、娘のために60グラムの金の装飾品を購入しました（35歳 女性）。

私の夫の収入は不安定なので、私が欲しいものを購入するためにローンを借り入れました。今回は、家の一部の修繕に使いたいと思っています（21歳 女性）。

また、2000年以降に急速に割合が増加した理由に「他のローンの返済のため」というものがあり、マイクロクレジットで受けた融資を返済するために他のマイクロクレジットを利用する人が増加していることがわかる（表5）。

4. 返済状況と返済方法

マイクロクレジットを利用すると借りたお金に加えて利子を支払わなければならない。マイクロクレジット事業ではIGAによって稼いだお金を返済金に充てることが想定されているが、実際はどうなのだろうか。第1回目調査時点において、1980年から2009年までの融資はほぼ完済されていたが、2010年以降の融資については、2015年と2016年を除いて、約1割はまだ完済されていなかった。GUPのスタッフによると、融資を受ける人が信頼できる人物である場合、長期的に返済しない期間があっても、返済できるようになってから再開することができるという。たとえば、海外に1年間出稼ぎに行く場合、その期間は返済を延期できるという比較的融通がきくシステムになっているそうだ。

図3は、融資を返済するためのお金をどこから工面しているかを示している。これを見ると、「バングラデシュで働く家族」が最も多く、「マイクロクレジットで開始した事業の利益」を大きく上回る結果となった。マイクロクレジットのシステムでは、融資を用いて開始した事業の利益によって、融資を返済することで、生活への負担や精神的な負担を軽減し、貧困を脱却するということが目指されているが、今回の結果から、事業の利益で返済することの難しさがうかがえる。それ以外の項目を見ても、親戚や家族、近所の人にお金を借りて返済していることが多く、表5でも見たように他のマイクロクレジット機関から借りたお金で返済しているケースもあることがここでも見受けられた。インタビュー調査の結果でも、IGAによって稼いだお金だけでなく配偶者や兄弟からお金を借りるケース、近所の人や親戚にお金を借りるケースが散見された。中

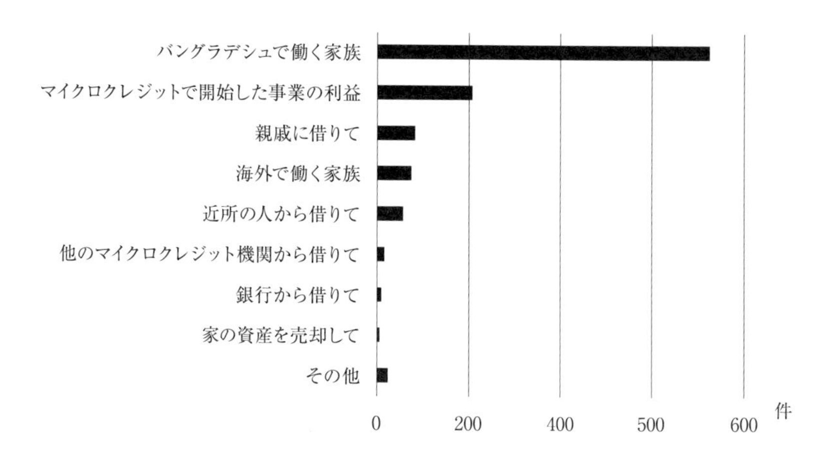

図3　マイクロクレジットの返済手段（出所：第1回目調査結果より筆者作成）

には返済金を準備するために食料が買えなくなるという状況も生じている。特にマイクロクレジットをうまく活用できなかった女性からは、以下のような声があった。

私は返済のために私の姉妹からお金をもらっています。また主人も貸してくれる人から借りてきてくれますが、あとで返済しなければなりません（21歳女性）。

子供の教育費の支払いが厳しいため、ローンの返済がとても苦しかった。主人が送ってくれるお金で返済していたが、それでも足りない場合は親戚からお金を借りて返済し、主人の給料が入った後親戚に返済していました。ローンをしていた時の私の最優先事項は、食べ物を買うことよりも返済することになってしまっていました。2度とこのような混乱には巻き込まれたくないです（43歳女性）。

マイクロクレジットの貸し倒れ率は極めて低いことがグラミン銀行の事例においても示されてきたが、マイクロクレジット機関が急増し、借入金額も増加している2010年以降の返済については、それ以前の返済とは異なっているのかもしれない。

表６　マイクロクレジット利用後の変化

		実数	割合
個人的な変化	事業に関するスキルや情報をもっと得ることができるようになった	37	8.8
	家計をよりうまく管理できるようになった	196	46.4
	自分自身で何かをする自信がついた	57	13.5
	健康や衛生に関する情報をより得ることができるようになった	19	4.5
	もっとマイクロクレジットを利用したいと思うようになった	56	13.3
	できればマイクロクレジットを利用したくないと思う	34	8.1
	ローンのせいで家計をうまく管理できなくなった	26	6.2
	ローンが増えることに恐怖を覚えるようになった	7	1.7
	その他	4	0.9
	合計	422	100.0
家族における変化	子どもによりよい教育を提供できるようになった	65	15.6
	配偶者とよりコミュニケーションを図るようになった	115	27.5
	家庭のなかでより意志決定に関わるようになった	120	28.7
	家族や親戚とよりコミュニケーションを図るようになった	23	5.5
	家計が向上した	65	15.6
	ローンについて配偶者とたびたびもめるようになった	14	3.3
	ローンのせいで家族や親戚との関係が悪化した	1	0.2
	家庭の中での意思決定に参加できていない	4	1.0
	その他	11	2.6
	合計	418	100.0
社会活動に関する変化	より外出するようになった	93	31.2
	マイクロクレジット機関の職員とより会話するようになった	116	38.9
	近所の人とより会話するようになった	44	14.8
	政府の関係者とより会話するようになった	16	5.4
	生活に関する情報をより入手しやすくなった	7	2.3
	マイクロクレジット機関の職員とうまく会話できていない	1	0.3
	他のメンバーの行動に腹を立てるようになった	11	3.7
	事業をうまく経営できていないと感じている	3	1.0
	マイクロクレジット機関の職員とあまり会話したいと思わない	5	1.7
	以前より会話する人が減った	2	0.7
	合計	298	100.0

出所：第１回目調査結果より筆者作成。

写真2　マイクロクレジットのローンにより牛の飼育をする女性、チッタゴンで
（松岡悦子撮影、2015 年）

5.　マイクロクレジット利用後の変化

マイクロクレジットを利用する前後で、個人、家族、そして社会活動に関して利用者にどのような変化があったのかを示したものが表 6 である。まず個人的な変化としては、「家計をうまく管理できるようになった」という回答が 46.4％と大変多く、マイクロクレジットを利用することで家計管理が向上していることがわかる。また、「自分自身で何かをする自信がついた」という回答も比較的多く、様々なことを経験することで、自信に繋がっていると推測できる。「もっとマイクロクレジットを利用したいと思うようになった」と回答する人が一定数存在することから、多くの利用者はマイクロクレジットの利用について肯定的に捉えていると考えられる。中には、家計管理がやりやすくなったという回答もインタビュー調査では見受けられた。

私のご近所さんは、若いときにお父さんを亡くされました。しかし彼女はマイクロクレジットに参加することで利益を生み出し、そのお金で家を建てることができました。彼女は現在、さらに融資を受けることでお風呂場を取り付ける予定です（22 歳 女性）。

私はマイクロクレジットに参加して、ローンを資金に土地を購入し家を建てることができました。マイクロクレジットがなければ実現できなかったことです（30 歳 女性）。

私たちはローンがなければ自身の収入を貯蓄できません。収入分は無意

表７　インタビュー調査対象者の概要

	グループ１			グループ２			
対象者	A	B	C	D	E	F	G
年齢	30	55	50	22	28	21	30
世帯月収（タカ）	1,0000	6,000	20,000	20,000	50,000	12,000	18,000
利用融資機関							
GUP	○	○	○	○	○	○	○
グラミン銀行			○				○
その他 NGO	○			○	○	○	
行政					○		
銀行				○			
融資利用回数	5 回以上	5 回以上	3 回	5 回以上	3 回	5 回以上	5 回以上
現在の融資	有	有	有	有	有	有	有
GUP と融資以外の関係	有	有	有	無	無	無	無

出所：第１回目インタビュー調査より筆者作成。

識に使ってしまうからです。でもローンを組むことで、毎週の返済のために貯蓄することができます（40 歳 女性）。

現在の私の環境は向上しています。もし GUP がいなければ、300,000 タカのお金を準備することはできなかったです（30 歳 女性）。

一方で、「できればマイクロクレジットを利用したくないと思う」など否定的に捉えている回答者はそれほど多くないものの、前項のインタビュー内容に見られるように、ローンが生活の負担になっている利用者が存在することも確認できた。

次に、マイクロクレジット利用後の家族に関する変化を見てみると、「家庭のなかでより意思決定に関わるようになった」「配偶者とよりコミュニケーションを図るようになった」がいずれも３割弱を占め、家庭の中で女性の地位が向上していることがうかがえる。ローンがあることによって家族や親戚との関係が悪化することもあるようではあるが、それほど多い結果ではなかった。また、「子どもによりよい教育を提供できるようになった」「家計が向上した」という回答も一定数存在し、家庭環境が向上するケースが多いことがわかる。

社会活動に関する変化では、「マイクロクレジット機関の職員とより会話する

グループ3			グループ4			グループ5	
H	I	J	K	L	M	N	O
35	20	35	28	19	43	20	35
18,000	12,000	30,000	8,000	12,000	20,000	20,000	10,000
					○		
○							
	○	○		○	○		
			○				
5回以上	1回	5回以上	1回	1回	2回	0回	0回
有	有	有	無	無	無	無	無
無	無	無	無	無	無	無	無

ようになった」「より外出するようになった」がそれぞれ全回答の38.9パーセント、31.2パーセントを占めており、マイクロクレジットの手続きや返済などによって外出する回数や職員とのやりとりが増加し、社会活動が活発になっていることが推測できる。また、「近所の人とより会話するようになった」という回答も、グループによるマイクロクレジットの貸し出しが、このような結果をもたらした可能性があると考えられる。「（ショミティ内の）他のメンバーの行動に腹を立てるようになった」という回答も4パーセント弱存在するが、マイクロクレジット利用後の社会活動を良好と捉えている利用者が多いことが確認できた。

第3節　マイクロクレジット利用者の意識

1. インタビュー調査対象者の概要

本節ではマイクロクレジット利用やNGOsについてマイクロクレジット利用者がどのように捉えているのかについてより詳細に見るため、第1回目調査のインタビュー調査結果（2017年）を用いて考察する。インタビュー調査対象者の概要は表7のとおりであり、マイクロクレジットの利用経験に応じて5つのグループに分類した。グループ1は現在も融資を受けており、GUPに家族が職員として勤務しているなど融資以外にもGUPと関係があるグループである。グループ2は、現在も融資を受けておりGUPからも融資を受けた経験があるが、GUPとは融資以外では関係を持たないグループである。グループ3は、現在も融資を受けているがGUPからは融資を受けた経験がないグループである。グループ4は、過去にマイクロクレジットを利用したことがあるが、現在は利用していない回答者である。そしてグループ5は、過去にマイクロクレジットを利用した経験がないグループである。これらのグループに分類し考察していくこととする。

2.　利用者のマイクロクレジットの捉え方

マイクロクレジットがIGAだけでなくそれ以外の支出にも利用されており、利用者によって使い方が大きく異なっていることが第1節において明らかとなったが、村の人たちはマイクロクレジットをどのようなものとして捉えているのだろうか。

表8は、インタビュー調査対象者にとってマイクロクレジットの利点と欠点、ローンについての考え方をまとめたものである。マイクロクレジットでローンを組むことの利点としては、日常的に貯金をしていなくても一度にまとまったお金を借りることができることを挙げている回答者が最も多かった。また、ローンをすると貯蓄も同時にしなければならないシステムを採用しているマイクロクレジット機関が多いため、貯蓄することが生活の向上に繋がると捉えている回答者もいた。ローンをすることの欠点としては、毎週の返済そのものよりも、返済できなかったときにマイクロファイナンス機関のスタッフから悪口や嫌味を言われることが辛いという回答が目立った。また、現在はマイクロクレジットの利用を控えているグループ4の回答者は、ローンの返済のために食品の購入を控えてまで返済金を工面していたと語っており、精神的に追い詰められている様子がうかがえた。

マイクロクレジットでローンを組むことに対する印象については、事業が成功し返済にもあまり困っていない回答者（B・C・G・I・Jなど）は、一度にまとまったお金を借りることができ、それによって自身や家計を向上させることできるため好感を持っているようである。しかし、事業で失敗していない利用者であっても、ローンに対して否定的な印象を持っている回答者も存在する。たとえばAやEは、返済時にNGOスタッフに悪口や嫌味を言われたことで悪い印象をもつようになったと考えられる。また、マイクロクレジットは貧困者を対象としたプログラムであることから、マイクロクレジットを利用することは自身が貧

表8　ローンの捉え方

		ローンの利点	ローンの欠点	ローンについての印象
グループ1	A	10,000～20,000タカの資金を一度に得ることは通常の生活の中では難しいが、ローンでは得ることができる。また、ローンには貯蓄制度もあるため、毎週50タカずつ貯蓄でき、これによって金の装飾品なども購入できる。	返済が遅れるとNGOのスタッフが悪口を言ってくるので、貧困層にとって精神的に辛い。	個人的には好きではない。返済できないときにNGOのスタッフから悪口を言われることが恥ずかしいから。しかし、他に選択肢はないので、マイクロクレジットを利用している。
	B			貧困層にお金を貸してくれるのはNGOだけなので、マイクロクレジットは良いシステムだと思う。
	C		2つの機関からマイクロクレジットを利用したが、管理と返済が大変だった。	私にとってはローンをすることは良いと思う。自身の能力を向上することができた。
グループ2	D	近所の人の中に、父親を亡くしたがローンによって利益を得て家を建てた人がいるのでよいと思う。	100,000タカ借りると150,000タカ返済しないといけないので、家計が苦しいときにローンはできない。	よい点も悪い点もある。返済できなくて困難に陥っている人はたくさんいる。しかし、ローンがないと貧困層は生きていけない。
	E			ローンをすることはあまり良くないと思う。毎週あるいは毎月NGOの職員が取り立てに来るので精神的に辛い。
	F	家計の状況が改善された。	毎週返済しなければならないために時々困ることがある。	ローンをすることは常に良くない。お金がないからローンをするので、ローンをするということは自身が貧しいことを意味する。
	G	以前より状況が改善された。マイクロクレジットを利用しなければ、一度に300,000タカもお金を得ることができない。	マイクロクレジット機関のスタッフは、次々と異なる種類のローンを提案してくるので開放されない。	事業を展開しスキルを身につけるためにはローンはよいものであるが、娯楽に使用すればよくないことが起こる。
グループ3	H	ローンがなければ毎週の返済金を貯蓄するようなことがないが、ローンのおかげで貯金ができる。	返済が遅れたときに気分が悪くなる。	毎週安定して返済金を準備できないのに払わないといけないので、ローンは好きではない。
	I	自分自身で定期的にお金を貯蓄できること。		5,000～10,000タカを一度に入手できるのでマイクロクレジットは良い。
	J	マイクロクレジットをうまく活用すれば土地を購入したり家を建てたりできるので、自分自身を向上させることができる。		返済も小額なので自分自身を向上させるにはとても良い。精神的苦痛は感じない。

グループ4	K		毎週の返済が低所得である身にとってはとても苦痛だった。	安定した仕事があって定期的な収入がある人にとっては良いと思うが、そうでない人には苦痛である。
	L		主人の収入が不安定なので定期的な返済が苦痛。時には食事を諦めて返済金を工面することもあった。	安定した収入があり定期的に返済できる人にとってはよいと思うが、自分は事業もうまくいかず苦痛だった。
	M		返済できないときは食品の購入を諦めてまでお金を工面していた。主人に給料が入ると、マイクロクレジットの返済を最優先しなければならなかった。	安定した収入があればローンを借りることができるが、ないので返済ができない。安定した収入がある人にとってはとても良いものであるが、ない人にとっては苦痛である。
グループ5	N			主人が生活費を十分に稼いでいるので、マイクロクレジットに頼る必要はない。他に選択肢がない人がローンを借りて、借りたお金以上に返済しなければならない。ローンをして研修を受ければ自身の向上には繋がると思うが、自分には必要ない。
	O			50,000タカを一度に入手できるので良いと思う。仕事を持っていれば借りると思う。

出所：第１回目インタビュー調査より筆者作成。

困者であることを顕示することになり、それが精神的に苦痛だという回答も見られた（F）。このような否定的な印象をもちながらも、貧困者が貧困から脱却するための唯一の手段としてマイクロクレジットを捉えている側面もあり、葛藤を抱えながらローンを利用している姿が見受けられた。

マイクロクレジットの利用を控えているグループ４の回答者に共通して見られた意見としては、安定した仕事があり定期的に収入を得られる人にとっては、マイクロクレジットは有意義だが、そうではない人にとっては返済がとても苦痛だというものがある。グループ４の回答者は、マイクロクレジットの融資を事業以外の支出に利用した傾向にあり（特にＭ・Ｌ）、事業からの安定収入ではなく、配偶者などが安定した仕事に従事していることが必要であると捉えている。一度もマイクロクレジットを利用したことがないＯも、返済のための安定した収入がなければローンを借りることはできないと考えている。同じく一度もマイクロクレジットを利用したことがないＮは、調査時点での収入に満足しているのでローンをする必要がないと語っており、ローンをすれば借りた金額以上

表9　NGOsに対する印象

グループ	回答者	印象
グループ1	A	NGOは高利貸よりは、お金を借りる上で親切でよい。
	B	GUPは地域に雇用を生み出し、教育にも熱心で、自分の息子も将来は勤務させたい。 多くの研修を受けさせてもらえたことで、スキルが身に付いた。この地域にはかつて果物を栽培する人がいなかったが、GUPの指導のおかげで果物栽培をして収入を得ることができるようになった。
	C	NGOの活動に参加して多くの場所にいくことができるようになったので、良いと思う。 グラミン銀行は奨学金制度も実施しており、役に立っている。
グループ2	D	NGOは銀行よりも親切なのでお金を借りやすい。
	E	ローンができるので、私たちの生活を向上させてくれるので良い。 返済ができないときは延期など考慮してくれるので良い。
	F	NGOは担保なしでお金を貸してくれ、そのお金で生活を向上させることできるので良い。 マイクロクレジットがなければ貯金をしないと思うので助かっている。
	G	NGOはまとまったお金を貸してくれるので、それによって乳牛を購入し牛乳を販売する事業に従事できた結果、収入が安定したので良い。
グループ3	H	お金を貸してくれ、貯金もできるので良い。特に貧困層にとってはとても良い。
	I	未回答
	J	NGOはまとまったお金を貸してくれるので事業を展開しやすい。
グループ4	K	NGOは高利貸より利子が低いので良い。銀行とNGOは同程度。
	L	NGOの職員と仲がよければローンの返済も配慮してもらえるので良いと思うが、そうでなければ苦痛である。NGOの活動自体はよいと思うが、私にとってはあまりよい経験ではなかった。
	M	NGOからローンをして返済が管理できれば問題ないと思うが、できなければ苦痛である。 NGOは貧困層にお金を貸してくれるので、NGOがなければ多くの人が生活できないと思う。
グループ5	N	NGOが提供している研修などのサービスに興味がない。
	O	NGOの方が銀行よりもお金を借りやすいと思う。

出所：第1回目インタビュー調査より筆者作成。

に返済しなければならないことも好ましく思えない様子であった。

以上のように、マイクロクレジットの事業で成功し、安定した収入によって返済に失敗しなかった人にとってはマイクロクレジットが効果的に機能していることがわかるが、返済で嫌な思いをした人はマイクロクレジットに良い印象を抱いておらず、貧困層が貧困から抜け出すための唯一の方法であり、精神的苦痛を感じながらも仕方なく利用するものと捉えていることが示された。また、事業収入だけでは十分に返済することができず、生活を犠牲にする事例もあり、安定した事業外収入の有無が返済できるかどうかを決定付けていることも明らかとなった。

3.　NGOsに対する利用者の捉え方

次に、マイクロクレジットの利用者や非利用者がNGOsの活動についてどのような印象を抱いているのかを見る。その回答をまとめたものが表9である。多くの回答者はマイクロクレジットでお金を借りることについて言及している。AやKは高利貸にお金を借りることと比較してNGOのローンを評価しており、EやFは担保なしで貧困層がお金を借りることができるので生活を向上させることができると述べている。これを見ると、BとC以外の回答者は、NGOのマイクロクレジットや貯蓄の話題を取り上げていることが分かる。すなわちNGOの活動といえば、マイクロクレジットを含めたマイクロファイナンスであるという印象を持っていると推察できる。

一方、BとCは、自身がNGOの活動に関わっていた経験があることから、地域のNGOであるGUPがマイクロクレジット以外の活動にも取り組んでいることを知っており、その活動について評価をしている。特にこの2名は、GUPが設立されたときからの活動を知っており、当時はマイクロクレジットよりも戦後の救済支援が中心であったことから、マイクロクレジットだけでなく、教育や保健事業などもNGOの活動であると捉えていると考えられる。

第4節　経済的環境と出産および子育て

1.　世帯収入と出産

本節では、第2回目調査（2021年）の結果を用いて、マイクロクレジット利用を含めた経済的環境と出産および子育てとの関係について分析する。まず、世帯収入と希望出産場所、実際の出産場所および出産方法について表10に示す。

出産希望場所は、全体では6割以上の人が自宅出産を希望していることがわかる。だが世帯月収が低い世帯の方が自宅出産を希望する割合が高く、統計的な有意差が見られた。そして、実際に出産した場所を見ると、世帯月収が10,000タカ未満の世帯では、自宅出産した人と病院・クリニックで出産した人がともに半数であったのに対し、世帯月収が30,000タカ以上の世帯では、8割以上が

表 10　世帯月収と出産場所および出産方法　　単位：人〔%〕

		10,000 タカ未満	10,000 以上 20,000 タカ未満	20,000 以上 30,000 タカ未満	30,000 タカ以上	合計
出産希望場所	自宅	22	228	93	46	389
		[73.3]	[70.8]	[57.8]	[41.8]	[62.4]
	病院・クリニック	8	94	68	64	234
		[26.7]	[29.2]	[42.2]	[58.2]	[37.6]
	合計	30	322	161	110	623
		[100.0]	[100.0]	[100.0]	[100.0]	[100.0]
実際の出産場所 **	自宅	15	119	51	21	206
		[50.0]	[37.0]	[31.9]	[19.1]	[33.1]
	病院・クリニック	15	203	109	89	416
		[50.0]	[63.0]	[68.1]	[80.9]	[66.9]
	合計	30	322	160	110	622
		[100.0]	[100.0]	[100.0]	[100.0]	[100.0]
出産方法 ***	帝王切開以外	16	145	60	27	248
		[53.3]	[44.9]	[37.3]	[24.6]	[39.7]
	帝王切開	14	178	101	83	376
		[46.7]	[55.1]	[62.7]	[75.5]	[60.3]
	合計	30	323	161	110	624
		[100.0]	[100.0]	[100.0]	[100.0]	[100.0]

注：** はカイ二乗検定で 5%、*** は 1% 水準で統計的有意を示す。
出所：第 2 回目調査結果より筆者作成。

病院・クリニックでの出産となっていた。世帯月収が大きくなるにつれて病院・クリニック出産の割合が多くなっており、統計的にも有意な差が見られた。これより、月収 30,000 タカ未満では半分以上の人々が自宅出産を希望しているにもかかわらず、その多くが病院・クリニックでの出産となっている。また世帯月収が 30,000 タカ以上の層では最初から病院とクリニックを希望する人が半数以上いることがわかる。世帯月収が大きいほうが経済的なゆとりがあり、出産場所の選択肢が増えることが示唆される。

次に出産方法について世帯月収別に見ると、全体としても約 6 割が帝王切開となっているなか、世帯月収が高い層ほど帝王切開率も高くなっていることが示されている。世帯月収が 10,000 タカ未満の層では 5 割弱であるのに対し、

表 11　出産費用の工面方法（複数回答）　（人）

	件数	うち借金
夫の収入から	488	0
自身の IGA	2	0
夫の親から	31	1
自分の親から	138	10
夫の親戚から	53	17
自分の親戚から	26	10
夫の友人	6	2
銀行のローン	6	6
マイクロクレジット	17	17
合計	767	63

出所：第 2 回目調査結果より筆者作成。

30,000 タカ以上の世帯では 8 割近くが帝王切開での出産となっていた。帝王切開での出産となった女性たちが帝王切開での出産を希望していたのかはわからないが、自宅出産希望者が多かったことを考慮すると、おそらく予定していなかった帝王切開になった可能性がある。特に世帯月収が高い層では、搬送された理由も多様な回答があったことから、経済的に余力があるがゆえに、帝王切開の必要がなくても結果的に帝王切開での出産になっているケースもあると推察される。

2.　出産費用と費用支出

自宅出産ではなく病院・クリニックでの出産になるケース、さらに帝王切開での出産になるケースが多数あることがわかったが、女性たちは出産に係る費用をどのように工面しているのだろうか。まず自宅出産と病院・クリニック出産の平均費用はそれぞれ、2,800 タカと 20,737 タカとなっており、病院・クリニックでの出産は自宅出産の約 7 倍の費用がかかっていた。さらに、帝王切開による出産と通常分娩のそれぞれの費用平均は、21,494 タカと 7,681 タカとなっており、帝王切開での出産は通常分娩に比べて約 3 倍の費用がかかることがわかる。病院・クリニックでの出産や帝王切開での出産になると、その費用はこの地域の平均世帯月収を超えることを意味している。自宅出産を希望していた人の出産予算は 6,878 タカ、病院・クリニックでの出産を希望していた人の出産予算は 13,804 タカであったことから、自宅出産の場合は予算前後に収まるのに対し、病

表12　出産場所および出産方法と費用負担の意識　人〔%〕

高いと感じる費用	出産場所		出産方法	
	自宅出産	病院・クリニックで出産	帝王切開以外	帝王切開
特になし	16 [7.8]	1 [0.2]	16 [6.5]	1 [0.3]
出産前	2 [1.0]	6 [1.5]	2 [0.8]	6 [1.6]
出産費用	55 [26.7]	211 [51.0]	73 [29.6]	193 [51.5]
出産後の子育て費用等	133 [64.6]	196 [47.3]	156 [63.2]	175 [46.7]
合計	206 [100.0]	414 [100.0]	247 [100.0]	375 [100.0]

出所：第2回目調査結果より筆者作成。

院・クリニックでの出産となった場合は予算を超過している人が多く、約6割の人が予算を超過していた。

このように出産が思わぬ出費になるケースが多数あることがわかる。では出産に係る費用をどのように工面しているのかを表11に示す。調査の結果からは、夫の収入によって賄っている人がほとんどであった。次に多かった回答は、女性側の自身の親からの援助であり、その他夫の親戚、親などが続いていることがわかる。しかし親や親戚からの援助であっても、一部はお金を借りており、後に返済しなければならない状況にあることが読み取れる。親戚以外では、友人に加えて銀行やマイクロクレジットでローンを組むことよって工面しており、出産費用を支払うためにローンを含め借金をしている人がわずかながら存在することが示された。回答者の夫のうち約8割は出産のために貯蓄をしていたようであるが、その貯蓄だけでは不十分なケースが多いことが読み取れる。

3.　出産・子育て費用に対する意識

出産費用が予想よりもはるかに大きくなるケースが生じていることが見えてきたが、出産や子育てに係る費用について、高いという印象を持っている人が、9割を超えていた。表12は、「高い」と感じた費用のうち最も高いと感じた項目が何かを、出産場所および出産方法別に示したものである。

出産場所が自宅出産だった人は「出産後の子育て費用」が最も高いという印象を持っている女性が約65パーセントであった。一方、病院・クリニックでの出産を経験した人は半数以上が出産費用に最も高い印象を持っており、次いで「出産後の子育て費用」を挙げていた。多くの女性が、粉ミルクや玩具、子どもの教育費用など「出産後の子育て費用」にお金が必要と捉えており、子育てにお金が必要になっていることも読み取れる。出産方法別でも、帝王切開以外と帝王切開に分類すると同様の傾向が見られる。

これより自宅出産の場合は費用負担がそれほど苦になっていないが、自宅出産は全体の3割程度しかなく少数派になっており、多くの人は出産による費用負担も子育ての費用負担も大きいと感じていることがわかる。帝王切開や病院・クリニックでの出産が増加し、子育て費用も大きくなる中、産後の儀式を取りやめる人もでてきており、経済面で安心して子育てをできない環境になりつつあるのではないだろうか。

おわりに

本章では、調査対象地域におけるマイクロクレジットの利用の実態を調査すると同時に、世帯の経済環境、ローンやNGOsの捉え方、世帯の経済環境と出産との関係について分析した。これらより、以下の点が明らかになった。

第1に、2010年以降、マイクロクレジット機関数や融資額が急増しており、以前のマイクロクレジットとは様子が異なっていることである。マイクロクレジットでは融資を受けて事業を開始し、その収益で返済する仕組みをとっているが、マイクロクレジット機関で借りたローンを他のマイクロクレジット機関のローンで返済する、IGA以外に利用するなどの傾向もあり、本来マイクロクレジットが目的としていたことからやや乖離している様子もうかがえた。融資を事業に利用する利用者も存在する反面、高騰する物価や教育費に対応するため、あるいは物欲を満たすためにIGA以外に利用し、配偶者など家族の収入で返済している利用者も一定数存在していることがわかった。

第2に、利用者の多くが、ローンを組むと返済が大変だとを感じながらも、家計の向上、生活の向上を図るためには、マイクロクレジットが貧困者にとって唯一の手段だと捉えられていることがわかった。質問紙調査における個人・家庭・社会活動の変化を見ると、ほとんどの回答者がマイクロクレジットの利用によって状況が改善あるいは向上したと答え、ローンをきっかけに生活の選択肢が広がり生活が向上したと感じていることがわかる。一方で、IGAで失敗した利用者は返済に苦痛を感じており、このような経験者も一定数存在していることが明らかとなった。貧困者にとって、一度にまとまったお金を借りられることは一種の希望になっているが、経済格差を生むことにもつながっていると考えられる。

第3に、出産との関係では、収入が多い世帯ほど、出産の際に病院やクリニックにアクセスしやすい状況が見られ、収入によって選択肢に格差が生じていることがうかがえた。また、希望していた場所で出産できるケースが少なくなっているとともに帝王切開率が上昇しており、本当に必要な医療が必要な人に施されているのか疑問が残る。出産費用だけでなく、子育て費用も高いという印象をもっている女性が多いことから、経済面での不安を抱えながら子育てをする状況に陥っているのではないかと推察される。

マイクロクレジットはバングラデシュで急速に拡大し、これによって貧困を脱し、生活水準を向上させた女性も多く、融資を受けることができる環境があれば、女性の生活に関する選択肢が広がっていることが本研究では明らかとなった。一方で、すべての女性がマイクロクレジットをうまく活用し、生活を向上させることができるわけではないため、新たに生じる格差への対応も検討する必要があるかもしれない。金融サービスへのアクセスが広がるにつれて、女性の生活面における選択肢が拡大しており、女性たちがどのような選択をして生活をしていくのか、今後も目が離せない。

注

(1)　BANGLADESH BUREAU OF STATISTICSの2016年のデータ。

(2)　BRAC（Bangladesh Rural Advancement Committee）は1972年に設立されたバングラデシュ最大規模の現地NGOであり、マイクロクレジット事業を始め教育・保険など幅広い事業を各地で展開している。

(3)　ASA（Association for Social Advancement）は、1978年に貧困削減を目的に設立されたバングラデシュのNGOであり、マイクロクレジット事業やマイクロファイナンス事業を各地で展開している。

文献

Casanova, L., Cornelius, P., & Dutta, S.

2018　Banks, Credit Constraints, and the Financial Technology's Evolving Role. In *Financing Entrepreneurship and Innovation in Emerging Markets.* Academic Press: 161-184.

Hollis, A.

2002　Women and Microcredit in History: Gender in the Irish Loan Funds. In Lemire, B., Pearson, R., and Campbell, G.（eds）*Women and Credit: Researching the Past, Refiguring the Future.* Oxford: Berg: 73-90.

カルラン・ディーン、ゴールドバーグ・ナサニエル

2016　「マイクロファイナンスの評価戦略：方法論と発見についての覚書」ベアトリス・アルメンダリズ、マルク・ラビー（編）、笠原清志（監訳）、立木勝（訳）『マイクロファイナンス事典』33-75 頁、明石書店。

ユヌス，ムハマド

2010　『貧困のない世界を創る：ソーシャル・ビジネスと新しい資本主義』第 10 版、猪熊弘子（訳）早川書房。

第7章　村落社会の変化と女性の行動圏

浅田晴久

はじめに

私が初めてバングラデシュを訪問したのは2002年である。当時はまだ、バングラデシュというとアジアの最貧国という見方が日本でも根強く、実際に首都ダッカではホルタル（ストライキ）が実施されて市民生活が頻繁に麻痺し、電気が通っていない地方の村では、上半身裸の子ども達が裸足で走り回っている光景がみられた。その後、数回通ってからは、しばらくバングラデシュからは遠ざかっていたが、2015年に久しぶりにダッカならびにマダリプル県のラジョールとカリアの村を訪問して、この国の経済発展を実感した。村にはもはや上半身裸や裸足の子どもなどおらず、みな既製品のTシャツやスニーカーを着こなしていた。村の中を電動式のバンが物音ひとつ立てずに颯爽と通り過ぎていく光景は、過去15年間のこの国の変化を象徴しているように感じた。

グラミン銀行総裁のムハマド・ユヌス氏がマイクロクレジット事業を広めた功績を認められて、ノーベル平和賞を受賞した2006年以降、バングラデシュはもはや最貧国ではなく、国際社会からは開発援助の優等生とみられるようになっていった。GDP成長率は、2005年から2019年まで、毎年6～8%を維持しており（リーマンショックに端を発する世界金融危機の影響を受けた2009年と2010年は除く）、マクロ経済の指標からも同国が経済成長の軌道に乗ったことが示されている。中東諸国を主な目的地とする旺盛な海外出稼ぎと、輸出を牽引するアパレル産業の伸長により、経済成長の恩恵は首都ダッカから地方の村落にまで着実に届いているようである。

バングラデシュでは、過去20年間に生活水準に関するいくつかの重要な側面（たとえば、平均寿命、乳児死亡率、衛生的なトイレの普及率など）においても、急速に改善が進んでいる［セン・ドレーズ 2015］。2000年から始まったミレニアム開発目標（MDGs）でも、バングラデシュは、初等・中等教育レベルの男女格差の解消や、妊産婦死亡率の大幅な削減など、女性の地位を大きく向上することに成功してきた［佐崎 2017］。MDGs の後継である持続可能な開発目標（SDGs）では、女性のさらなるエンパワーメントが掲げられており（目標 5「ジェンダー平等を達成し、すべての女性と女児のエンパワーメントを図る」）、順調に目標を達成することが期待されている。

一方でバングラデシュは国民の 90％がムスリムからなるイスラーム教国であり、ムスリム女性は伝統的にパルダ規範にしたがって生活してきた［外川 1993］。パルダとはペルシア語で「カーテン」「幕」の意味であり、むやみに外に出て男性の目にさらされることなく、家の中で過ごすことがムスリム女性の美徳とされる。パルダ規範は、女性が身につけるヒジャーブやブルカとともにイスラームにおける女性差別の象徴として捉えられるが、女性のエンパワーメントが進み、ジェンダー平等が改善されるにつれて、ムスリム女性の活動内容や行動範囲（本章ではモビリティと呼ぶ）にも何らかの変化がみられるのだろうか。それとも、パルダ規範を維持したまま、女性のエンパワーメントが達成されているのだろうか。

本章ではバングラデシュの農村部を対象として、女性のモビリティについてその実態を明らかにする。第 1 節でモビリティに関する先行研究を紹介した後、第 2 節では 2016 年に実施した、女性の活動内容に関する質問紙調査の結果を分析し、第 3 節では 2016 年と 2020 年に実施した GPS 調査の結果を分析する。定量的な分析のみならず、2017 年に実施したインタビュー調査の結果も併せて紹介する。第 4 節では 2021 年に実施した男女別の質問紙調査の結果を分析する。この調査は新型コロナウイルス（COVID-19）流行時に実施されたものであるため、COVID-19 による行動制限の影響についても考察する。複数の観点から行動範囲やその要因について調べることで、村に暮らす女性のモビリティを多面的に明らかにしようというのが本章の目的である。

第 1 節　バングラデシュ農村における女性の行動

バングラデシュの農村部では、女性はパルダ規範を守るために屋敷地の中で 1 日の大半の時間を過ごしてきた［吉野 2013］。市場経済が浸透し、NGO 主導の村落社会開発が全国的に進む中で、村の女性たちの生活はどのように変化しているのだろうか、もしくは変化していないのだろうか。これまでの研究をいくつ

写真1　屋敷地で籾を振るう女性たち（松岡悦子撮影、2006年）

か紹介する。

一例として、家の周りの屋敷地の利用に注目して調査を行った吉野は、女性の行動範囲は広くなってきているものの、村の女性達の暮らしは、現在も実質的には屋敷地をベースに行われており、隣近所との社会関係が今でも重要であると報告している［吉野 2013］。農村出身の若者たちを追い続けている南出も、女性の活動範囲は広がったが、それは彼女たちが過ごしてきたこれまでの親密圏の領域をそれほど出ることなく達成されてきたと述べている［南出 2014］。また、ラーマンたちの研究によれば、今では農村の女性でも教育を受けて就職する機会が増えているが、女性が戸外で活動することはよくないとされている［Rahman et al. 2013］。

これらの研究では、近年の経済発展にともなって村の女性の活動範囲が変化していることが指摘されているが、それがどの程度の空間的な広がりを持つのかについては必ずしも明示的に述べられていない。そもそも、女性のモビリティそのものに着目した研究も多くない。本研究では、質問紙調査に加えてGPSを利用することで、女性のモビリティを定量的に把握することに努めた。

また、日本人の価値観では、モビリティが増大すればするほど、女性のエンパワーメントが達成されると理解されるが、バングラデシュの女性にとって、モビリティの増大が必ずしも彼女たちの幸福につながるとは限らない。バングラデシュの農村に長期間住み込み調査をした西川は、貧しい世帯の女性は富裕世帯の女性に比べると活動範囲が広く、自分で作った米菓子をバザールまで運んだり、隣接する村々の知人を1人で訪問したりすると述べている［西川 1997］。ラーマンたちの研究でも、世帯主が女性の貧困層では、戸外で働かざるを得ない状況にあるとしている［Rahman et al. 2013］。経済的な理由から「物乞い」に出かける女性ほど、遠方の市場まで通うという調査結果もある［杉江 2013］。このように、女性が戸外で活動する理由はさまざまであり、アンケートの数値や GPS の移動情報だけでは彼女たちの心情を判断することはできない。定量的なモビリティの変化だけでなく、その際の女性の心理状況についてもインタビュー調査により把握する必要がある。

第２節　女性の日常活動内容

本節では 2016 年に２つの調査村（カリア村、ゴビンダプル村）で実施した質問紙調査の分析結果を紹介する（図 1）。質問紙調査は２村から無作為に抽出された 154 名の女性を対象に実施した。調査項目は、154 名の家事参加率、農作業参加率、過去１週間の訪問場所・移動手段についてである。年齢、経済状況、宗教、NGO 参加有無という４種類の属性によって対象女性を分類して、それぞれの属性毎にモビリティの差がみられるかどうか検証した。また、2018 年３月に調査村で実施したインタビューの結果も補足的に使用する。

1.　年齢によるモビリティの変化

質問紙調査の結果を、10 代女性（23 人）、20 代女性（56 人）、30 代女性（42 人）、40 代以上女性（32 人）の４つの集団に分けて、各年代の女性のモビリティを比較した（表 1）。

家事の中で、年齢が上がるにつれて顕著に増える傾向がみられたのは、「薪の収集」、「家畜の世話」、「牛糞の収集」、「隣人とのお喋り」であった。年齢が上がるほど、屋外作業に従事する女性の割合が高くなるようである。

農作業については、10 代、20 代の女性はそもそも「参加しない」と答えた割合が高いが、年齢が上がるにつれて、参加比率が上がる傾向がみられた。特に「精米作業」、「作物の収穫」などは、年齢とともに参加する女性が増える傾向にある。

訪問場所については、10 代の女性は過去１週間にどこも訪問しなかったと答えた比率が過半数を超えるが（57%）、年齢が上がるにつれて、家の外に出かける割合が高まる。特に、「市場」、「病院」で割合が高くなる。家庭での役割に変化が生じることで、外出する頻度が高まっている。同行者については、年齢が上がるにつれて、１人で出かける割合が高くなる。

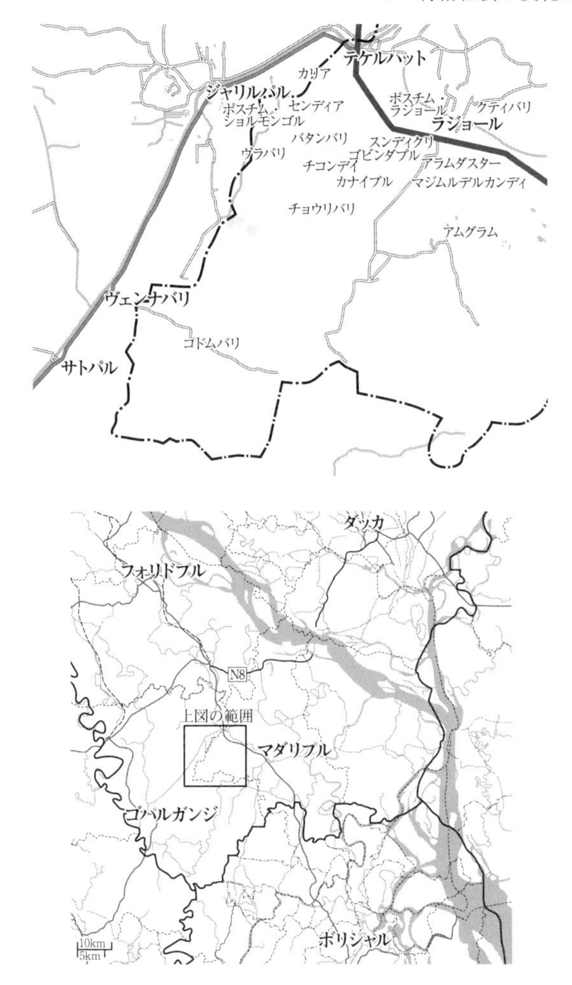

図1　調査地域の地図（上：拡大図、下：広域図。太字は町／都市、細字は集落を指す）

2. 経済状況によるモビリティの変化

調査村の女性へのインタビューでは、「自分は貧しいため、外に働きに出ざるを得ない」という声が複数あった。女性の経済状況によって、外出行動に変化がみられる可能性がある。そこで、世帯の土地所有規模に基づいて、5ビガ（1ビガ＝0.13ヘクタール）以上の土地を所有する上位階層（10人）、1ビガ以上の土地

表１　女性の年齢によるモビリティの変化

家事	10-19 歳		20-29 歳		30-39 歳		40 歳以上	
	N=23	(%)	N=56	(%)	N=42	(%)	N=32	(%)
料理	15	65.2	51	91.1	40	95.2	28	87.5
皿洗い	20	87.0	53	94.6	41	97.6	26	81.3
洗濯	22	95.7	55	98.2	42	100.0	27	84.4
室内掃除	19	82.6	51	91.1	39	92.9	27	84.4
室外掃除	19	82.6	42	75.0	37	88.1	23	71.9
樹木植える／切る	4	17.4	7	12.5	15	35.7	9	28.1
庭の管理	1	4.3	6	10.7	8	19.0	4	12.5
薪の収集	4	17.4	14	25.0	16	38.1	14	43.8
家畜の世話	4	17.4	17	30.4	12	28.6	13	40.6
牛糞の収集	1	4.3	8	14.3	8	19.0	9	28.1
魚の飼育	0	0.0	4	7.1	2	4.8	1	3.1
子どもの世話	3	13.0	35	62.5	31	73.8	15	46.9
来客の相手	11	47.8	18	32.1	22	52.4	7	21.9
隣人とのお喋り	3	13.0	19	33.9	21	50.0	13	40.6
その他	0	0.0	7	12.5	1	2.4	3	9.4

農作業	10-19 歳		20-29 歳		30-39 歳		40 歳以上	
	N=23	(%)	N=56	(%)	N=42	(%)	N=32	(%)
しない	20	87.0	39	69.6	23	54.8	15	46.9
農地で作業	0	0.0	1	1.8	9	21.4	5	15.6
脱穀作業	2	8.7	12	21.4	11	26.2	5	15.6
精米作業	3	13.0	15	26.8	17	40.5	13	40.6
作物の植え付け	0	0.0	3	5.4	8	19.0	3	9.4
作物の収穫	1	4.3	1	1.8	10	23.8	5	15.6
除草作業	0	0.0	1	1.8	2	4.8	2	6.3
水やり	0	0.0	3	5.4	6	14.3	2	6.3
モノの運搬	0	0.0	2	3.6	5	11.9	1	3.1
労働者の監視	0	0.0	4	7.1	1	2.4	2	6.3
その他	0	0.0	3	5.4	1	2.4	0	0.0

を所有する中位階層（28 人）、0.3 ビガ以上の土地を所有する中下位階層（46 人）、0.3 ビガ未満の土地を所有する下位階層（25 人）、土地を所有していない土地無階層（25 人）の５つの経済階層に分けて、女性のモビリティを分析した（表 2）。

家事については、経済階層が高い世帯の女性ほど、「樹木を植える」、「魚を飼育する」割合が高いことが分かった。世帯で所有している土地面積が大きいので、女性も屋外に出て資産の管理に参加しているようである。一方で、「薪の収集」の割合は、経済階層が高い世帯の女性ほど低くなる。経済的に森林資源に依存する必要がないことを反映している可能性がある。

	10-19 歳		20-29 歳		30-39 歳		40 歳以上	
	N=23	(%)	N=56	(%)	N=42	(%)	N=32	(%)
〈過去 1 週間の訪問先〉								
なし	13	56.5	18	32.1	14	33.3	9	28.1
近所の家	1	4.3	11	19.6	4	9.5	4	12.5
親戚の家	4	17.4	12	21.4	8	19.0	7	21.9
市場	3	13.0	7	12.5	10	23.8	8	25.0
病院	0	0.0	6	10.7	6	14.3	4	12.5
役所	0	0.0	2	3.6	0	0.0	0	0.0
郡の中心地	2	8.7	3	5.4	0	0.0	0	0.0
県の中心地	0	0.0	0	0.0	0	0.0	0	0.0
都市	0	0.0	0	0.0	0	0.0	0	0.0
〈移動手段〉								
徒歩	2	8.7	14	25.0	6	14.3	8	25.0
リキシャ・バン	5	21.7	14	25.0	11	26.2	12	37.5
自転車	0	0.0	0	0.0	0	0.0	0	0.0
バイク	1	4.3	0	0.0	0	0.0	0	0.0
オートリキシャ	1	4.3	6	10.7	7	16.7	2	6.3
バス・マイクロバス	1	4.3	3	5.4	3	7.1	1	3.1
電車	0	0.0	0	0.0	0	0.0	0	0.0
船	0	0.0	0	0.0	0	0.0	0	0.0
〈同行者〉								
一人	1	4.3	16	28.6	14	33.3	16	50.0
子ども	3	13.0	9	16.1	6	14.3	4	12.5
夫	3	13.0	12	21.4	2	4.8	1	3.1
親戚	1	4.3	8	14.3	3	7.1	2	6.3
義理の母	0	0.0	0	0.0	3	7.1	0	0.0
実の母	0	0.0	1	1.8	0	0.0	0	0.0
隣人・友人	2	8.7	2	3.6	2	4.8	0	0.0
その他	0	0.0	0	0.0	1	2.4	0	0.0

農作業については、経済階層が高い世帯の女性ほど、「脱穀作業」、「精米作業」、「作物の収穫」などに参加する割合が高い。耕地面積が大きいと、女性も労働力として期待されるようである。また、屋外で労働者を監督する仕事にも従事している。

訪問場所については、経済階層が高い世帯の女性ほど、過去 1 週間で外に出かける割合が高い。「近所の家」、「親戚の家」、「市場」に出かける女性が増えている。移動手段としては「徒歩」で、かつ「1 人」で出かける女性の割合が高くなる。一方で、病院に出かける割合は、経済階層が低い世帯の女性ほど高くなる。こちらは、夫に付き添ってもらうという女性の割合が高くなる。

表２　女性の経済状況によるモビリティの変化（上：家事、中：農作業、下、訪問場所）

家事	上位階層		中位階層		中下位階層		下位階層		土地無階層	
	N=10	(%)	N=28	(%)	N=44	(%)	N=46	(%)	N=25	(%)
料理	9	90.0	26	92.9	37	84.1	39	84.8	23	92.0
皿洗い	10	100.0	27	96.4	37	84.1	42	91.3	24	96.0
洗濯	10	100.0	28	100.0	40	90.9	43	93.5	25	100.0
室内掃除	9	90.0	26	92.9	37	84.1	42	91.3	22	88.0
室外掃除	8	80.0	22	78.6	35	79.5	37	80.4	19	76.0
樹木植える／切る	3	30.0	9	32.1	12	27.3	7	15.2	4	16.0
庭の管理	1	10.0	5	17.9	6	13.6	6	13.0	1	4.0
薪の収集	2	20.0	7	25.0	17	38.6	16	34.8	6	24.0
家畜の世話	2	20.0	8	28.6	17	38.6	14	30.4	5	20.0
牛糞の収集	2	20.0	6	21.4	10	22.7	8	17.4	0	0.0
魚の飼育	2	20.0	2	7.1	1	2.3	2	4.3	0	0.0
子どもの世話	5	50.0	13	46.4	27	61.4	25	54.3	14	56.0
来客の相手	2	20.0	11	39.3	18	40.9	18	39.1	9	36.0
隣人とのお喋り	3	30.0	12	42.9	13	29.5	16	34.8	12	48.0
その他	0	0.0	1	3.6	3	6.8	4	8.7	3	12.0

農作業	上位階層		中位階層		中下位階層		下位階層		土地無階層	
	N=10	(%)	N=28	(%)	N=44	(%)	N=46	(%)	N=25	(%)
しない	3	30.0	17	60.7	28	63.6	28	60.9	21	84.0
農地で作業	1	10.0	4	14.3	3	6.8	5	10.9	2	8.0
脱穀作業	4	40.0	7	25.0	10	22.7	8	17.4	1	4.0
精米作業	4	40.0	11	39.3	14	31.8	16	34.8	3	12.0
作物の植付け	1	10.0	3	10.7	5	11.4	3	6.5	2	8.0
作物の収穫	2	20.0	3	10.7	5	11.4	5	10.9	2	8.0
除草作業	0	0.0	0	0.0	2	4.5	1	2.2	2	8.0
水やり	0	0.0	0	0.0	4	9.1	4	8.7	2	8.0
モノの運搬	0	0.0	0	0.0	4	9.1	4	8.7	0	0.0
労働者の監視	2	20.0	2	7.1	1	2.3	2	4.3	0	0.0
その他	3	30.0	1	3.6	0	0.0	0	0.0	0	0.0

3. 宗教の違いによるモビリティの変化

つぎに、対象女性を、ムスリム（96人）、ヒンドゥー（57人）に分けて、宗教とモビリティの関係を調べた（表3）。インタビューでは、「ヒンドゥー教徒のほうが、プジャ（祭り）やフェアに参加するために外出する機会が多い」（55歳女性）という声も聞かれたが、宗教による差はみられるのだろうか。

家事については、ムスリム女性のほうが、「樹木を植える」、「薪を収集する」割合が高いことが分かった。一方で、ヒンドゥー女性は、「牛糞を収集する」割

	上位階層		中位階層		中下位階層		下位階層		土地無階層	
	N=10	(%)	N=28	(%)	N=44	(%)	N=46	(%)	N=25	(%)
〈過去1週間の訪問場所〉										
なし	1	10.0	9	32.1	14	31.8	19	41.3	11	44.0
近所の家	5	50.0	5	17.9	4	9.1	4	8.7	2	8.0
親戚の家	2	20.0	4	14.3	15	34.1	8	17.4	2	8.0
市場	2	20.0	6	21.4	7	15.9	9	19.6	4	16.0
病院	1	10.0	2	7.1	3	6.8	5	10.9	5	20.0
役所	0	0.0	2	7.1	0	0.0	0	0.0	0	0.0
郡の中心地	0	0.0	1	3.6	2	4.5	2	4.3	0	0.0
県の中心地	0	0.0	0	0.0	0	0.0	0	0.0	0	0.0
都市	0	0.0	0	0.0	0	0.0	0	0.0	0	0.0
〈移動手段〉										
徒歩	5	50.0	9	32.1	8	18.2	5	10.9	3	12.0
リキシャ・バン	2	20.0	6	21.4	14	31.8	16	34.8	4	16.0
自転車	0	0.0	0	0.0	0	0.0	0	0.0	0	0.0
バイク	0	0.0	0	0.0	1	2.3	0	0.0	0	0.0
オートリキシャ	1	10.0	3	10.7	5	11.4	4	8.7	3	12.0
バス・マイクロバス	0	0.0	1	3.6	2	4.5	2	4.3	3	12.0
電車	0	0.0	0	0.0	0	0.0	0	0.0	0	0.0
船	0	0.0	0	0.0	0	0.0	0	0.0	0	0.0
〈同行者〉										
一人	6	60.0	10	35.7	16	36.4	11	23.9	4	16.0
子ども	1	10.0	4	14.3	10	22.7	6	13.0	1	4.0
夫	1	10.0	1	3.6	4	9.1	7	15.2	5	20.0
親戚	0	0.0	4	14.3	3	6.8	4	8.7	3	12.0
義理の母	0	0.0	1	3.6	1	2.3	1	2.2	0	0.0
実の母	0	0.0	0	0.0	0	0.0	0	0.0	1	4.0
隣人・友人	1	10.0	2	7.1	0	0.0	2	4.3	1	4.0
その他	0	0.0	0	0.0	1	2.3	0	0.0	0	0.0

合が高い。

農作業については、ムスリム女性のほうが参加割合が高く、ヒンドゥー女性は参加する割合が低い。先の結果と合わせると、これらは宗教の違いというよりは、経済状況の差を反映している可能性がある。

訪問場所については、ムスリム女性のほうが過去1週間に「どこにも訪問しない」と回答した割合がやや高い。「親戚の家」、「市場」に訪問するのはムスリム女性のほうが割合が高いが、「病院」についてはヒンドゥー女性のほうがやや割合が高い。「徒歩で移動する」のはヒンドゥー女性のほうが割合が高い。「バンで移動する」のはムスリム女性のほうがやや割合が高い。

表3　女性の宗教によるモビリティの変化（上：家事、中：農作業、下、訪問場所）

家事	ムスリム		ヒンドゥー	
	N=96	(%)	N=57	(%)
料理	83	86.5	51	89.5
皿洗い	84	87.5	56	98.2
洗濯	90	93.8	56	98.2
室内掃除	83	86.5	53	93.0
室外掃除	73	76.0	48	84.2
樹木植える／切る	26	27.1	9	15.8
庭の管理	13	13.5	6	10.5
薪の収集	37	38.5	11	19.3
家畜の世話	28	29.2	18	31.6
牛糞の収集	14	14.6	12	21.1
魚の飼育	2	2.1	5	8.8
子どもの世話	50	52.1	34	59.6
来客の相手	32	33.3	26	45.6
隣人とのお喋り	36	37.5	20	35.1
その他	6	6.3	5	8.8

農作業	ムスリム		ヒンドゥー	
	N=96	(%)	N=57	(%)
しない	55	57.3	42	73.7
農地で作業	10	10.4	5	8.8
脱穀作業	18	18.8	12	21.1
精米作業	33	34.4	15	26.3
作物の植付け	8	8.3	6	10.5
作物の収穫	10	10.4	7	12.3
除草作業	4	4.2	1	1.8
水やり	9	9.4	2	3.5
モノの運搬	6	6.3	2	3.5
労働者の監視	4	4.2	3	5.3
その他	4	4.2	0	0.0

	ムスリム		ヒンドゥー	
	N=96	(%)	N=57	(%)
〈過去1週間の訪問場所〉				
なし	35	36.5	19	33.3
近所の家	9	9.4	11	19.3
親戚の家	22	22.9	9	15.8
市場	19	19.8	9	15.8
病院	9	9.4	7	12.3
役所	0	0.0	2	3.5
郡の中心地	4	4.2	1	1.8
県の中心地	0	0.0	0	0.0
都市	0	0.0	0	0.0
〈移動手段〉				
徒歩	15	15.6	15	26.3
リキシャ・バン	28	29.2	14	24.6
自転車	0	0.0	0	0.0
バイク	1	1.0	0	0.0
オートリキシャ	10	10.4	6	10.5
バス・マイクロバス	5	5.2	3	5.3
電車	0	0.0	0	0.0
船	0	0.0	0	0.0
〈同行者〉				
一人	28	29.2	19	33.3
子ども	15	15.6	7	12.3
夫	12	12.5	6	10.5
親戚	9	9.4	5	8.8
義理の母	2	2.1	1	1.8
実の母	1	1.0	0	0.0
隣人・友人	2	2.1	4	7.0
その他	1	1.0	0	0.0

4. NGO 事業参加経験によるモビリティの変化

最後に、NGO 事業への参加度合いに基づいて対象女性を分類した。今や NGO は村人の生活には欠かせない存在となっている。調査村周辺では複数の NGO がマイクロクレジットをはじめとして、住民生活を向上させるための各種事業を展開している。

そこで、NGO 事業に「未参加」(60 人)、「5 年未満参加」(45 人)、「5 年以上参加」(43 人) の 3 つのグループに分けて、活動内容を比較した (表4)。インタビューでは、「NGO から借りているローンを返済するために、以前より外出するようになった」(31 歳女性）という意見と、「ローンの返済は NGO からスタッフが回収に来るので、それほど頻繁に外出しなくてもよい」という意見の双方が聞かれたが、いずれが実態を反映しているのであろうか。

家事については、NGO 参加年数が長い女性は、「戸外の掃除」、「家畜の世話」、「牛糞の収集」の割合が高くなることが分かった。「子どもの世話」、「隣人とのお喋り」も多いが、これは対象女性の年齢を反映している可能性も考えられる。

農作業については、NGO 参加年数が長い女性は、「農地で作業する」、「水やりをする」割合が高くなっている。作業内容によっては、NGO 事業に参加すると外で活動する機会が多くなる可能性がある。

過去 1 週間の訪問場所については、NGO 参加年数が長い女性は、「市場へ訪問する」割合が高い。「徒歩」で、かつ「1 人」で出かける傾向がみられる。

以上、4 つの属性からみた質問紙調査の分析結果を総合すると、調査村の女性の中では、年齢が高い、経済階層が高い、ムスリム女性、NGO 参加年数が長い、という属性に当てはまる女性ほど外出する割合が高くなる傾向がみられることが分かった。

第 3 節　GPS 調査でみる女性の行動圏

質問紙調査からは、女性の属性による屋外活動の差が明らかにされた。では、村の女性たちは 1 日の中でどれくらいの距離を移動し、どのような場所で活動しているのだろうか。1 日の行動範囲について、調査協力者が自ら地図上で位置を特定しながら答えるのは、たとえ教育を受けた者でも困難である。まして途上国における農村調査では、地図が読めない、文字が書けない住民も多数存在することから、記憶を頼りに対象者自身に活動内容を説明してもらうことは現実的ではない［西村ほか 2008］。

近年は安価になった携帯用の小型 GPS 専用端末を使い、自動的に記録された位置情報と時刻データを基に、時空間地図を作成して、対象者の移動パターンを分析する調査が可能となっている。本研究でも、実際の移動範囲を詳細に調べるために、2016 年 11 月と 2020 年 3 月に、2 村の女性 17 名と男性 3 名を対象に、小型 GPS を用いて住民の移動データを取得した。用いた機器は Mobile Action 社製のロガー GT-600 で、手のひらに完全に収まるサイズである。

調査の手順としては、まず前日に対象者に調査内容の説明をした後に GPS 機器を渡しておき、当日の朝起きて活動を始めるときに GPS の電源を入れて、そ

表４　NGO 参加経験によるモビリティの変化（上：家事、中：農作業、下、訪問場所）

家事	NGO 未参加		NGO5 年未満参加		NGO5 年以上参加	
	N=60	(%)	N=45	(%)	N=43	(%)
料理	51	85.0	43	95.6	39	90.7
皿洗い	53	88.3	42	93.3	41	95.3
洗濯	56	93.3	44	97.8	41	95.3
室内掃除	51	85.0	42	93.3	39	90.7
室外掃除	44	73.3	37	82.2	36	83.7
樹木植える／切る	12	20.0	8	17.8	13	30.2
庭の管理	8	13.3	1	2.2	9	20.9
薪の収集	18	30.0	7	15.6	22	51.2
家畜の世話	15	25.0	13	28.9	17	39.5
牛糞の収集	8	13.3	7	15.6	11	25.6
魚の飼育	4	6.7	0	0.0	3	7.0
子どもの世話	19	31.7	32	71.1	32	74.4
来客の相手	18	30.0	20	44.4	16	37.2
隣人とのお喋り	13	21.7	21	46.7	21	48.8
その他	2	3.3	5	11.1	4	9.3

農作業	NGO 未参加		NGO5 年未満参加		NGO5 年以上参加	
	N=60	(%)	N=45	(%)	N=43	(%)
しない	44	73.3	33	73.3	16	37.2
農地で作業	3	5.0	2	4.4	10	23.3
脱穀作業	9	15.0	5	11.1	15	34.9
精米作業	12	20.0	9	20.0	26	60.5
作物の植え付け	2	3.3	1	2.2	11	25.6
作物の収穫	3	5.0	2	4.4	11	25.6
除草作業	0	0.0	0	0.0	5	11.6
水やり	1	1.7	2	4.4	8	18.6
モノの運搬	2	3.3	1	2.2	5	11.6
労働者の監視	4	6.7	0	0.0	3	7.0
その他	3	5.0	1	2.2	0	0.0

のまま体に身につけて普段どおり行動してもらうことを依頼しておく。GT-600は、衣服につけていても全く気にならないサイズであり（46 × 41.5 × 14 mm）、位置情報の測定以外の機能は省かれているので、他人の興味を引くことも少ない。GPS の電源は自分で意図的に切るか、一定の時間が経過してバッテリーがなくなると自動的に切れるようになっている。翌日に対象者の家を訪問して GPS を

	NGO 未参加		NGO5 年未満参加		NGO5 年以上参加	
	N=60	(%)	N=45	(%)	N=43	(%)
〈過去 1 週間の訪問場所〉						
なし	17	28.3	20	44.4	13	30.2
近所の家	8	13.3	5	11.1	7	16.3
親戚の家	14	23.3	5	11.1	12	27.9
市場	10	16.7	7	15.6	10	23.3
病院	7	11.7	7	15.6	2	4.7
役所	2	3.3	0	0.0	0	0.0
郡の中心地	3	5.0	2	4.4	0	0.0
県の中心地	0	0.0	0	0.0	0	0.0
都市	0	0.0	0	0.0	0	0.0
〈移動手段〉						
徒歩	11	18.3	7	15.6	12	27.9
リキシャ・バン	16	26.7	11	24.4	14	32.6
自転車	0	0.0	0	0.0	0	0.0
バイク	1	1.7	0	0.0	0	0.0
オートリキシャ	8	13.3	4	8.9	4	9.3
バス・マイクロバス	5	8.3	3	6.7	0	0.0
電車	0	0.0	0	0.0	0	0.0
船	0	0.0	0	0.0	0	0.0
〈同行者〉						
一人	16	26.7	12	26.7	19	44.2
子ども	15	25.0	3	6.7	4	9.3
夫	8	13.3	7	15.6	3	7.0
親戚	3	5.0	7	15.6	4	9.3
義理の母	2	3.3	0	0.0	1	2.3
実の母	0	0.0	1	2.2	0	0.0
隣人・友人	4	6.7	1	2.2	0	0.0
その他	0	0.0	0	0.0	1	2.3

回収する際に、前日にどこで何をしていたかを早朝から夕方まで時間を追って聞き取り、GPS の移動データと付き合わせる。これによって対象者の当日の行動を地図上で復元することができる。

一例として、26 歳女性・主婦の移動データを図 2 に示す。図中の白線は GPS の電源を入れてから電源が切れるまでの軌跡を表しており、この女性の 1 日の移動範囲に相当する。線が密になっている場所が、この女性が暮らす屋敷地になる。この日、女性はほとんどの時間を屋敷地の中で過ごしていたが、屋敷地の外に 2 回出かけている。本人からの聞き取り調査によると、朝 8 時頃、お金

図2　26歳女性・主婦の移動範囲

を届けるために屋敷の南西方向にある近所の家に、夕方4時頃、薪を集めるために屋敷の北方にある田んぼに、いずれも一人で出かけたことが分かった。GPSを用いることで、その経路や距離、時刻まで詳細に知ることができる(1)。

まず、GPSに記録された時刻の情報を基に、20名の協力者の1日の行動時間を算出した（表5）。屋敷地の外に出ている時間（屋外時間とする）は、平均で144分（1日の全計測時間の24%）であった。男性3名の平均は407分、女性17名の平均は97分と男女間で大きな差が見られた。なお、女性のうち、ヒンドゥー教徒女性11名の平均は121分、ムスリム女性6名の平均は54分と、宗教間でも差が見られた。つまり、男性、ヒンドゥー教徒女性、ムスリム女性の順番で外出時間が長いことが分かった。ただし、年齢や職業などによって、個人差は大きく、ムスリム女性でも屋外時間が長い場合や、ヒンドゥー女性でも屋外時間が短い場合がみられる。

外出回数は、男性は平均2回、女性は平均1.9回とほとんど変わらず、宗教間でも差は見られなかった。ただ、女性は全く外出しない人から、最大6回外出する人まで個人差が大きかった。屋外時間が0分、つまり1日の中で屋敷地の外に出ることがまったくないのは、32歳までの若い女性で、それより年齢が上の女性は、少なくとも数十分間は屋外に出かけていることが分かった。

さらに、屋敷地の外に出ている間に、何箇所に立ち寄るか、立寄り回数を数えた。全協力者20名の平均は2.4回であり、男性3名は平均4.7回、女性17名は平均1.9回と明らかな差がみられた。男性は一度の外出で複数箇所を訪れるという特徴がみられるが、女性は一度の外出で一箇所かせいぜい2箇所しか立ち寄らず、外で用事を終えるとすみやかに屋敷に戻ってくることが分かった。

次に、GPSに記録された移動ルートの情報を基に、各協力者の1日の行動パ

表5　対象者20名のGPS分析まとめ

No.	性別	年齢	宗教	職業	屋内時間（分）	屋外時間（分）	屋内時間（%）	屋外時間（%）	外出回数	立寄回数
1	女	24	ムスリム	主婦	525	75	88	13	3	3
2	女	26	ムスリム	主婦	574	26	96	4	1	1
3	女	30	ムスリム	主婦	600	0	100	0	0	0
4	女	35	ムスリム	主婦	508	92	85	15	4	4
5	女	35	ムスリム	主婦	580	20	97	3	1	1
6	女	35	ムスリム	農業	485	115	81	19	2	2
7	女	20	ヒンドゥー	主婦	600	0	100	0	0	0
8	女	23	ヒンドゥー	主婦	600	0	100	0	0	0
9	女	23	ヒンドゥー	学生	527	73	88	12	2	2
10	女	26	ヒンドゥー	主婦	555	45	93	8	1	1
11	女	30	ヒンドゥー	主婦	347	253	58	42	6	6
12	女	32	ヒンドゥー	主婦	600	0	100	0	0	0
13	女	35	ヒンドゥー	主婦	446	154	74	26	2	2
14	女	38	ヒンドゥー	教員	210	390	35	65	4	4
15	女	39	ヒンドゥー	教員	349	251	58	42	2	3
16	女	40	ヒンドゥー	主婦	445	155	74	26	3	3
17	女	47	ヒンドゥー	主婦	588	12	98	2	1	1
18	男	59	ムスリム	NGO勤務	27	573	5	96	2	6
19	男	35	ヒンドゥー	運転手	388	212	65	35	2	2
20	男	不明	ヒンドゥー	販売業	163	437	27	73	2	6

ターンを個別に確認した。協力者の移動ルート、つまり1日の行動パターンについては、性別だけでなく、本人の年齢や仕事などさまざまな要素に応じて異なる傾向を示すので、ここではすべての行動パターンを紹介するのではなく、行動パターンに関係があると思われるいくつかの要因に分けて考察してみる。村人へのインタビューと著者の観察から、重要であると思われる要因として、1. 男性家族の有無、2. 女性の規範意識、3. 移動手段の変化、4. 行商人の存在、5. 村落構造、が浮かび上がった。

1.　男性家族の有無

女性に外出行動についてインタビューすると、「夫がすべてしてくれるので、自分は外に出ない」(23歳女性、主婦)、「夫が不在なので、必要なことを私が外でしなければいけない」(40歳女性、NGO勤務）というように、回答の中には、夫に言及するものがしばしばみられる。女性が外出するかどうかは、家族構成に左右されるところが大きく、なかでも家庭内に夫や兄弟など男性がいるかいないかで、女性が外に出るか出ないか、もしくは出ざるをえないか／出ずに済むか、

図３　23歳女性・主婦の移動範囲

が決まるようである。家庭内に男性がいる場合は、その人が外出して用事を済ませることになるので、その分、女性が自ら外出する必要性がなくなる。たとえば、主婦をしている23歳女性のGPSデータを見ると、調査日は屋敷地から一歩も外に出ていないことが分かる（図3）。一方で、出稼ぎなどで家庭に男性がいない場合は、女性自ら外出する必要性が高まる可能性がある。夫の出稼ぎの最中は一時的に女性のモビリティが高まりブルカ着用頻度も上がるが、夫が帰ってくると、必要がなくなるので、再び屋敷地の中だけで生活するようになるとも報告されている［Uddin 2018］。

「夫はダッカで働いているが、義理の母が買い物に行ってくれる」(39歳女性、主婦）という女性のように、男性が不在でも、その代わりに外に出かけることができる人物がいる場合は、やはり本人は外出する必要がなくなる。家族の中でも特に年配の女性が男性の代わりに外出することがあるようである。これは、高齢になるほどモビリティが上がるという前節の結果と一致している。女性の外出行動は、個人の宗教観や能力の問題ではなく、社会的な関係性に依存していることが示唆される。

2.　女性の規範意識

バングラデシュ社会では、初潮を迎えた女子は、行動、服装、社会的交流、移動が制限されるといったように［Naved et al. 2007］、ライフステージ毎にモビリティが変化する。女性が外出すべきか否かという規範についても、本人の年齢や家庭内の立場によって変わってくるようである。インタビューでも、「最近結婚したばかりで、(外出すると）他人が悪く言うかもしれない」(20歳女性、主婦）という語りから、既婚女性の中でも特に新婚の女性は外出を控えて屋内で過ごす

写真2　バンに乗って移動する女性（浅田晴久撮影、2020年）

ことが求められることが分かる。「13歳になる娘がいるので、家で面倒をみないといけない」（32歳女性、主婦）という語りからは、子どもができると母親が家にとどまって面倒をみるべきという規範が働くことが分かる。

しかし、女性の規範意識は昔と比べて徐々に緩くなっており、外に出かける女性は確実に増えてきているようである。「みんな勉強して今ではリベラルになっている。女性は外に出て仕事をすべき。外に出ない女性は無知である」（20歳女性、未婚）と言い切る女性もいる。

若い女性の間でみられる規範意識の変化を、年配の女性はどのように感じているのだろうか。「昔は買い物も行かなかったが、今の女性が外に行くのは良いこと」（65歳女性）とポジティブにとらえる女性もいれば、「男性が忙しくなったせいで、女性が買い物に行くようになって、しんどい目をしている」（45歳女性）とネガティブにとらえる女性もいる。一見反対のことを言っているようにも見えるが、これは、女性の選択肢が増えたという意味ではポジティブな現象だが、その分、危ない面が増えたという意味ではネガティブである、ということを示している。

3.　移動手段の変化について

調査村周辺では、三輪自転車の荷台に板を乗せたものをモーターで走らせる、バンという乗り物が2010年代半ば頃に登場している。速度はサイクルリキシャよりもやや速い程度であるが、運転手が足でペダルをこぐ必要はなく、走行中の音は静かである。同様の形状をした、人力のバンは以前からあったが、運転の労力が大変かかる乗り物でスピードも遅く、決して周囲からは積極的に乗りたいと思われるような乗り物ではなかった。しかし、物音を立てずに村内を颯爽と走り

図4　35歳女性・主婦の移動範囲

抜ける電動バンは、村人にとっても乗りやすく、運転手は小さい子どもたちが憧れる存在になっているようである。以前は、時間をかけて徒歩で国道まで出る必要があったが、電動バンの登場によって女性が外に行くハードルが下がったものと思われる。

カリア村の女性は屋敷の前から電動バンに乗って、そのままテケルハットの商店まで乗り付けるか（図4）、いったん国道まで出て、そこからオートやバスに乗り換えて、ラジョールやその他の街に出かけている。バンに乗っている時間はほんの数分であり、同時に乗れる人数も4～5人と限られている。ブルカを着用すれば見知らぬ男性との接触を避けることができる。ブルカを着用することで、女子のモビリティ制限が緩和される効果は、既存研究でも指摘されている［Asadullah & Wahhaj 2012］。

4.　行商人の存在

調査村周辺では、フェリワラと呼ばれる男性の行商人が自転車で村々を回っており、屋敷地の中に入り込んで、住民に魚、野菜、果物といった作物から、装飾品や日用品まで販売している。この行商人のシステムは、調査地域では約20年前から出現したもので、それまでは市場に買い物に行くしかなかったが、今では外に買い物に行かなくても、女性たちは屋敷にいながらにして生活必需品を入手することが可能となっている。GPS調査の協力者のうち、化粧品販売業に従事する男性は、自宅があるカリア村から最大8 km離れた村まで自転車で行商に出ており、1日の総移動距離は30 kmに達していた（図5）。名古屋大学の溝口常俊氏が1986年に実施した調査によると、アルミニウム食器の行商人は、6 km圏内の販売圏を回り、200人前後の顧客をもっているとされる［石原・溝口

図5　男性・化粧品販売業の移動範囲

2006]。行商人たちが得意先にしている村は固定されており、毎回顔なじみの行商人が村を訪問することで、女性たちも安心して買い物をすることができる。男性の行商人の存在のおかげで、女性は屋敷にいながらにして日用品を購入することができ、外に出かけずに済むという側面がある。

5.　村落構造

カリア村では、ヒンドゥー教寺院の周辺に、ヒンドゥー教徒約30世帯が集住して生活している。各世帯の屋敷地の境界はなく、数世帯で井戸が共有されている。住民は地区の内部を自由に行き来しており、よそものと遭遇する心配も少ない。一方で、同村のムスリム世帯は、1世帯ずつ離れて屋敷が建てられており、屋敷地の周囲に木製の柵など境界が設けられている。ここでは明確に私的空間と公的空間が分離されており、女性が外に出かけることを意識せざるをえない構造となっている。

このような村落構造のちがいは、ヒンドゥーとムスリムの意識が現実世界に反映されたものであると考えられる。バングラデシュでは、ヒンドゥー教徒の人口は約9%であり、ムスリム社会の中ではマイノリティである。特に1990年代から2000年代前半まで、バングラデシュ民族主義党（Bangladesh Nationalist Party: BNP）が政権をとっていた時代は、ヒンドゥー教徒の土地が強制的に接収されたこともあり、大勢のムスリムに囲まれているヒンドゥー教徒は常に何らかの不安を抱えながら生活しているものと思われる。

カリア村は長年にわたるGUPの活動のおかげもあり、ヒンドゥー教徒とムスリムが平和的な共存を示しているが、宗教間の緊張関係がまったくないわけではない。ヒンドゥーとムスリムの住民間で交流はあるものの、互いの家では食

写真3　共同井戸でなべを洗う女性（松岡悦子撮影、2019年）

事しないという話も聞かれた。ヒンドゥー教徒が村の一角に集まって暮らしているのも、自分たちの生活空間の場をムスリムから遠ざける意図があるのかもしれない。

長期的にみると、バングラデシュにおけるヒンドゥー教徒の割合は減少傾向にあり、多数の住民がインドの西ベンガル州などに移住している。カリア村にも、西ベンガル州の州都コルカタに移住したヒンドゥー教徒住民がおり、今でも親戚に会うために国境を越えてインドに出かける村人もいる。

第4節　コロナ禍における男女の行動圏の変化

前節で女性のモビリティは、家庭内の男性のモビリティと補完的関係があることが示唆された。つまり、女性のモビリティを左右する要因を明らかにするためには、女性側の事情に着目するだけでなく、男性側の事情に関しても調査する必要がある。そこで、2021年1月から12月までにカリア村とラジョールにおいて、女性1,015名（平均年齢32.8歳）、男性236名（平均年齢37.0歳）から取得された質問紙調査の結果を分析する。この質問紙調査の方法については、第2部の冒頭に詳しく記載されているので、そちらを参照していただきたい。男性の行動範囲については、女性の近くにいた人に追加で調査を行ったため、サンプル数の男女比に偏りがあることに注意する必要がある。

質問紙調査では、病院、市場、生家（両親の家）、NGOオフィス、の4つの場所について、各施設の訪問頻度（1か月あたりの訪問回数）を調べるとともに、その立地場所について、行動範囲の男女差を検証した。最後に、コロナ前（2019年1-12月）とコロナ後（2020年4月-12月）の各場所の訪問頻度を比較した。

表6　病気の際に行く場所（太字は町／都市、細字は集落を指す。以下同じ）

No.	女性				No.	男性			
	場所	(km)	人数	(%)		場所	(km)	人数	(%)
1	ラジョール	0.0	553	56.8	1	ラジョール	0.0	130	57.3
2	テケルハット	2.0	124	12.7	2	テケルハット	2.0	40	17.6
3	カリア	0.0	98	10.1	3	ウラバリ	4.0	10	4.4
4	サトパル	13.0	30	3.1	4	ヴェンナバリ	10.0	9	4.0
5	ヴェンナバリ	10.0	19	2.0	5	カリア	0.0	8	3.5
6	ボイルグラム	-	17	1.7		サトパル	13.0	8	3.5
7	センディア	2.0	16	1.6	7	センディア	2.0	4	1.8
	ウラバリ	4.0	16	1.6		スンディクリ	1.0	4	1.8
9	スンディクリ	1.0	13	1.3	9	フォリドプル	45.0	3	1.3
10	フォリドプル	45.0	12	1.2	10	ゴビンダプル	1.0	2	0.9
						コドムバリ	10.0	2	0.9

1.　病院の訪問について

病気になった際のモビリティに関する情報について、医療機関の場所とともに、機関の種類、交通手段、同行者についても質問した（表なし）。

女性が病気になった際にどこに行くか尋ねたところ、病院・クリニックに行く人が過半数を超えた（54%）。次に、薬局に行くという人が多く（26%）、村医者（グラム・ドクター）（7%）と続く。男性も女性と同じ傾向で、病院・クリニック（54%）、薬局（28%）、村医者（13%）という回答であった。

治療を受ける場所までの交通手段としては、オート（76%）に乗っていく女性が多く、徒歩（22%）で行くという女性は少ない。男性に関してもまったく同じ傾向が見られ、オート（74%）、徒歩（24%）であった。

同行者については、男女で大きな差がみられた。男性は1人で行く人がほとんどであるが（95%）、女性の場合は、1人で病院に行くという人は少なく（24%）、夫（37%）、子ども（15%）についてきてもらうという人が多い。夫の母親（5%）よりは、自身の母親（11%）に同行してもらう人のほうが多かった。

村人が訪問する病院・薬局等の場所については、男女ともにあまり差がみられない（表6）。病気の際に訪問する場所として、男女とも最も訪れると答えたのはラジョールで（女性57%、男性57%）、Upazila Health Complexが最も人気であった。以下、US Model Hospitalなどの民間病院も多数立地するテケルハット（女性13%、男性18%）、GUP Health Centreがあるカリア（女性10%、男性4%）と続く。男女とも、自宅から近い場所にある病院が好まれる一方で、調査地から45 km離れたフォリドプルなど、遠くても規模の大きい町にある病院へ行く人も少数い

表７　買い物する場所

No.	女性				No.	男性			
	場所	(km)	人数	(%)		場所	(km)	人数	(%)
1	ラジョール	0.0	510	54.0	1	ラジョール	0.0	120	51.5
2	テケルハット	2.0	293	31.0	2	テケルハット	2.0	81	34.8
3	サトパル	13.0	27	2.9	3	ヴェンナバリ	10.0	8	3.4
4	ヴェンナバリ	10.0	21	2.2	4	センディア	2.0	7	3.0
5	ウラバリ	4.0	20	2.1	5	サトパル	13.0	5	2.1
6	センディア	2.0	16	1.7		ウラバリ	4.0	5	2.1
7	チョウリバリ	4.0	13	1.4	7	チョウリバリ	4.0	2	0.9
8	マダリプル	20.0	6	0.6					

写真４　市場で買い物をする女性（浅田晴久撮影、2020年）

る。専門の治療のためには、たとえ遠くてもそちらに行かざるをえないものと思われる。

2.　市場の訪問について

市場での買い物については、主に男性の仕事であるため、男女で訪問場所に差がみられると思われた。しかし、質問紙調査からは、男女とも、村の近隣の市場を訪問する比率が高いことが分かった（表7）。女性については、1番多いのがラジョール（54%）で、以下、テケルハット（31%）、サトパル（3%）、ヴェンナバリ（2.2%）となっている。男性についても、ラジョール（51%）、テケルハット（35%）、ヴェンナバリ（3%）と、女性と同じ場所が買い物場所として選ばれている。ウラバリ、センディア、チョウリバリなど、自宅から徒歩圏内にある集落の小さな商店も、男女ともに利用されることが分かった。

表8　実家の場所

No.	女性			
	場所	(km)	人数	(%)
1	ポスチム・ラジョール	0.0	102	10.9
2	ラジョール	0.0	41	4.4
3	アラムダスター	1.5	33	3.5
	マジムデルカンディ	2.0	33	3.5
5	ゴパルガンジ	30.0	29	3.1
6	アムグラム	4.0	23	2.4
7	テケルハット	2.0	20	2.1
8	ゴビンダプル	1.0	18	1.9
	サトパル	13.0	18	1.9
	ポスチム・ショルモンゴル	2.0	18	1.9
	コドムバリ	10.0	18	1.9

No.	男性			
	場所	(km)	人数	(%)
1	ポスチム・ラジョール	0.0	10	27.8
2	ラジョール	0.0	6	16.7
3	クティバリ	1.5	4	11.1
4	アラムダスター	1.5	2	5.6
	マジムデルカンディ	2.0	2	5.6
	サトパル	13.0	2	5.6
	テトゥリア	-	2	5.6

表9　NGOオフィスの場所

No.	女性			
	場所	(km)	人数	(%)
1	ラジョール	0.0	289	64.5
2	テケルハット	2.0	86	19.2
3	カリア	0.0	44	9.8
4	コドムバリ	10.0	6	1.3
5	ジャリルパル	4.0	5	1.1
6	アムグラム	4.0	4	0.9
7	サトパル	13.0	3	0.7
8	シムルタラ	-	2	0.4
	ヴェンナバリ	10.0	2	0.4

No.	男性			
	場所	(km)	人数	(%)
1	ラジョール	0.0	88	64.2
2	テケルハット	2.0	23	16.8
3	カリア	0.0	13	9.5
4	ジャリルパル	4.0	4	2.9
5	コドムバリ	10.0	3	2.2
6	サトパル	13.0	2	1.5

3. 実家の訪問について

質問紙調査から、女性の実家の場所は、調査村を中心に半径10 kmほどの範囲に分布していることが分かった（表8）。中にはダッカ出身という女性もいるが、ほとんどの女性の実家は、バスやオートを利用して1-2時間以内に帰ることができる距離にあり、後述するように平均して1か月に2度ほど帰っている。実家の両親や兄弟姉妹に頼りやすいという環境が、女性のモビリティにも関係していると思われる。なお男性は、ほぼ全員が調査村かその周辺の生まれであり、遠方で生まれて調査村に住み着いている人はいなかった。

4. NGOオフィスの訪問について

村人が訪れるNGOオフィスの場所は男女ともに変わらず、複数のNGOが地方支部を構えているラジョール（女性65%、男性64%）が最多である（表9）。行政の中心地であるラジョールには、地域で活動するGUPのほか、グラミン銀行、ASA、BRAC、TMSSなど全国規模のNGOのオフィスがいくつも置かれている。次に多いのが、グラミン銀行、Islami Bankなどがあるテケルハット（女性19%、男性17%）、GUPがあるカリア（女性10%、男性10%）となっている。いずれも、調査村から最も距離の近い場所にあるNGOオフィスであり、男女で差は見られない。

以上の分析から明らかになったことは、男女が訪問する場所、それらの調査村からの距離に本質的な差はみられないということである。基本的に男女ともに、自宅から近い町や村で買い物をし、自宅から近いNGOオフィスでサービスを受けるが、病気の際はフォリドプルやボリシャルなど、遠方の都市まで出かける女性も一定数いる。遠方の都市を訪問する回数は男性のほうが多いが、女性も必要に迫られると行動範囲を広げる場合があることが分かる。

5. コロナ禍前後の変化について

2019年12月に中国・武漢市で初めて確認された新型コロナウイルスとそれにともなう感染症（COVID-19）は、2020年に入ると瞬く間に世界各国に広がり、パンデミックを引き起こすに至った。著者らがパンデミック拡大直前の2020年3月にバングラデシュを訪問した時点では、まだ同国内に感染者はほとんど出現していなかったが、ウイルスの情報はメディアを通じて既に伝わっており、東洋人である我々の姿を見て遠巻きに警戒する住民も少なからずいた。

バングラデシュ政府は、2020年3月26日から4月4日まで、全国民に休暇という名目でロックダウンを課し、不要不急の用事を除くすべての公的・民間施設を閉鎖した。市民は家の中で過ごし（ステイホーム）、他者と適切な距離（ソーシャルディスタンス）を保つように求められた。ロックダウンは最終的に5月30日まで延長された。その後も、午後10時から午前5時までの夜間外出禁止、午後8時以降の商店の閉鎖、集会の禁止などの措置が9月1日まで続いた。7月第1週には、10万人あたりの新規感染者数が22人を超えたが（感染の第一波）、その後、年末にかけて感染者数は減少していった。

質問紙調査を実施した2021年は、新型コロナウイルスが国内に広がってから、約1年が経過した時期に当たっていた。COVID-19による外出制限は、どの程度、

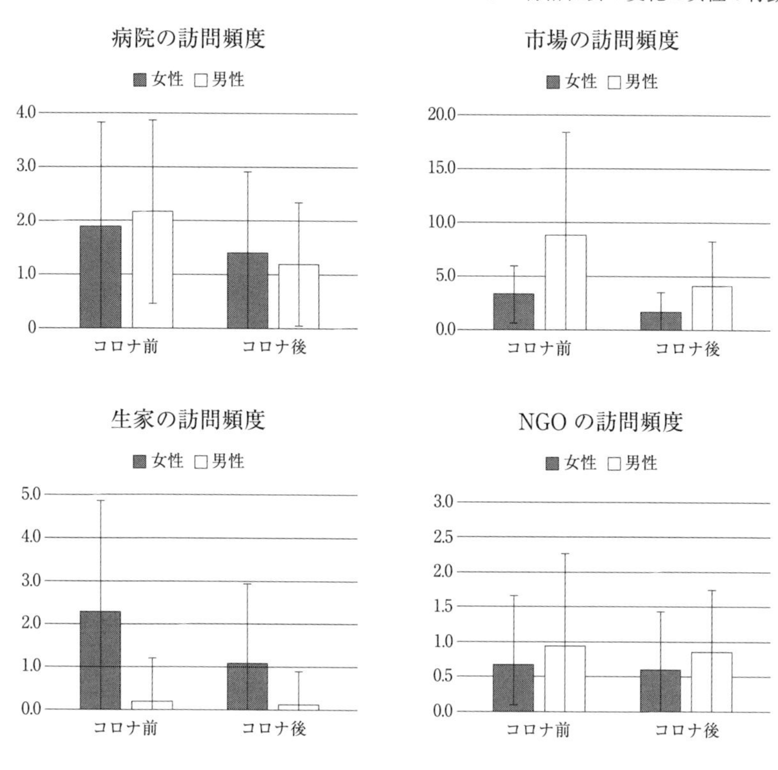

図6　コロナ前後の訪問頻度の変化（1か月あたりの回数）

村人の行動に影響を及ぼしたのであろうか。女性と男性とで、各場所の訪問回数の差の変化を調べてみた（図6）。

病院への訪問頻度は、コロナ前は、女性より男性のほうが多かった。コロナ後は男女とも減少していたが（女性1.9回／月→1.4回／月、男性2.2回／月→1.2回／月）、女性よりも男性のほうが減少幅は大きく、訪問頻度は女性のほうが多くなった。男性が必要最低限しか病院に行かなくなったのに対して、女性はコロナ後も病院に通い続けている様子が伺える。

市場を訪問する頻度は、コロナ前は、男性が女性より約2.5倍も多く、週2回以上であった。コロナ後は男女とも半減していた（女性3.3回／月→1.6回／月、男性8.7回／月→4.1回／月）。女性よりも男性のほうが減少幅は大きく、買い物行動が制限されたことによる生活への影響が懸念される。

実家の訪問頻度は、女性はコロナ前は月に2回以上であったが、コロナ後は半減していた（女性2.3回／月→1.1回／月、男性0.2回／月→0.1回／月）。たとえ家族同士であっても、不要不急の接触が控えられたことが伺える。実家に頼ることができなくなったことで、嫁ぎ先で暮らす女性の生活に何らかの影響が出ている可能性もある。

NGOオフィスの訪問頻度は、男女でほとんど差がなく、コロナ前後でも変化は小さかった（女性0.7回／月→0.6回／月、男性0.9回／月→0.9回／月）。マイクロクレジットの返済などは、NGOスタッフが家まで来てくれるので、男女とも、もともと訪問回数は少なかったが、コロナ禍でも最低限の手続きや用事のために月1回程度はオフィスへ行く必要があるものと思われる。

以上、COVID-19が広まった2020年4月以降、男女ともに戸外への訪問頻度は大きく減少したことが分かった。病院、市場、実家、NGOオフィスとも、訪問頻度は月1回程度になっている。病院・市場の訪問頻度は男性のほうが減少幅は大きく、COVID-19の影響を大きく受けたことが示唆された。女性はもともと外に出かける回数が少なかったため、COVID-19による影響は男性よりは小さいと思われるが、家庭内の男性や実家の家族に頼れる機会が少なくなったことで、間接的に影響を受けている可能性が考えられる。

おわりに

本章ではバングラデシュの農村部に暮らす女性たちのモビリティについて多角的に検討してきたが、その実態はSDGsなどにみられる国際的な女性エンパワーメントの潮流とは異なる様相を呈していた。

調査を開始する前は、バングラデシュが近年急速に経済発展を遂げている中で、農村の女性のモビリティも大きく変容しているのではと予想していたが、その予想は裏切られることになった。たとえ彼女たちを取り巻く環境が変化しても、彼女たちの行動圏は依然として屋敷地の中が中心となっており、屋敷地の外に出かける頻度は男性に比べて圧倒的に低い傾向が今なお見られることが分かった。遠方まで出かける女性が一定数いることも明らかになったが、男性と比べて訪問頻度は低い。屋敷地から徒歩圏内の場所にも商店など女性が立ち寄る場所が多数あり、行商が屋敷地を訪問して必要な商品を販売するなど、遠くまで出かけなくとも、村内で生活に必要なモノを賄うことができる環境が整っている。NGOの活動もマイクロクレジットを中心にして女性の日常の中に入り込んでいるが、家畜の飼育など、屋敷地とその周辺で完結する活動を提供することにより、モビリティを増大せずとも、女性のエンパワーメントが達成されている。

なぜバングラデシュの社会が大きく変わっても、女性のモビリティがほとんど増加しないのか。その一因として、女性の代わりに、家庭内の男性が外に出かけて用事をこなしたり、行商の男性が村々を回ったりしていることが挙げられる。男性が頻繁に外出する分、女性の外出回数が抑えられているとも言える。長期間におよぶ出稼ぎなどで家庭内に男性がいない場合は、やむなく女性が外に出かけざるを得ないこともあるが、高齢の女性が男性の代わりに用事に出かけることもある。家庭内の男性陣と女性陣の関係性や役割分担なども、女性個人のモビリティに深く関係しており、女性のみに着目していては、モビリティの実態は見えてこない。

最後に、本稿の執筆時に世界的な広がりを見せていたCOVID-19の影響について検証したが、COVID-19がバングラデシュ国内に広まった2020年4月以降、男女ともに屋敷地外の場所への訪問頻度は減少していた。女性はもともと外出頻度が少ないので、影響は比較的少なかったとみられるが、もともと外出頻度が高かった男性ほど影響が大きかった。バングラデシュの村落では、女性が外出しない代わりに、男性が頻繁に外出することで生活が維持されてきたため、男性の外出が制限されると日常生活や世帯収入において大きな影響を受けた可能性がある。外国に出稼ぎに行っていた男性労働者の多くは、世界中でパンデミックが広まって以降、仕事を失った結果、帰国を余儀なくされたことで、家族や親戚・隣人との関係に問題をきたしているという報告もある〔Karim et al. 2020〕。

本研究では女性のモビリティと男性のモビリティを別々に扱ってきたが、世帯活動という意味では両者を合わせて分析する必要もある。バングラデシュの村落では女性と男性が異なる役割をこなして互いに補い合うことで、日常生活が成り立っている。そこでは男女平等や女性の社会進出などといった西洋由来の価値観とは異なる行動原理が働いている。生まれながらの男女の差を尊重するバングラデシュもしくはイスラームに特有の価値観を十分に理解した上で、女性のモビリティについて今後も考えていかねばならない。

注

⑴　GPSを用いて住民の移動ルートを取得することに関しては、倫理的な問題が懸念される。そこで、対象者には、機器の特徴と調査の目的を説明した上で、もし不安があ

る場合は、調査協力を辞退してもよいことを伝えた。GPS を回収する際には、対象者が実際に移動した経路をパソコンの画面上で示しながら、どのようなデータが取得されたかを確認してもらった。このように、調査の事前と事後に時間をかけて説明を行い、対象者に納得してもらった上で調査に協力してもらうことで、本調査が孕む倫理的な懸念を少しでも取り除く努力を行った。

文献

Asadullah, M. Niaz and Wahhaj Zaki
2012　Going to School in Purdah: Female Schooling, Mobility Norms and Madrasas in Bangladesh, *IZA Discussion Paper* No. 7059.
Karim, M.R., Islam, M.T., and Talukder, B.
2020　COVID-19's impacts on migrant workers from Bangladesh: In search of policy intervention, *World Development* 136.
Naved, R. T., Chowdhury, S., Arman, S., and Sethuraman, K.
2007　Mobility of Unmarried Adolescent Girls in Rural Bangladesh, *Economic and Political Weekly,* November 3.
Rahman, Pk. Md. Motiur, Matsui, N., Ikemoto, Y.
2013　*Dynamics of Poverty in Rural Bangladesh*, Springer Japan.
Uddin, Main
2018　Continuity and Change in Patriarchal Structure: Recent Trends in Rural Bangladesh, *European Journal of Interdisciplinary Studies,* 4-1.

石原潤・溝口常俊
2006　『南アジアの定期市：カースト社会における伝統的流通システム』古今書院。
佐崎淳子
2017　「人口と開発」大橋正明・村山真弓・日下部尚徳・安達淳哉編『バングラデシュを知るための 66 章』明石書店。
杉江あい
2013　「バングラデシュ農村部における「物乞い」の慣行と行動」『地理学評論』86-2、115-134。
セン、アマルティア／ジャン・ドレーズ
2015　『開発なき成長の限界』明石書店。
外川昌彦
1993　「人々の生活とイスラム」臼田雅之・佐藤宏・谷口晋吉編『もっと知りたいバングラデシュ』弘文堂。
西川麦子
1997　「バングラデシュの村落レベルの開発と女性：タンガイル県 M 村の事例から」押川文子編『南アジアの社会変容と女性』アジア経済研究所。

西村雄一郎・岡本耕平・ソムキット ブリダム
2008「ラオス首都近郊農村におけるGPS・GISを利用した村落住民の生活行動調査」『地学雑誌』117-2，568-581。

南出和余
2014「ヴェールを脱いでみたけれど：バングラデシュ開発と経済発展の中の女性たち」福原裕二・吉村慎太郎編『現代アジアの女性たち：グローバル化社会を生きる』新水社。

村山真弓
1997「女性の就労と社会関係：バングラデシュ縫製労働者の実態調査から」押川文子編『南アジアの社会変容と女性』アジア経済研究所。

吉野馨子
2013『屋敷地林と在地の知』京都大学学術出版会。

第三部

バングラデシュのヘルスケア政策と女性の健康

第8章　女性たちにとってのヘルスケア環境

私立病院・公立病院・NGOs

松岡 悦子

はじめに

2000年の国連ミレニアム・サミットには、189か国が参加して2015年までに達成すべき8つの目標を定めた。そのうちの5番目のミレニアム開発目標5（MDG 5）は、各国が2015年までに妊産婦死亡率を1990年の数値の4分の1に下げることを目標としていた[(1)]。そもそも妊産婦死亡率がMDGsの目標になったのは、この数値がジェンダー格差や教育、貧困と密接に関連していて、高所得国と低所得国との格差を端的に示す数値と受け止められたからだ。2015年には高所得国の母体死亡率は10万人当たり12なのに対して、低所得国では239と20倍もの開きがあり、2017年でも世界の母体死亡の94％は中低所得国で起こっていた。WHOやユニセフは最終年の2015年が近づくと、各国がどれだけ目標値に近づいたかを"Countdown to 2015"で示し［WHO & UNICEF 2015］、到達度を「達成」（Achieved）から「進展なし」（No progress）まで4段階に分類した。バングラデシュの目標値は143だったが、2015年には176で残念ながら目標値の達成に至らなかったが、上から2つ目の「順調に進展」（making progress）と評価された［WHO 2015］。MDG5の達成度は、妊産婦死亡率とSBA（Skilled Birth Attendant）による介助率で評価されたので、政府は目標を達成するために、家族計画（月経調節MRを含む）を行って出産数を減らすこと、病院に産科救急ケア（EmOC）を導入すること（1994年〜）、SBAを養成して（2001年〜）自宅分娩の介助をTBA（Traditional Birth Attendant）の手からSBAに移すことをめざした［Koblinsky et al. 2008］[(2)]。2015年が終わった現在、妊産婦死亡率の低減はSDGsの目標3に引き継がれ、そこでは2030年までに妊産婦死亡率を70未満にすることが世界全体の目標になっている。

近年、バングラデシュでは出産は劇的な勢いで家庭から施設に移行しつつあり、それとともに帝王切開率が急上昇している。この変化を外から見れば、バングラデシュの農村部でもようやく施設分娩が実現し、開発の成果が表れつつあると見えるだろう。ところが女性たちや家族の視点で見ると、事態は全く違って見える。女性たちは家で産むつもりで出産を開始したのに、結果的に病院で帝王切開になり、その結果産後の回復が長引いたり、授乳に苦労したりしているからだ。このように、女性たちの意図とは異なる形で出産が進行し、施設化が猛烈な勢いで農村部を飲み込みつつある。果たして施設分娩への移行は女性のリプロダクティブ・ヘルス／ライツにかなうものなのか、またWHOが提言するポジティブな出産体験をもたらしているのだろうか。第4章で述べた1994–95年当時の出産を思い返すと、その頃の人たちは病院での出産など全く選択肢になく、家にダイを呼び、陣痛が足りないと感じられると陣痛を促進するために村医者を呼んでいた。あれから約30年後の今、彼女らをとりまくヘルスケアは大きく変わった。以下で、同じラジョール郡の女性たちの2015-21年の出産の様子と彼女らをとりまくヘルスケアの状況を述べたい。

第1節　産み場所：自宅から病院へ

1.　2019年の語り

〈ニパの出産〉

ニパは31歳（2019年の時点で）のムスリムで、3人目の子を妊娠している。彼女は、3人目の子をこれまでと同じように実家に帰って家でダイに取り上げてもらおうと思っていた。でも10年前の第2子のときの大変なできごとを思い出すと、ニパは今度も同じことが起こるのではないかと心配している。今でも近所の人からその時のことで嫌味を言われることがあり、妊娠中の吐き気や疲労感も重なり、辛い思いをしているとのことだ。第2子の出産は、次のようだった。

第2子を妊娠したのは上の子がまだ1歳をちょっと過ぎた時だったので、ニパは中絶をしようとラジョールの政府の病院（UHC）に2回行き、薬をもらって飲んだ。でも周りの人たちから産んだ方がいいと言われたので、今度は産むつもりで村医者の所に2回行きビタミン剤をもらった。しかし妊娠中に家の中では辛いことが多く、彼女は黄疸を発症したが姑は家事を手伝ってくれなかったので、疲れのひどい時には実家に2-3日帰って休み、再び婚家に戻るのを繰り返していた。陣痛は予定より1か月早く始まり、彼女は実家に帰ってダイを呼んで出産した。午前11時に赤ん坊が生まれたが、胎盤が残っていたせいなのか分娩後しばらくしてニパの状態が急変したため、ラジョールのウパジラ・ヘルス・

写真1　ウパジラ・ヘルス・コンプレックス（UHC）の外観
（松岡悦子撮影、2019年）

コンプレックス（UHC）に搬送された。そこでは超音波診断ができなかったので、テケルハットの私立クリニックで検査を受け、医者からは命にかかわる状態だと言われた。ニパは、もし自分が小さい子を2人残して死んだら夫はすぐに再婚するだろうと思うと、お金のことなんか気にしている場合ではないと思った。

そこからフォリドプルの医学部附属病院に運ぶと言われたが、ダッカの病院に行くことになり、いったん家に戻され、テケルハット市場で車を調達してダッカに向かった。途中で大きな川を船で渡らなければならないが、フェリーが来るまでに時間がかかったため、ダッカの病院に着いたのは翌日の朝だった。入院して2日ぐらいしてからやっと改善が見られるようになり、全部で10日間入院した。ダッカまでの車代に6000タカ（約1万円）かかり、入院費などを合わせると5万タカかかったが、費用はすべて夫が払った。夫はオートリキシャの運転手をしている。最初の子の時には産後にお祝いの儀礼をしたけれど、2番目の子どもには儀礼をする余裕はなかった。村の人たちは、家で産むのが普通だと思っている。病院だとお金がかかるから。それに帝王切開をすると傷口が治るのに時間がかかり、その後も重いものを持てなくなり、普通の家事ができなくなってしまう。義理の姉妹は帝王切開をして未だに苦労をしている。まだ私の体調の方がましだと思う、とニパは述べている。

〈サチの出産〉

サチはカリア村に住む22歳（2019年の時点）のヒンズーで、5歳の息子が1人いる。夫はサウジアラビアに働きに行ってもう3年になる。彼女は一度流産を経験していたので、医師からは特に用心したほうがいいと言われ、妊娠中は実家に3か月間帰って井戸の水汲みなどの家事を一切せずに過ごした。姑とは別に住んでいるので、夫といる時には夫が家事全般を手伝ってくれ、彼女は妊娠中に重い家事をせずに過ごすことができた。サチは毎月病院で健診を受け、超音波も5-7回受け、すべてラジア医師の言うとおりにした。ラジア医師はダッカからテケルハットにあるUSモデル病院という私立病院に来ている女性の産科医で妊産婦に人気がある。サチによれば、彼女が医師にかかっていたので、姑は食べ物や行動について何もアドバイスしなかったそうだ。毎回の健診に500タカかかり、検査には別途費用がかかったので、1回の健診で1500～2000タカになることもあった。帝王切開には2万タカかかったので全部で3万～4万タカかかったと思う。妊娠中には、ラジア医師が勧める鉄剤などの薬を飲んだ。

ラジア医師からは、赤ん坊の動きが1日に10回以下になったらすぐ来るようにと言われていたので、予定日までまだ間があったが病院に行ったところ、心音が聞こえないと言われてすぐに帝王切開になった。予定日の1か月前だったが息子は無事に生まれ、3日間入院した後に4日目に退院して実家に帰った。出産の費用は夫が前もって貯金していたので払うことができた。この辺りでは、出産に備えて貯金する人はたくさんいる。産後は実家で1か月間休んだ。夫がサウジアラビアで働くのは、将来に備えて貯金をするため。夫は帰国して洋服の店を持ちたがっている。それに息子には医師になってもらいたいので、今息子を2か所の塾に通わせている。学校に行く前の朝7時からと、学校から帰った後にも別の塾に通わせ、毎月塾代に500タカを払っている。

2. 2021年に出産した女性たち

2021年の質問紙調査で明らかになったのは、626人の女性たちのうちの62%が家での出産を予定していたが、そのうちの約半数が病院に搬送され、家で出産したのは33%でしかなかったということである。病院で産むことが多数派になり、帝王切開が一般的になりつつあることを見てみよう。

〈シルピーの出産〉

カリア村に住む22歳のシルピーは、初めての子どもを自宅でダイに取り上げてもらうつもりだった。妊娠中に困ったことがあると、シルピーはダイに相談したり、ウパジラ・ヘルス・コンプレックスに勤めているFWVから薬をもらったりした。陣痛が始まると、シルピーは自宅にダイを呼んだが、子宮口がなかなか開かなかったため私立病院に行ったところ、帝王切開での出産になった。

〈カノンの出産〉

カリア村に住む27歳のカノンは、3人目の出産のときに自宅でダイに来てもらうつもりで、妊娠中にはダイや村医者に相談して薬をもらっていた。しかし、赤ん坊の位置が悪く、予定日を過ぎていたので私立病院に行ったところ、帝王切開での出産になった。

〈ウナティの出産〉

ラジョール村に住む26歳のウナティは、2人目の子どもを自宅で村医者（男性）のシャロットに取り上げてもらった。シャロットは腕がいいと評判の村医者で、この近くの女性は何人も彼に自宅で取り上げてもらっている。とは言え、中にはシャロットの家のすぐ近くに住んでいても、村医者は心配だからと言って病院に行く女性もいる。

〈プルニマの出産〉

カリア村に住む21歳のプルニマは2人目の子どもを家で産んだ。そのときにはSBAを呼んだが、SBAは会陰切開が必要だと感じて村医者のシシルを呼んだ。シシルは50代の男性で、しばしば呼ばれて会陰切開をするとのことだ。

〈ソニアの出産〉

ラジョール村に住む26歳のソニアは、2人目の子どもを家でダイを呼んで産むことにしていた。しかし陣痛が弱くてなかなか生まれないため、ダイは会陰切開をしてもらおうと、ソニアをFWVのサフィア（第9章に登場する）の所に連れて行った。サフィアは自宅で診察室を開き、かつテケルハット市場でもクリニックを開いている。ソニアはサフィアをFWVと見なしているが、女性たちの中にはサフィアのことをダイやSBAだと考えている人もいる。

これらの事例で気づくのは、女性たちが気軽に私立病院に行くようになっていること。また出産の担い手として、ダイと村医者以外にSBA、FWV、産科医といった多様な人びとが登場していることだ。だが奇妙なことに、その人たちの資格については誰も正確なことを知らず、サフィアはダイとも、SBAとも、FWVとも、また無資格者とも見なされていた。誰もサフィアの資格証書を確認してはおらず、彼女の資格が何なのかは人々にとっては二の次のようだ。そのような混乱の背後には、政府がさまざまな職名の人びとを短期間で養成し、家族計画、出産介助、プライマリーケアに関わらせたことがある。しかも経験を積むうちに、これら半専門家の人びとの技能が向上し、本来の職能以外の曖昧な部分の仕事も担当するようになり、職種間の境界が一層不明瞭になる事態が生じている。女性たちは、妊娠中に村医者やコビラージ、FWV、SBA、医師、薬店（薬売り）の人たちに相談し、分娩中には村医者を呼んで促進や会陰切開をしてもらい、緊急事態には地元の私立病院だけでなく約 80 キロ離れたダッカの病院にまで搬送されている。しかも驚くのは、病院で出産した人の 90％以上が帝王切開になっていることだ。つまり、病院に行くことはすなわち帝王切開で産むことを意味しており、そこに女性たちの意志が反映されていたとは言い難いことである。

リプロダクティブ・ヘルス／ライツの基本にあるのは、女性たちが意図した場所で自分が望む形の出産をすることであるが、多くの女性が家で正常に産みたいにもかかわらず、現実には病院で帝王切開を受ける結果になっている。病院に行くことがほぼ帝王切開を受けることと同義だとするならば、帝王切開を避けるためには病院に行かないようにしなければならない。しかし、自宅分娩ではなく施設分娩をすることが、MDGs 以降の国際的な流れで、かつバングラデシュ政府の方針であるために、女性たちはその大きな力に巻き込まれて病院に行くことを望ましいことと考えるようになっている。また、ここで病院というときには大部分が私立病院を指しており、626 人のうち政府の病院で出産したのは病院で産んだ全 418 人のうちわずか 8 人（2%）であった。1995 年の時点では、政府の病院ですらほとんど利用されていなかったことを考えると、私立病院の利用がこれほど広範囲に行われるようになった背景を考えなくてはならない。そこで、まず私立病院の興隆について述べ、次に国立の施設、NGO の施設、最後に GUP のヘルスケア活動について記述する。

第 2 節　私立病院の興隆

1.　私立病院の登場と経済環境の変化

2016 年以降の出産の場面で 90 年代と大きく変わったのは、私立病院の登場だ。私立病院は、郡中心部のラジョール村とテケルハット市場の 2 か所に集中している。図 1 は私立病院の数を年ごとに見たもので、2007 年に初めて 2 つの私立病院が開業して以降、1 ～ 2 年ごとに数が増え 2021 年の時点で 10 か所が開業し

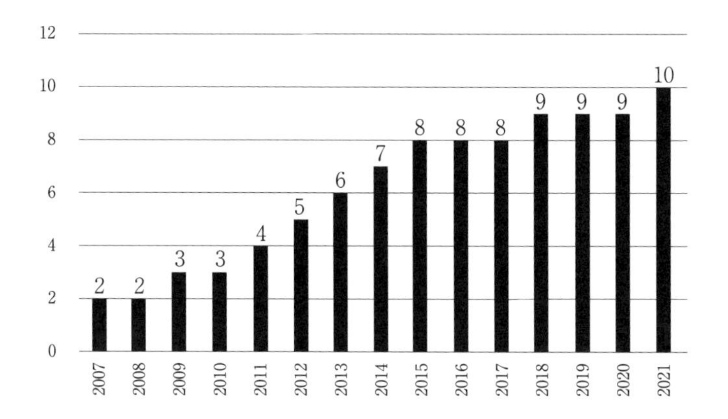

図１　ラジョール郡の私立病院の設立年とその年の私立病院の数

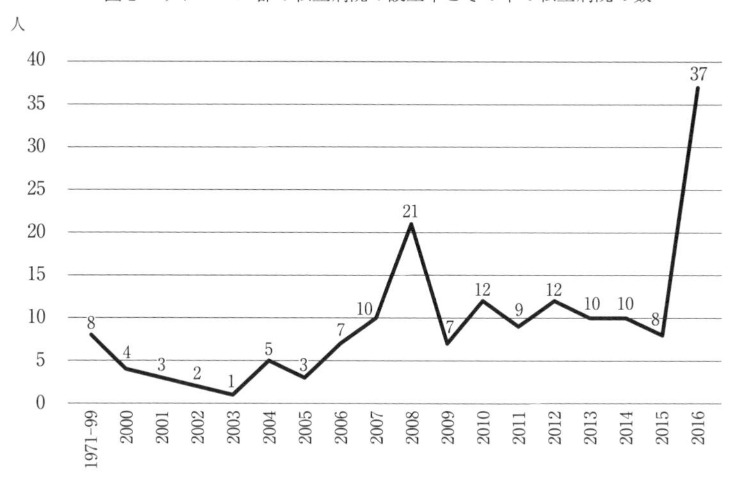

図２　海外出稼ぎ者の数（2016年の質問紙より）

ている。一方で公立のウパジラ・ヘルス・コンプレックス（UHC）は90年代には31床だったが、2012年頃に50床に増床されたものの、それ以降は増えていない。私立病院がいずれも営利目的であることを考えるなら、2007年に最初の私立病院が設立された時点で、この地域に十分な医療のニーズがあり、医療費を支払えるような余裕のある層が一定数存在すると見込まれたのだろう。その理由として、夫の海外出稼ぎによる仕送りが関係していそうである。サチの事例を振り返ると、彼女は出産の費用を前もって貯蓄し、一人息子を２か所の塾に通わせて将来医師にしたいと述べており、彼女の夫はサウジアラビアで働いていた。

そこで、ラジョール郡の2つの村の514世帯について海外出稼ぎがいつ頃から増えたのかを見たのが図2だが、これによると2007年に出稼ぎ者が10人と2桁になり、2010年以降は10人前後で推移し、2016年に37人と一挙に増加している[(3)]。このことから、2007年頃から海外出稼ぎ者が増え、仕送りが村に流れこむようになって人々の生活水準が上がり、私立病院を支える経済的基盤が作られたように思われる。だが、それまで家で産んでいた人たちがなぜ私立病院に行くようになったのか、またどうして帝王切開で出産する人が増えているのかについては、経済的な変化だけでは説明できない。そこには私立病院の経営のしかたや、政府の病院との棲み分け、NGOsのヘルスケア提供といったこの地域のヘルスケアの全体像が関わっている。そこで以下では、私立病院、政府の病院、NGOsの提供するヘルスケアについて、村での聞き取り内容を中心に紹介したい。

2.　私立病院の宣伝活動

GUPのヘルスケア部門で働くレザは、3年間の医学部教育と1年間のインターンシップを経て得られる準医師の資格を持っているが、村ではドクターと呼ばれている。正規の医師はMBBSドクターで、5年間の医学部教育プラス1年のインターンシップを経ている。レザはGUPに来る前に別の県の私立病院で働いた経験があり、GUPのヘルスワーカーのリナも私立のクリニックで仕事をした経験があるので、彼らに私立病院のことについて話を聞いた。

〈リナ〉

私立病院ではフィールドワーカーのような人を雇って、この人たちが妊婦に近づいて、帝王切開なら痛くないよと言って勧めるの。そして私たちみたいに妊婦の家庭を訪問して、10タカでカードを作って、妊婦の血圧を測ってあげたりする。そして仲良くなって、何かあったら私たちのクリニックに来てねと言っておくの。私立病院はこういう仕事をするブローカー（地域ではdalalと呼んでいる）を雇っているのよ。今は私立病院に行ったら80％は帝王切開になっているわ。

〈レザ〉

僕が働いていた私立病院では看護師が実務を仕切っていて、彼女がブローカーにお金を渡していた。患者一人につき 1000 タカで、患者が検査を受けたらその費用の一部もブローカーに渡る。この看護師は看護の教育を受けたことはなくただ経験を積んだだけなのに、みんな彼女をマダムと呼んでいた。産婦が来たら手術の準備をして、MBBS の医師が帝王切開を終えたら、その後の患者の面倒を見るのは僕たちの役割だ。病院で産婦によく言うのは、『赤ん坊が危ない』『羊水が減っている』『赤ん坊が動かなくなっている』『赤ん坊の息ができない』『輸血が必要だ』という言葉。そう言われると、家族は何とか助けてと、医者を神様のように拝むんだ。

〈リナ〉

この前、私の従弟の奥さんがイードの休日（断食明けの大きな休日）に陣痛が始まったの。ところが陣痛が止まったり始まったりでなかなか生まれない。それで、私は私立病院に連れて行ったの。そこで超音波をとったら、羊水が減っていて赤ん坊の息ができなくなっていると言われたの。でも家族は帝王切開ではなく、何とか下から産ませたいと言うの。私がいつも帝王切開は良くないと言っていたからだと思う。それで私がゴパルガンジの医者を知っていたので、彼に相談したの。その医者は、『患者とどんな関係か』と聞くので、私の義理の姉妹だと言ったの。医者が、下から生まれないなら帝王切開しかないだろうと言うので、家族は仕方なく産婦を手術室に運んだの。でも麻酔医が休暇で家に帰っていてすぐに来られなくて、その間にゴパルガンジの医者が患者を診に来てこう言ったの。『リナ、この産婦は会陰切開をしたらすぐに生まれるよ。帝王切開する必要はない』。そして会陰切開をしたら、赤ん坊はすぐに出てきたの。私が知り合いだったから医者はそう言ってくれたけれど、知り合いでなかったら手術台から降ろしてくれず帝王切開になったと思うわ。

2 人の話によれば、dalal と呼ばれるブローカーが私立病院に雇われ、妊産婦や妊産婦と接するダイやヘルスワーカーに近づき、産婦に病院に来るように、あるいは産婦を病院に連れて来るように働きかけているようだ。そして病院側は、産婦 1 人につき 500 ～ 1000 タカを謝礼としてブローカーに渡す。私立病院では、妊産婦を不安にさせることばを用いて産婦や家族が帝王切開に同意するようしむけているというのである。しかしリナが経験した例のように、患者が自分の知り合いであれば、医師は帝王切開をしなくていいと正直に話してくれることもある。またリナが、「私たちみたいに」と述べたように、私立病院のブローカーはNGOsのフィールドワーカーと同じように地域の女性たちを訪問して病院分娩を勧め、新しい知識を伝えて回る。NGOsがヘルスケアを末端の人びとにまで行き渡らせ、健康を向上させるためにとった巡回訪問の方法が、ここでは女性たちを病院に向かわせるのに使われている。村人にすれば、NGOsの言うこととdalalの言うことを区別するのはむずかしく、現在はNGOsも病院で産むことを勧めているので、dalalのことばを疑う心理は働きにくいだろう。

レザやリナやその場にいた人たちは、帝王切開が増える理由を自分たちの経験から以下のようにまとめた。まずは、私立病院がブローカーを雇って施設分娩を勧めて回り、結果的に帝王切開に導いていること。次に、多くの女性はまずはダイを呼んで自宅で産もうとするが、そこでダメだったことが帝王切開しか手段がないことの根拠にされる。ダイが自分には無理だ、病院に行った方がいいと言ったなら、それが経膣分娩をできないことの印と解釈されるのだ。

また、経膣分娩をすると夫との性生活がうまくいかなくなると考える女性がいるとレザは述べた。さらに、医師としては出産がうまくいかない可能性を考えて、あらかじめ赤ん坊の状態が悪くなるかもしれないと告げて、防衛的に帝王切開をするという意見も出た。

だが最も核心にあるのは、これまで政府もNGOsも施設分娩を勧めてきたこと、つまり女性たちに病院で産むように働きかけてきたことだろう。だから、私立病院は国の政策を草の根で実行しており、その際に地域の女性たちを訪問し、ヘルスメッセージを伝えて啓発するのは、これまでのNGOsのやり方を踏襲しただけだとも言える。施設で産むことが妊産婦死亡率を下げることだと国が言い、NGOsも言い、そのように女性たちを教育するのならば、私立病院のしていることに何ら問題はないことになる。今は、政府と民間セクターとがパートナーシップを組んで協力することが重視されているので、私立病院が政府の政策の後押しをすることは、むしろ協力の良い事例ということになる。ブローカーにとって、政府の方針を実行することが自分たちのビジネスと一致するわけで、そのことに罪悪感を持ったり、道徳上の矛盾を感じたりする必要はないとも言える。

そして公衆衛生の立場からすれば、施設分娩率の向上はむしろ望ましいことであり、問題はその結果として帝王切開率が急上昇していることだろう。確かに帝王切開率の上昇は世界的な課題とされており、施設分娩がイコール帝王切開になることの原因にこそ問題があると言える。施設分娩率の上昇という一見望ましい結果が、個々の女性たちにどのような影響をもたらしているのかを拾い上げ、問題点を指摘することがエスノグラフィックな調査にできることだろう。公衆衛生学的に大きな視野でとらえることは重要だが、同時にそこで見落とされてしまう女性の経験を拾い上げることに人類学的な調査の意味があると思われる。

3.　公立病院の産科医の立場から

私立病院を考える際に忘れてはならないのは、公立病院に勤める医師は私立病院でも働いていることだ。ラジョールのUHC（Upazila Health Complex: 政府の郡の医療施設）に勤める産科医のハミナ医師は、私立病院について次のように述べた。これはハミナ医師がUHCにいるときに語った内容である（2019年）。

「バングラデシュではあちこちに自称ドクターがいて、ブローカーのdalalもドクターと思われていることがある。また、最近は超音波診断が頻繁に行われるようになってきて、検査をする人たちが何の資格もないのに胎児の状態について勝手な診断を述べて、女性たちをパニックに陥れている。また帝王切開の手術をするのは産科医とは限らず、外科医やインターンのこともあり、彼らは産科の知識が不十分で正確な診断を下せないがために、帝王切開をしてしまっている面がある。私立病院がその地域で働く産科医をオンコールで呼ぶなら、その医師の勤務が終わるまで6時間近く待たなければならないことがある。でも6時間も待つと大抵の出産は経腟で生まれてしまうので、私立病院は別の場所から医師を呼んでくるの。だから、もし公務員の医師が勤務時間内に私立病院に行ってはいけないきまりにすれば、帝王切開の数は半分に減ると思うわ。

私立病院の経営者は医療とは関係のない人たちで、病院に投資してお金を儲けることが目的。そして、医師ではなく病院経営者やそれに関連する人たちが患者と家族に帝王切開する合意をとって、話がまとまってから医師を呼ぶのよ。医師は準備が整った状態で呼ばれて、ただ手術をするだけ。もしそこで帝王切開をする必要がないなんて言う医師がいたら、その人は次からは絶対に呼ばれない。帝王切開をしたら産科医は3000タカ（約4500円）、麻酔医は1500タカ（約2250円）貰える。でも、私は正常産を勧めるべきだと思っている。だって経腟分娩をするときに、患者・家族から同意書を取らないでしょ。それは危険が少ないからよ。経腟分娩は母児の死亡も産後の出血も少ないし、産婦はお産の後すぐに動けるし、経済的な負債を抱えることもない。赤ん坊はすぐに母乳を吸うことができて、産婦もすぐに日常に戻れる。赤ん坊との絆もできる。帝王切開は命を救う技術だけれど、その分危険も大きい。だから私は、それ以外に選択肢がないときにだけ帝王切開をするべきだと思っている」。

政府の病院で働くハミナ医師は、私立病院の帝王切開の多さをこのように批判していたが、同時に医師に責任があるのではなく、医師は病院に言われるとおりに手術をしているだけで、病院側に対抗して帝王切開の必要はないと言える医師はほとんどいないと述べている。公務員としてのハミナ医師の勤務時間は午前 8 時～午後 2 時半で、彼女は毎週金曜日にはある私立病院で働き、火曜日を一日フリーにしている。そこで、ハミナ医師が働いている私立病院を金曜日に訪問することにした。

4.　私立病院の利点

ハミナ医師が週に一度働く私立病院はテケルハット市場のほぼ中心部にある 5 階建ての建物で、2014 年に設立され、検査と診断部門も備えている。3 階までは病院で 4 階は建物のオーナーの住居、5 階は医師たちが寝泊まりするスペースになっている。オーナーと言っても、建物のオーナーが 1 人、病院のオーナーが 3 人いるとのことだ。産科、歯科を含めて 8 つの科があり、コンサルタントの医師はダッカから金曜日に来て、政府の病院で働く医師たちも仕事が休みの金曜日に来ることが多いので、患者数は金曜日にぐっと増えるのだそうだ。そういえば、村の道路や木のあちこちに医師の写真と経歴入りのポスターが掲げられていて、著名な医師が金曜日にどこそこの病院にやって来るという告知がなされている。そうやって、村落部にいても都会の医師の診察を受ける機会があることを広く人々に知らせているのだろう。

再び私立病院でハミナ医師の話を聞くと、彼女は私立病院の批判をすることはなく、むしろ私立病院のプラスの側面を語った。それは村の中にも階層格差があり、私立病院は富裕層のニーズを受け止めているというのだ。

「政府の病院だと、患者 50 人に対して看護師が 1 人しかつかないけれども、ここでは患者 1 人に看護師 1 人をつけることができる。もちろん、看護師らしき格好をしている人がみんな正式の看護師ではないのだけれど、でも看護師の服装をして患者に付き添っていると、患者は看護師に付き添ってもらっていると思って満足するでしょう。それに患者に個室を用意することもできる。富裕層の中には一般の人と一緒の部屋では嫌だと言う人もいるので、私立病院はそういうプライバシーやサービスの要求に応えているのよ」。

バングラデシュでは私立病院の存在感は年々大きくなっており、"Health Bulletin 2019" によれば、バングラデシュ全体の施設分娩率は53.8％だが、内訳は公的な施設が16％、私立の施設が37.8％となっている。そして公的な病院では経腟分娩が71％を占めるのに、私立病院では経腟分娩はわずか31％で帝王切開率が67％となっている［Management Information System 2020］。このように、ヘルスケア・システムに民間セクターを導入する動きは1980年代から進められており、90年代には医師が地方に民間の施設を作るであれば、低金利のローンを融資するという積極的な民間活用政策がとられていた［Chaudhury & Hammer 2003］。Rahmanによれば、私立病院を活用するのは、政府だけでは十分な医療を提供できないからで、公的セクターの問題点を埋めるために民間セクターが促進されたのだという。たとえば、公的な施設の問題点として、いるはずの医師がいない（ポストが埋められていない、医師がさぼっている）［Rahman 2007］、混雑していて待ち時間が長い、患者と医師とのコミュニケーションがきちんととられていないことが問題視されている。

だが私立病院にも倫理観の欠如や金儲け主義という問題があることは、先に述べたとおりである。私立病院のオーナーや患者に聞き取りをした質的な調査によれば、ヘルスケア・ビジネスは儲けが大きいことが、病院を経営する大きな理由になっている。ただし、オーナーの中には貧しい人にサービスを提供する充実感を挙げる人もいた。また、私立病院は患者を確保するために村医者や薬売りをdalalとして雇い、彼らに手数料を払っているが、公立病院の医師の中にも患者を私立病院に送って手数料をもらっている人がいるようだ。公立病院の医師の勤務時間は午後2時頃までなので、私立病院では3時を過ぎれば公立病院の医師がやって来て診察にあたる。ま

た、バングラデシュでは正規の看護師の数が少ないので、看護師不足が深刻で、掃除婦や雑用係が看護師のようにふるまって、患者に安心感を与えていると准医師のレザやハミナ医師は述べていた。私立病院の良い点は、サービスや患者の評判を重視していることだが、難点としてはさらに高次の医療を必要とする患者の搬送体制が整っていないために手遅れになる可能性があること。さらに、民間セクターを規制するしくみがないことが大きな問題で、今後は民間セクターをヘルスケア・システム全体の中に組み込んでいくことが課題だとされている［Adams et al. 2019］。

第3節　政府の施設：
ウパジラ・ヘルス・コンプレックス（UHC）、村の家族保健福祉センター（Union Health and Family Welfare Centre）、コミュニティ・クリニック

バングラデシュでは、日本の厚生労働省にあたる保健家族福祉省（MOHFW: Ministry of Health and Family Welfare）は2つの部門に分かれており、一つがヘルスサービス、もう一つは医学教育と家族計画の部門になっている。そして、国から末端の村レベルまでこの2つの部門に分かれた形で人員と施設が配置されている。県以下のレベルでは、県立病院、郡病院（ウパジラ・ヘルス・コンプレックス）、ユニオン（村）の施設、ユニオンのさらに下の区（ward）の施設がある［Mridha et al.2009］。以下では、ラジョール郡の公的施設を上のレベルから順に紹介する。

1.　ウパジラ・ヘルス・コンプレックス（UHC）

UHCは90年代にはタナ・ヘルス・コンプレックスと呼ばれ、ベッド数が31床だったことは第3章で述べた。ベッド数がいつから50床になったのか正確な年次はわからないが、2012年の報告書ではすでに50床になっていた。院長によれば、外来患者は常時100人以上いるのに、供給側のマンパワーが圧倒的に不足していると言う。常勤の医師はわずか7人、看護師は23人、助産師は2019年の時点で3人いるとのことだ。UHCは二次病院であり、自宅から産婦が送られてくることもあれば、さらに高次の病院に産婦を送ることもある。2017年～2019年の分娩数を見せてもらうと、面白いことに帝王切開率が年ごとに減ってきている。2017年には43.5%だったのが、2018年には23.5%、2019年には10%になっている。私立病院の帝王切開率が上がっているのに比して、UHCの帝王切開率が年を経るごとに下がる傾向にあるのは、ハミナ医師が正常産を推進しようとしているからなのだろうか。また、ハミナ医師によると、これまで言われていた私立病院優位の傾向が近年変わってきたとのことで、その一例として地域の指導者の奥さんが、私立病院ではなくUHCで出産したことを誇らしげに挙げていた。

2.　村の保健家族福祉センター（Union Health and Family Welfare Centre）

UHCの近くに2019年にできたばかりの新しいUnion Health and Family Welfare Centreがある。広い敷地に二階建ての建物が2棟建っていて、片方は外来診療と

入院部分で、向かい側のエビ茶色のレンガの建物はまだ完成していないが、助産師やスタッフの宿舎になっている。この施設は、24時間365日いつでもお産に対応できることを前提にした10床の母子クリニックだとのことで、公立施設を充実させたいという政府の意気込みを感じさせる建物になっている。診療棟の玄関を入ると広いオープンスペースがあり、その先にはゆとりのある分娩室と入院室があり、真新しい白い壁が清潔さを強調していた。政府は、ここが地域の女性の出産の受け皿になることを願っているのだろう。ここを管理しているのはSACMO（Service Assistant Community Medical Officer）と呼ばれる准医師の男性で、この日は彼の他にFWVと助産師がいた。

助産師のナディアは若くてはきはきとよく喋る女性で、私たちの質問にほとんど彼女が答えてくれた。彼女は政府の助産師養成機関で3年間のコースを修了し、その間に病院で100件の出産を介助して正規の助産師の免許を得た。ナディアによれば、彼女が資格を取った助産師養成コースは、USAID（United States Agency for International Development：アメリカ合衆国国際開発庁）がお金を出して2023年まで継続するプロジェクトで、彼女は2016年にこの施設に配属になったという。

彼女はこの施設で分娩介助をすることは認められているが、仮に自宅分娩から呼ばれたとしても自宅での介助は認められていないとのことだ。この施設では妊婦健診と分娩介助、産後の健診、家族計画を行う。里帰りをしている妊婦の場合は実母と一緒に妊婦健診に来るし、婚家にいる場合は姑と来るが、夫と一緒に来る妊婦は少ないとのこと。平均すると月に4件の出産があり、異常があればUHCに送る。この村でも帝王切開が増えていて、先月生まれた38件の出産のうち帝王切開が17件で、自宅分娩は7件、ここで生まれたのが3件、ここから搬送したのが2件で、UHCで生まれたのが6件だという。

ナディアは、私立病院に行く女性たちは帝王切開になる覚悟をしているし、痛みを感じずに早く産みたいと思っていると述べた。

「医師が患者を帝王切開に誘導しているというよりは、私立病院の経営者が患者を不安にさせて帝王切開を増やしているのだと思う。医師が患者に直接話して帝王切開を勧めるわけではないと思う。すべてお金のためよ」と彼女は述べる。

「ここでも痛みを嫌がる産婦はいて、そんなときにはカウンセリングをするの。出産のプロセスを説明して、陣痛は皆が経験することで、陣痛がなければ赤ん坊は生まれないこと。帝王切開は痛みがないと思うかもしれないけれど、実際はそうではないこと。帝王切開をすると次も帝王切開になるし、一生痛みを抱えることになりかねない。でも正常に産めば2-3日で元の体に戻る、と正常分娩の良さを説明するの。そうするとたいていの女性は納得するわ。村の女性たちは水運びや農作業をするわけだから、経腟分娩で産む方がいいと思うの」。

産婦は出産後に2泊して退院し、産後には24時間以内、1週間後、15日後、42日後に健診を行うことになっているそうだ。

ナディアのような正規の助産師が農村部でも活動し、経腟分娩を擁護することは女性たちの健康にプラスになるだろう。助産師は正常分娩しか扱えないことになっているので、助産師が専門職として出産の場にいることで正常な分娩が増えるだろう。なぜならもし異常になれば高次の病院に母子を搬送することになり、その時点で助産師の手を離れてしまうからだ。したがって、助産師のいない国や地域では医療介入が多くなりがちで、助産師の存在は正常分娩と密接に関連している。

バングラデシュでは、シーク・ハシナ首相が2015年までに3000人の助産師を養成すると発言したことで助産師教育が本格的に始まった。BRAC大学では3年間の養成コースを2012年に開始し、政府の施設でも助産師の養成を始めている。BRAC大学を訪問して助産師教育についての話を聞いた時に、欧米のカリキュラムや国際助産師連盟（ICM：International Confederation of Midwives）の考え方に基づいて教育をしていると聞き、先進的な助産師教育がストレートに取り入れられていく強みを感じた。もちろん、そのことは助産師教育が海外の援助で行われているというバングラデシュの弱みにもつながるのだが、国際的な基準に従って教育が行われることのメリットは大きい。これまでバングラデシュに助産師という専門職がなかったわけだが、これから国際的なカリキュラムで養成された助産師がたくさん育っていくことになる。その意味でバングラデシュのゼロからのスタートは大きなメリットに思えた。とはいえバングラデシュに助産師がいなかったからと言って正常産の伝統がなかったわけではない。正常産はダイ（TBA）の中で代々継承され、さらにTBAトレーニングの形で多少なりともアップデートはされていたが、優れたダイの持つ正常分娩の技術の継承はすでにほぼ不可能な状態にある。

3. Union subcentre

カリア村にはGUPの施設の前に立派なレンガ造りの建物があり、ここが村（ユニオン）レベルの Union subcentre になっている。2020 年にここを管理していたのは SACMO のサブリナで、他に薬剤師 1 人と FWV が 1 人配置されている。本来は正規の医師がいることになっているが、実際には配置されていないので、彼女が責任者だとのこと。サブリナの勤務時間は 8 時半から午後 2 時半だけれども、実際には彼女は 9 時半に来ているそうだ。10 時半を過ぎた頃から 3 人の患者がやってきた。

サブリナ　こんにちは。下痢の薬を取りに来たのね。
女性患者　全身がしんどいのよ（weak）。手の感覚がない。
サブリナ　心配しなくても大丈夫よ。来月にはウパジラから必要な物が届くから。
女性患者　もっとこの薬をくれない。
サブリナ　それはだめよ。

サブリナによれば、この患者は下痢、体の痛み、熱、高血圧を訴えているそうだ。2 人目の患者がやってきた。

サブリナ　どうぞ、入って、入って。どんな症状なの。
女性患者　鉄剤をください。
サブリナ　妊娠しているの。
患者　いいえ、でも全身がしんどいの（weak）。
サブリナ　名前は。どこに住んでいるの。じゃあ、この薬を持って帰って。

サブリナによれば、何が原因かはわからないけれど、ただ全身がしんどいと患者は言っているとのことだ。3 人目の患者がやって来た。

サブリナ　どうしたの。
患者　血圧の薬をください。体のかゆみやアレルギーの薬もありますか。
サブリナ　アレルギーやかゆみ止めの薬はないのよ。鉄剤があるだけ。鉄剤を渡すから、これでおしまいね。
患者　それなら、もっと鉄剤をくださいな。

サブリナによれば、患者はこの近くだけでなくカリア村のあちこちから来るそうだ。患者が遠くからも来るのは、ここのサービスが良いからなのか、それとも交通の便がよいからなのかと聞くと、サブリナは、「実を言うと、他と比べてここのセンターがいつも開いているからだと思う。それに薬を取り揃えているからでしょう」と述べた。患者にとっては、せっかく行ったセンターが開いていないと無駄足になるので、規則通りに開いているのは重要なことらしい。だが毎日開けているこのセンターも1時間遅れで開けており、本来いるはずの医師がいないという不十分さは、政府の施設に共通する問題だ。また、患者が薬を多めに欲しがるのは、何度も足を運ぶのが面倒だからなのか、自分以外の人の分ももらっておこうとするのか、おそらく様々な理由があるに違いない。SACMOが薬をただ渡すだけで、症状の背後にあるかもしれない病気を突き止めようとしないのは、病気予防や病気の早期発見をめざしてはいないということだろう。SACMOとしては高次の病院につなぐことはできるだろうが、自分が診断をすることはできず、とりあえず症状を抑える薬を出すだけのようだ。そして、彼女は患者の氏名、住所、どの薬を渡したかを記録している[(4)]。

このセンターでは分娩介助も行っている。FWVが中心になって介助し、サブリナも手伝うそうだ。先月あった3件の出産のうち2件はこのセンターで取り上げ、1件は産婦の家で取り上げた。このセンターの建物は広く、入り口のオープンスペースは人びとが集まるのに絶好の場所になっていて、この日は15か月以下の乳幼児の予防接種が行われて、たくさんの母子が集まっていた。

4.　コミュニティ・クリニック

政府の管轄する施設の中で最も末端にあるのがコミュニティ・クリニックで、政府は住民6000人に1か所（1つの区に1つ）の割合で作ろうとしている。コミュニティ・クリニックは、地元の人たちが土地を寄付することを条件に、政府は建物とスタッフ、薬を提供し、国と住民が協力して建設を進めようとしている。ラジョール郡には全部で21か所のコミュニティ・クリニックがある。私たちはラジョール村の1つのコミュニティ・クリニックを訪問したが、建物は本当に小さく、しかも道路の横のくぼ地か水の溜まるような土地の上に土台と柱のコンクリートを渡して、その上に建物を載せたものだった。ここの責任者はCHCP（Community Health Care Provider）のミトゥで、彼女はこの村出身で12年間の学校教育の後に3か月のトレーニングを受けてCHCPになった。コミュニティ・クリニックにはミトゥの他にFWA（Family Welfare Assistant）、HA（Health Assistant）、MPHV

写真2　窪地の上に建つコミュニティ・クリニック（諸昭喜撮影、2020年）

（Multi-Purpose Health Volunteer）がいて、ミトゥ以外の人は週の半分はフィールド（戸別訪問）に出ている。コミュニティ・クリニックの目的は、アルマ・アタ宣言の「誰も取り残さない」を実践することで、妊婦だけでなく、地域の人がここに来てプライマリーケアを受けられるようにすることだそうだ。ここでは27種類の薬を常備しており[(5)]、人びとは2タカを払って薬を無料でもらうことができる。一人の女性が風邪の症状で薬をもらいに来たとき、ミトゥは名前と住所を聞いて台帳に記録して薬を渡して終わりだった。1日に40人ぐらいがやって来るが、ほぼ全員にミトゥは鉄剤を渡し、カルシウムやビタミンB複合体を渡すそうだ。ここでは分娩はできないので、妊娠中と産後の健診だけをするとのことだが、この狭いスペースでは女性はリラックスして健診を受けるわけにはいかないだろう。

MPHVになるのは18～45歳の女性で、この施設には7人が所属しているが、今日はそのうちの2人が来ていた。2人とも25歳でカレッジの修士課程に在籍しているが、カレッジには毎日行く必要がないのでボランティアをしているのだそうだ。彼女らの役目は、村を回って病気の人にここに来るように勧めることで、仕事ぶりに応じて月に最高3600タカまで支給されるとのこと。2人とも髪の毛を黒いスカーフですっぽり覆い隠し、頭の上から足元まである黒い服に身を包み、うち1人は目だけを出すニカブを着ていた。村の中を巡回する彼女らにとって、これは移動の自由を確保するための服装なのだろう。でも黒と言っても、黒地の上に銀色の花柄模様のついたきれいな布地に、金色の飾りのついたスカーフを組み合わせていて、おしゃれに気を配っているのがわかる。MPHVの2人はほとんど何も話さなかったが、ミトゥによればMPHVになることで村の人の役に立ち、経験を積むことができ、将来公務員の試験を受けるときにその経歴が有利に働くとのことだった。

第4節　NGOの施設

1. BRACマタニティ・センター（2019年）

ラジョール村には、NGOのBRACが開いているBRACマタニティ・センターがある[(6)]。ここでは管理者のアロムと、パラメディックのアスマと2人のSBAが働いている。BRACは2010年にこの建物を借りて活動を始め、最初の頃は村内を巡回してリスクのある妊婦を見つけては病院に行くように勧め、その費用をBRACが援助していた。当初の目的は妊産婦死亡率を減らすことであり、そのためにBRACでは自宅にダイを呼ぶのではなく、病院で出産するように女性達に伝えていた。ところが、現実には思惑通りにことが進まなかったことを、アロムは次のように述べた。

「実際には、女性たちの陣痛が夜に始まったり、公立病院では十分なサービスが得られなかったりというので、私立病院に行く人たちが多かったんです。私立病院に行く人が増えてわかったのは、安全のために病院を勧めたのに、結果として帝王切開が増えているということでした。帝王切開は女性の健康に良くない。そのため、今は死亡率を減らすことを目的にするのではなく、正常な出産をすることをモットーにしています。女性が陣痛で大変な時に、それを利用して帝王切開に持ち込み、儲けようとする人がいるのは困ったものです。今は帝王切開の問題点を伝えて正常な出産をするのを目標にしています。そんなことがあって、2017年にこのセンターを作りここで産めるようにしたのです」。

出産を扱うのはパラメディックのアスマと2人のSBAだ。アスマは横から次のように口をはさんだ。

「でも、このセンターは正常なお産しか扱えないでしょう。そしたら村の人たちから、普通に産むのならなぜ家で産んではだめなのかと聞かれる。SBAがいるから、家でSBAに来てもらって産むことができるの。このセンターにはレントゲンも超音波もないし、正規の医師もいないし、病院までの交通手段を提供できるわけでもない。だからみんなここに来たがらずに家で産みたがるの。それにここに来た後に病院に行くことになるなら、最初から病院に行っておけばよかったとも言われるのです」。

このセンターでの出産数の記録を見せてもらった。2017年には全部で97件（月平均8件）、2018年には64件（月平均5.3件）、2019年は9か月間で55件（月平均6.1件）になっている。これは分娩をここで終了した数であり、搬送した数は含まれていない。アスマによると、女性たちは痛みをがまんできずにすぐに病院に行きたがるそうだ。

「私たちが、大丈夫普通に産めるわよ。あと30分我慢すればいいのよと言っても、病院に行きたがる。そして病院に行く途中で生まれてしまったこともあるし、病院に着いたら向こうでは帝王切開の準備をしていたのに、そこで正常に生まれたこともあるわ」。

私が、夜中にどうやって病院に行くのかと聞くと、バンを駐車する場所があり、そこに運転手の電話番号が登録されているのでバンを呼べるのだそうだ。またアスマは、女性たちが痛みを訴えてきたときに、それが陣痛なのか、それとも他の痛みなのかの区別がつかないため、女性たちもアスマ自身も困るという話をした。それで、女性たちは本物の陣痛かニセ陣痛かを知るために痛み止めの薬を飲み、痛みがなくなればニセ陣痛だったと判断するらしい。たとえば薬のAlzin（鎮静効果がある）を飲んでみて、痛みが治まれば女性たちはニセ陣痛だと解釈し、Alzinは聖なる水と同じ効果があると言っているそうだ。
村の女性たちが祈りを込めた聖なる水をもらってきて、「ニセ陣痛なら治まりますように、本物の陣痛なら強まりますように」と願って飲むことを述べたが（第4章）、陣痛かどうかは初めて出産する若い女性たちには分かりにくいようだ。あるいは、村の女性たちは日常的に身体のどこかに痛みや苦痛を抱えていて、それと陣痛との区別がつきにくいのだろうか。

アスマが分娩室に案内してくれた。ここではベッドで産むか、床に敷いたマットレスの上で産むかを選べるようになっている。ベッドの幅は狭く、高さも高く、ベッドに上がるには踏み台を使わなくてはならない。こんな不安定な高さと狭さなのにもかかわらず、ベッドを選ぶ人が多いそうだ。布団の枕元には酸素ボンベがあり、ベッドの足元には介助者の手元を照らす照明がある。ここでは入院して6時間で退院するとのことで、産後2時間を過ぎれば家に帰るのだ

写真 3　GUP のヘルスワーカーが巡回訪問で妊婦健診をしている
（阿部奈緒美撮影、2019 年）

そうだ。正常に産んだ場合は 2000 タカで、会陰切開をすると 2500 タカになる。分娩室を見せてもらった後、アスマが取り上げた双子の母親ムンニの家庭訪問について行った。

ムンニは、32 歳で 6 日前に双子をこのセンターで産んだ。彼女は上に 2 人の子どもがいて、双子は 3 人目と 4 人目に当たる。ムンニは 1 人目を自宅でダイにとりあげてもらい、2 人目も家で産むつもりだったけれど、陣痛があまりに痛かったので途中でサフィアのクリニックに行って産んだとのこと。今回の双子はどちらも男児で 2.8 キロあった。出産には姉と義理の姉が付き添い、夫は外で待っていたそうだ。センターでは、女性は 2 人まで付き添えるからだ。ムンニは、妊娠中に 3 か所の私立病院で超音波の検査を受け、毎回病院で産むように言われ、2 回目の超音波のときにはハミナ医師から帝王切開で産むように言われたとのこと。ハミナ医師は正常産を勧めると言っていたが、双子なので医学的な理由で帝王切開を勧めたのだろうか。この BRAC マタニティ・センターは、正常に産むことをめざしている点でとても良い施設に思えたのだが、残念なことに 2021 年の時点で閉鎖になっているそうだ。

2. GUP のヘルスセンター（2019 年）

1970 年代、1990 年代の GUP のヘルス・プログラムについては、第 2 章と第 3 章で述べたが、ここでは GUP が現在どのようなヘルス・プログラムを展開しているのかを紹介しておきたい。GUP は、すでに紹介したレザ准医師とセリナという女性の准医師、そしてリナを含む 12 人のヘルスワーカーを雇って、巡回訪問のプロジェクトを展開している。活動地域はカリア村（ユニオン）で、1 人のへルスワーカーが500家庭を受け持ち、1日に20家庭を訪問することになっている。ヘルスワーカーになるには、SSCの資格（Secondary School Certificate: 10年間の中等教育を修了後、試験に合格した証書）を持ち、カリア村かその近辺の村の出身であることが条件だ。最初に1か月間のトレーニングを受け、その後毎年1週間の再研修を受ける。彼女らは村を3-4時間回って妊婦のいる家では血圧を測るなどの健診を行い、病気の人がいなければ、ただ家の人たちに声をかけ、月に4回屋敷地の中庭でいろいろなテーマでディスカッションをして健康に対する意識を高めるようにしている。彼女らは治療を行わず、健診と啓発、情報収集を役割としている。

GUPのこのプロジェクトは2014年に開始しているので、これまでの5年間の活動で変化があったかを尋ねると、彼女らは村の人たちの意識が大きく変わったと言う。

「5年前は妊娠中に医師に行く習慣はなかったし、女性たちは病院に行くメリットを感じていなかったけれど、今は80%の人は病院に行くようになっている。かつては母も子も死亡率が高かったので、私たちは病院で産むことを勧めてきた。病院にかかるようになって死亡率は下がったわ。私たちが毎月訪問しているので、何か異常があれば病院に行くように勧めるし、GUPのヘルスセンターに来れば、貧血や血糖値、胎児心音をチェックしてあげられる。今では医療へのアクセスはとても良くなっている」とヘルスワーカーたちは、この5年間の変化を語っていた。

レザは「もし陣痛が始まって家で産むなら、私たちに連絡してほしいと言っている。もしもの時のことを考えて、産婦に血液型を教えて、それと同じ血液型の人をあらかじめ探しておくように言っている。それにお金も準備をしておくようにアドバイスしている」と述べた。

ヘルスワーカーたちは病院で産むことを勧めているようだったが、病院に行けば不必要な帝王切開が行われ、それが母児にとって良くないことも承知していた。そのことについて、彼女らは「帝王切開はもはや社会問題で、新たな文化になりつつある。私たちはそれに慣れようとしているの。女性たちが病院に行く前に最大限丁寧に健診するけれど、病院に行ってしまったらもう何もできない。そして、彼女らが赤ん坊を連れて村に帰って来たら、またサポートするのよ」と半分あきらめのように述べていた。

ヘルスワーカーたちに、なぜこの仕事をしているのかと聞くと、社会の役に立てる、人びとのためになる、地元で働ける、人道的な仕事だからという声が多かった。リナは「最初の頃は、私が家を訪問しても誰も椅子を勧めてくれなかったし、誰も気に留めてくれなかった。でも今はみんなが私のことを知っているし、何か困ったことがあると私に相談してくるの。夜に電話をかけてくる人もいるけど、私にとってはむしろうれしいこと。人を助けることができて誇りに思うわ。夫は私にもう働かなくていいと言うけれど、私にとってこの仕事は生きがいだからやめるつもりはないわ」とのことだった。このヘルス・プログラムはPKSF（マイクロクレジットを統括する政府の機関）の助成を得て他の郡でも行われているので、ヘルスワーカーの給与体系は一律に決められているそうだ。月に1人2700タカからスタートして、今は3800タカになっているとのことだ。

第5節　未来に向けてどのようなヘルスケアをめざすのか

ここまでバングラデシュのヘルスケアに関わる人びとと施設について述べてきたが、実に多様な人びとが妊産婦のヘルスケアに関わっていることがわかる。女性たちは妊娠中にTBAのダイに相談し、身体がしんどいと感じると村医者や薬売りから薬をもらっている。村医者や薬売りは資格のない非正規だけれども、村では実質的に治療を行い、薬を売っている。また政府やNGOが養成したFWV、SBA、パラメディック、SACMO、CHCP、ヘルスワーカーは、出産をダイの手から取り上げることを目的に短期間で養成されたヘルスケア提供者である。そして、公的な施設には正式な資格を持つ助産師や看護師、医師がおり、私立病院には経験の少ない医師やdalalと呼ばれるブローカーがいるが、dalalの中には医師と紛らわしい行為をする人がいたり、看護師としてふるまっている人の中にも看護教育を受けていない人が混じっていたりするようだ。また、宗教的な職能者やアーユルヴェーダの治療師は聖なる水やお守りを与えたり、伝統的な治療を施したりしている。

バングラデシュでは、正式な医療者（医師、歯科医師、看護師の資格を持つ人）は全体のうちわずか5%で、他は目的別に短期間で養成された半専門家、また伝統的治療師やTBA、村医者、薬売りなどの無資格者で占められていることは第3章で述べた。ところがこの一見するとカオスに思えるヘルスケアの現状が意外に好成績を産んでいて、しかも近隣のアジアの国々と比べてずっと優れた母子保健指標を産みだしていることが注目を集めている［Chowdhury et al. 2013; Ahmed et al. 2013; Arifeen et al. 2013］。

たとえば、妊産婦死亡率はバングラデシュが194、パキスタン260、インド

230、乳児死亡率はこの順に42、66、48、平均余命は68歳、65歳、64.8歳となっている。しかも、一人当たりのGDPを比較すると、バングラデシュはわずか673ドルなのに対して、パキスタン1007ドル、インドは1476ドルとバングラデシュは経済的に貧しい状況にあるにもかかわらず、良い成績を収めている（いずれも2011-12の数値）。つまり、バングラデシュはヘルスセクターへの投資が少なく、正規の医療者の数が圧倒的に少なく、経済的に貧しいにもかかわらず、健康を実現しているのはなぜなのかというのである。医学雑誌のランセットでは、それを「バングラデシュのパラドックス」と呼び、以下のような理由を挙げている［Chowdhury et al. 2013］。

まずバングラデシュが戦争で独立を果たし、国土全体が悲惨な状態からスタートしたことが、発展の足枷となりかねない宗教的保守層の力を削ぎ、外からの進歩的な考え方が広がる素地を作ったこと。そして政府が貧しかったがゆえに、海外のドナーの力を借りて政策立案を行い、かつその政策の緩さがプライベート・セクターの成長を促したこと。そしてゼロからのスタートが数々のNGOsを産み、その中から国民的な指導者や革新的な取り組みが生まれ、それらのNGOsが率先してヘルスケアの改善に取り組んだこと。さらに、政府やNGOsが積極的に女性をヘルスケアの担い手として養成し、活躍の場を与えて女性のエンパワメントを図ったこと。また、マイクロクレジットによって女性の意思決定やモビリティを高めたことを挙げている。また、バングラデシュが災害を多く経験し、それへの対処法を学んできたことも有利に働いていると指摘している。このように、通常マイナスとされることがらを、バングラデシュはプラスの力に転化し、全体として健康を実現してきたというのである。

また、正規の医療者がヘルスケアの担い手全体の5%しか占めておらず、専門家との境界の不明瞭な人たちが大部分を占めているとすれば、その状態が健康にマイナスではなかったことになる。大部分が無資格者で成り立つヘルスケアが決して悪い結果をもたらさなかったのだとすれば、その逆のバイオメディスンを唯一の基準として他を排除するモデルの有効性が問い直されることになる。バングラデシュの多元的なヘルスケアの評価は、バイオメディスン一極集中の見方を考え直すきっかけになると思うのだが、ランセット誌はそのような方向に話を押し進めてはいない。ランセット誌は、多元的なヘルスケアを以下のように定義している。多元的なヘルスケアとは、多様なステークホルダーが異なる考え方に基づいて治療を維持しながら、ヘルスケアの領域で共存していることだとしている［Ahmed et al.2013］。そうであるなら、ダイや村医者の存在を認めて、彼らが健康の維持に寄与していることを評価することも可能だと思うが、政府は出産をダイから SBA や FWV、助産師や医師の手に移すことをめざしていて、多元的とは逆の方向に向かっているように思われる。

このことについて私なりに解釈をすれば、95%を占める非専門家の人たちと、バングラデシュの良好な母子保健指標との関係については、2 つのことが言えるのではないだろうか。1 つは、ダイや村医者、身近にいるヘルスワーカーはプライマリーケアを提供することで、人びとの健康の底上げに貢献していたことである。村びとにとって医師の受診は敷居が高いが、ダイや村医者には行きやすいことを考えれば、むしろ身近にしろうとの治療者が多いことで、人びとは早期にケアを受けやすかったと考えられる。ヘルスワーカーは家々を訪問して衛生や栄養について伝え、鉄剤やビタミン剤を配っていた。村びとは 5%の正規の医療者には手が届かなくても、村医者やダイ、NGO の施設、ヘルスワーカーには手が届き、それを健康資源として利用していた。つまり多様なアクターは、ヘルスケアが人びとにアクセスしやすい状況を作り出していたと言えよう。2 つ目に、良好な母子保健指標とは言え、バングラデシュの数値は先進国が到達している数値とは大きな開きがある。たとえば、バングラデシュの 2018 年の妊産婦死亡率は出生 10 万当たり 172 で、日本は 3.3（2019 年）である[(7)]。したがって、バングラデシュの数値が低下したとは言え、一桁どころか 100 を越えた数値であり、まだまだバングラデシュの妊産婦死亡率が十分に低いとは言えない。その他の新生児死亡率や乳幼児死亡率についても同様だろう。つまり、どこまで下げようとするのかに応じてヘルスケアの供給体制を変化させなくてはならないだろう。

コブリンスキーは出産の仕方を 4 つのモデルに分けて、自宅でしろうとが介助するやり方をモデル 1、SBA が自宅で介助し、なおかつ病院への搬送が可能な状態をモデル 2 としている。そして、モデル 1 では妊産婦死亡率を 100 以下にするのは難しく、モデル 2 の場合は妊産婦死亡率を 50 以下にすることができると述べている［Koblinsky 2003］。バングラデシュの村では、このモデル 1 とモデル 2 のやり方に加えて、モデル 3 にあたる施設での分娩、すなわち 24 時間対応や帝王切開のできない施設（たとえば、Union Health and Family Welfare Centre, Union Subcentre）での出産もあれば、モデル 4 に当たる総合的な産科ケアが提供できる病院（私立病院）での分娩もあり、4 つのモデルが同時に存在している状態である。このような状態は、近代化が急速に圧縮された形で起こる社会の特徴と言えよう［チャン 2013］。西欧のように、近代化をゆっくりと時間をかけて成し遂げてきた社会では、一つのモデルから次のモデルへと出産のあり方が順に置き換わっていくが、急速に近代化した国では複数の形が同時並行で見られたり、途中を飛ばして最先端のモデルを取り入れたりすることがあるからだ。近代化の始まりが遅く、かつ急速になされた国では、出産の近代化も急速になされる結果、多様な形が併存する状態が見られるのではないだろうか。また帝王切開率が極端に高くなるのも、最先端の形をとり入れようとする傾向のあらわれと言えるかもしれない。

また死亡率だけでなく、正常分娩や帝王切開の割合も含めて考慮したときに、どのような施設でどのような形の出産を提供するのかによって、ヘルスケア体制を再編しなくてはならないだろう。現在のバングラデシュの施設分娩率は65％、帝王切開率は45％で（2022年）[NIPORT and ICF 2023]、病院分娩と帝王切開とは手を携えて上昇してきた。また、病院をさらに私立と公立に分けて見ると、私立病院では帝王切開率はさらに高い67.5％に上っているが、郡病院のUHCの帝王切開率はラジョール郡でわずか10％、全国のデータでも8.7％と低い。つまり、UHCでは正常分娩が90％以上を占めていることになる［Management Information System 2020: 42］。このように病院間で帝王切開率が大きく異なるとするならば、公立と私立の施設の割合をコントロールすることで、帝王切開率を変化させることができる。つまり、どのような出産の形を目標とするのかに応じて、国はヘルスケア体制を再編できるのであり、その際には統計データや女性たちへの聞き取りを通して、望ましい出産の形を考えることになろう。そう考えると、バングラデシュの母子保健指標がパキスタンやインドと比較して優れていたとしても、それはあくまで妊産婦死亡率が100を越える時の体制であり、もし2桁や一桁の死亡率をめざすのであれば、そのために必要なヘルスケア体制はおのずと異なる形になるだろう。言い換えれば、2007年の調査当時に見られた多元的なヘルスケアは、それ以前のバングラデシュの社会状況で効果をもった一時的な形なのであり、2030年をめざして将来にわたっても効果的かどうかは別の話と言えよう。

第3章でクラインマンの3つのヘルスセクターの分類について述べたが、彼は多くの文化で70-90パーセントのヘルスケアは民間（しろうと）セクターが担っていると述べた。バングラデシュでは民間セクターが顕在化した形で生き生きと活躍しているのが大きな特徴だろう。さらにクラインマンは、ヘルスケアが多元的であるほうが人びとの満足感が高いと述べている［クラインマン 2021］。そういう点では、ヘルスケアの多元性は優れた健康指標に結び付くだけでなく、ヘルスケアを受ける人たちの満足感にも貢献していると言えそうだ。

注

(1) 妊産婦死亡率（maternal mortality ratio）とは、妊娠中および妊娠が終了してから42日以内の母体死亡を指し、出生10万人当たりの数値で表す。バングラデシュの2017年の妊産婦死亡率は183、2018年は172、2019年は157、2020年は大きく下がって123となっている（世界銀行による）。日本は出生10万人当たり2.8（2020年）である。

(2) SBAの開始については、2003年としているものもある［Arifeen et al. 2013］。

(3) 2016年に514世帯に対して行った質問紙で、海外出稼ぎに出た年と人数を尋ねた。514世帯を5つの階層別に（所有する土地の面積によって分けた）見たところ、上位の階層の世帯ほど、海外出稼ぎ者の割合が高くなっていた。行先は、イタリア、マレーシア、オマーン、サウジアラビア、ドバイの順に多かった。

(4) 薬の抜き取りと転売、それによる金儲けが、政府のさまざまなレベルの施設で行われているそうだ［Shah 2020］。SACMOもCHCPも分厚い患者台帳に、患者の氏名、住所、渡した薬の記録をとっていた。

(5) 27種類の薬のリストは、次頁の表のようである。

(6) BRACは、下痢の治療としてORT（Oral Rehydration Therapy）を家庭で調合できるように広めた［Chowdhury & Cash 1996］。BRAC Health Centreについては［Asfana & Rashid 2000］、またBRACの活動については、［スマイリー 2010］がある。結核予防と治療、家族計画、母子保健は、BRACやGK、GUPだけでなく多くのNGOsが取り組んだ。

(7) バングラデシュの2018年頃の妊産婦死亡率は、日本の1949～1957年の数値にほぼ等しい。日本ではその間、妊産婦死亡率の減少が止まり、170～184の間を推移していた。

文献

Adams, AM, Ahmed R, Shuvo TA et al.

2019　Exploratory qualitative study to understand the underlying motivations and strategies of the private for-profit healthcare sector in urban Bangladesh. BMJ Open; 9 e026586, doi: 10.1136/bmjopen-2018-026586.

Ahmed, S., Evans, T., Standing, H., and Mahmud S.

2013　Harnessing pluralism for better health in Bangladesh. *Lancet* 382: 1746-1755.

Ahmed, S., Hossain, M., Chowdhury, M., and Bhuiya, A.

2011　The health workforce crisis in Bangladesh: shortage, inappropriate skill-mix and inequitable distribution. *Human Resources for Health* 9（3）.

Arifeen, S., Reichenbach, L., Osman F., Azad, K., et al.

2013　Community-based approaches and partnerships: innovations in health-service delivery in Bangladesh. *Lancet* 382: 2012-2026.

	薬の名前
01	Albendazole Tablet 400mg（chewable）
02	Antacid Tablet 650mg（chewable）
03	Calcium Lactate Tablet 300mg
04	Chloropheniramine Tablet 4mg
05	Co-trimoxazole Tablet 120mg
06	Co-trimoxazole Tablet 960mg
07	Ferrous Fumarate & Folic Acid Tablet（200+0.40） mg
08	Hyoscine Butylbromide Tablet 10mg
09	Metronidazole Tablet 400mg
10	Paracetamol Suspension（120mg/5ml）60ml
11	Paracetamol Tablet 500mg
12	Penicillin V Tablet 250mg
13	Salbutamol Tablet 2mg
14	Vitamin A Capsule 200000 IU
15	Vitamin B Complex Tablet
16	Zinc Dispersible Tablet 20mg
17	Amoxicillin Dry Syrup（125mg/5ml）100ml
18	Amoxicillin Paediatric Drop（125mg/1.25ml）15ml
19	Benzyl Benzoate Application（25% w/v）100ml
20	Chlorpheniramine Maleate Syrup（2mg/5ml）60ml
21	Salbutamol Syrup（2mg/5ml）60ml
22	Amoxicillin Capsule 250mg
23	Chloramphenicol Eye Drop 0.5%, 10ml
24	Compound Benzoic Acid Ointment 1.0kg（Benzoic Acid & Salicylic Acid Ointment）
25	Gentian Violet Topical Solution 2%, 10ml
26	Neomycin & Bacitracin Ointment 10g
27	Oral Rehydration Salt（ORS）

Asfana, K., and Rashid, S.

2000 *Discoursing Birthing Care: Experiences from Bangladesh.* The University Press Limited.

Bangladesh Health Watch

2008 The State of Health in Bangladesh 2007: Health Workforce in Bangladesh. Who Constitute the Healthcare System?. BRAC James P Grant School of Public Health, BRAC University.

Chaudhury, N., and Hammer, J.

2003 Ghost Doctors: Absenteeism in Bangladeshi Health Facilities. *World Bank Policy Research Working Paper* 3065.

Chowdhury, A., Bhuiya, A., Chowdhury, M., Rasheed, S., and Chen L.

2013 The Bangladesh paradox: exceptional health achievement despite economic poverty. *Lancet* 382: 1734-1745.

Chowdhury, A., and Cash, R.

1996　*A Simple Solution: Teaching Millions to Treat Diarrhoea at Home*. University Press Limited.

Koblinsky, M.

2003　*Reducing Maternal Mortality: Learning from Bolivia, China, Egypt, Honduras, Indonesia, Jamaica, and Zimbabwe*. The World Bank.

Koblinsky, M., Anwar, I., Mridha, M., Chowdhury, M. and Botlero R.

2008　Reducing Maternal Mortality and Improving Maternal Health: Bangladesh and MDG5. *Journal of Health, Population and Nutrition* 26（3）: 280-294.

Management Information System,

2020　Health Bulletin 2019, Directorate General of Health Services.

Mridha, M., Anwar, I., and Koblinsky, M.

2009　Public-sector Maternal Health Programmes and Services for Rural Bangladesh. *Journal of Health, Population and Nutrition* 27(2), Special Issue: Case Studies on Safe Motherhood: 124-138. icddr,b.

NIPORT and ICF

2023　Bangladesh Demographic and Health Survey 2022: Key Indicators Report. Dhaka, Bangladesh, and Rockville, Maryland, USA.

Rahman, R.

2007　The State, the Private Health Care Sector and Regulation in Bangladesh. *The Asia Pacific Journal of Public Administration* Vol. 29, No. 2: 191-206.

Shah, Md. F.

2020　*Biomedicine, Healing and Modernity in Rural Bangladesh*. Palgrave Macmillan.

World Health Organization (WHO) and UNICEF

2015　Countdown to 2015: A Decade of Tracking Progress for Maternal, Newborn and Child Survival.

World Health Organization

2015　Trends in Maternal Mortality: 1990-2015.

クラインマン、アーサー

2021　『臨床人類学：文化のなかの病者と治療者』大橋英寿他訳、河出書房新社。

スマイリー、イアン

2010　『貧困からの自由：世界最大のNGO-BRACとアベッド総裁の軌跡』笠原清志監訳、明石書店。

チャン・キョンスプ

2013　「個人主義なき個人化：「圧縮された近代」と東アジアの曖昧な家族危機」（柴田悠訳）『親密圏と公共圏の再編成：アジア近代からの問い』京都大学学術出版会　p.39-65。

第9章　出産介助者と母子保健政策の半世紀

阿部 奈緒美

はじめに

1971年12月の独立から半世紀、バングラデシュの出産をめぐる政策や社会状況は大きく変動した。この章では、2019年10月に現地で行った出産介助者への聞き取りと、2021年の質問紙調査の結果をもとに、母子保健政策の変遷を出産介助者の語りとともに論じる。バングラデシュでは、出産介助は親族どうしの助け合いからダイ（dai）と呼ばれるTBA（伝統的介助者）の介助へ、そして現在は政府やNGOsに養成されたさまざまな職名をもつ有資格者の介助へと変化してきている。2021年に626人の産後3か月以内の女性に尋ねたところ、以下のような職名の人たちが介助していた。最も多いのは医師（417人）、次にSBA（Skilled Birth Attendant：110人）、ダイ（77人）、村医者（7人）、FWV（Family Welfare Visitor：4人）、助産師（4人）、看護師（3人）、パラメディック（2人）、その他（2人）だった。WHOの定義では、その文化で出産を扱う医師や助産師のような専門家をSBAと呼び、ダイはそこに含まれないとしているので、この調査では86%の人たちがWHOの定義によるSBA（有資格者）に介助され、ダイや村医者、その他の無資格者の介助は14%（86人）だったことになる。ただここで注意しておかなければならないのは、バングラデシュはWHOの定義とは別にCSBA（Cはcommunityを意味し、施設ではなく地域で介助するという意味）という資格の介助者をわずか半年間で養成したことであり、WHOが定義するSBAとバングラデシュのSBAとはかなり違っていることである。また、ダイが実際に出産介助をしたのは626人中わずか77人（12%）だったが、ダイに来てもらって家で産むつもりだった人は131人（21%）に上ることから、ダイで産むつもりだった人の半分近くが家から病院に送られるか、途中で自ら病院に行ったことになる。

この章では、MDGsという国際的な流れや国の母子保健政策によって、出産の形や介助者の役割がどのように変化したのか、またこのように多様な出産介助者が存在する背景について、母子保健政策の変遷をたどりながら明らかにしたい。

第１節　ダイで産むつもりだった女性たち

まず、2021年の調査でダイに取り上げてもらうつもりだったが、そうならなかった女性たちの出産を見ておきたい。ちなみに、ダイを呼んで自宅出産をした場合の平均費用は2,328タカ（1タカ1.4円として約3,250円）だが、病院で帝王切開をした場合の費用は21,464タカ（約3万円）となっていた。女性たちが出産費用として予定していた金額の平均は9,532タカだが、実際にかかった費用の平均は19,246タカだったことを考えると、女性たちにとって出産が予想外の出費になっていることがわかる。

〈ラジアの例〉(KS-26)

カリア村のラジアは32歳で12年前に第1子を産み、今回は第2子の出産だった。夫はバンの運転手で月収は15,000タカだという。ラジアは、本章で後に紹介するダイのアニタにとり上げてもらう予定だった。しかし、理由は不明だが病院に行くことになり帝王切開となった。

〈ラブリの例〉(RN-70)

ラジョール村のラブリは18歳で結婚し、今年20歳で初めての出産だった。夫はバイクの運転手で月収は15,000タカだという。ラブリは家でダイを呼んで介助してもらっていたが、いきんでもなかなか赤ん坊が出なかったために病院に行くことになり、そこで会陰切開をされて赤ん坊が生まれた。4,500タカかかった。家族から母乳で育てた方がいいと言われて授乳しているが、会陰切開の跡が痛くて授乳するのが辛い。

〈スミの例〉(KS-174)

カリア村のスミは27歳で、今回は4人目の出産だった。夫は果物を売る商売をしていて、19,000タカの月収がある。家で出産するつもりだったが、予定日を過ぎても陣痛が始まらなかったので病院に行ったところ、帝王切開になった。子どもを4人も欲しいとは思っていなかったけれど、生まれた子どもの顔を見たら幸せな気持ちになった。出産の費用はせいぜい10,000タカと思っていたのに25,000タカもかかり驚いたが、夫の収入から支払うことができた。

以上の例から、女性たちはダイに介助してもらっても時間がかかると待ちきれなくなって病院に行ったり、また異常とは言えないような些細な理由（たとえば予定日に陣痛が始まらなかった）で病院に行ったりしている。事例からは、ダイによる介助で危険や異常が生じたために女性たちが病院に行ったのではなく、待てば家で生まれるようなケースでも病院に行っていることがわかる。これまで女性たちは、ダイに分娩を介助してもらうことを期待していたが、今ではいくつもの病院が近くにあり、かつ取り上げる人たちも増えたために、分娩介助をダイに頼らなくてもよくなっている。また、ダイの方も自宅で赤ん坊の誕生まで見届けようとはせず、産婦が病院に行きたいと言えば病院に連れて行くようになっている。どうしてそのようになったのだろうか。

第2節　2人のダイ：アニタとジェスミン

1.　ダイのアニタ

90年代のアニタについては第4章ですでに述べたが、ここで最近のアニタも含めて再度紹介しておきたい。アニタは1950年頃に生まれ、14歳で第一子を産んだ。6人（4男2女）産んだ子のうち、2人（1男1女）を亡くした。現在も児童婚が少なくないバングラデシュ（児童婚については第5章参照）だが、アニタ自身の初めての出産も14歳と早かった。アニタの母もダイだったので、近所の人から「もしお母さんが死んだら、誰が出産介助をやってくれるの」と言われ、そのときアニタは初めて自分の母親から学んでおこうと思った。地域で頼られる存在だった母の後継者を期待されたことが、アニタがダイになる動機になっていた。

初めての出産介助は1971年のバングラデシュ独立前後の時期で、彼女は19歳で、自身が妊娠5か月だった。陣痛が始まったと呼ばれて行くと、赤ちゃんの頭がすでに出かかっていて、会陰を布で押さえるように言われた。生まれたのは5番目の子で男の子だった。胎盤を出そうと産婦が髪の毛を口に入れたところ胎盤はすぐに出て、アニタはカミソリでへその緒を切った。その後盛大なお祝いが開かれ、アニタはサリー、ブラウス、ペチコートを介助のお礼にもらった。おそらく5番目の子どもは初めての男児だったのだろう。男子の誕生がことさら喜ばれていたことの反映が見て取れる。当時、ダイへの謝礼は石鹸やサリーというささやかなものが多かったが、この時のアニタへのお礼は予想外に

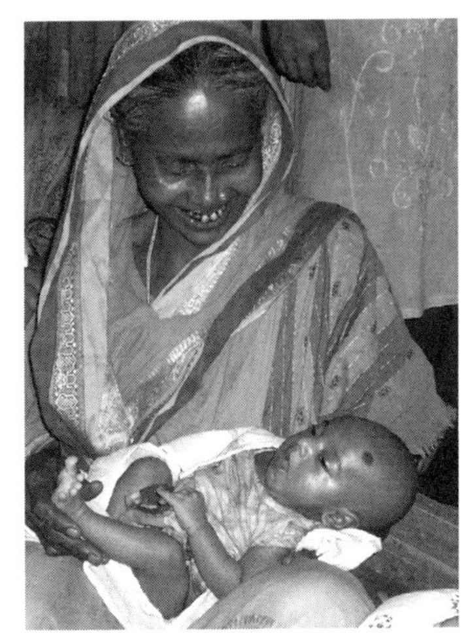

写真1　ダイのアニタ（松岡悦子撮影、2006年）

豪華だった。しかし、現金ではなかった。かつてのバングラデシュのムスリム社会では、女性がお金を稼ぐことはしたないとして忌避されていた。アニタは1981年に、GUPで働いていた助産師のレベッカからTBAトレーニングを受け、2000年代に入る頃には近隣の人に腕の確かさを見込まれ信頼されるダイになっていた。アニタはムスリムだが、ヒンドゥーの出産介助もしてきた。2000年頃に2人の息子をアニタに取り上げてもらったヒンドゥーのバドールは、「アニタは経験豊富でよく訓練されているので、妻も僕も彼女に取り上げてもらおうと思ったんだ」と言う。子どもたちは小さい頃、アニタのことを「ダイマ（dai ma 母）」と呼んで慕っていたそうだ。

それから20年ほどたった2019年、彼女が住むカリア村の周辺には9つの私立病院が建ち、妊産婦の獲得争いが激しくなっていた。アニタは次のように話した。「妊産婦を紹介したら病院からお金をもらえるのよ。10年くらい前からね。お金をくれないのはC病院。なので、そこには妊産婦を紹介しないよ」。私立病院ではブローカーを雇って村々を回らせ、ダイである彼女の元にもブローカーが訪ねてきて、「難産になったらうちの病院へ来てください。何かをお渡ししますよ」などと誘うのだそうだ。ここでの病院というのは利潤を目的に設立された私立病院のことで、看護師のほか病院で働く雑役や掃除の担当者などがブローカーの役割を果たしているのだという。「逆子なんかだと、私は自分でしないで産婦を病院へ送るよ。U病院が一番いいね。設備が整っているし、妊産婦にも人気があるよ。最近は、陣痛に耐えられない産婦が多くなっているの。以前は、私が自分で取り上げられないから病院に行こうと説得しても、嫌がる人が多かったんだけど。今じゃ、陣痛が強くなると病院に連れてってと言い出すから、産婦の行きたい病院へ連れて行くのよ。病院に行けば、ほとんど帝王切開になることは分かっている。そりゃあ回復が早い正常産の方がいいんだよ。でも産婦の方で行きたがるからね。後日産婦が支払いを済ませて退院すると、病院から連絡が入って私が病院へ出向いて報酬を受け取るの。正常産なら 400 から 500 タカ、帝王切開なら 1,000 タカだよ」。彼女が前の月に扱った 5 件の出産のうち 2 件は病院搬送となり、2 件とも帝王切開だったそうだ。

アニタは自分の職分を果たしながら、時流に合わせて私立病院から産婦の紹介報酬を受け取るようになっていた。アニタが病院に産婦を送り、正常産だった場合に受け取る 400 ～ 500 タカは、自分で最後まで出産介助をした時に産婦側から支払われる金額とほぼ同じである。彼女にしてみれば、自分で取り上げなくても同じだけの額をもらえるのであれば、病院に送る方が楽だと思えるだろう。2021 年の調査では、626 人の女性たち全体の約 6 割が、また病院で産んだ人だけについて見ると約 9 割が帝王切開になっていた。これは 10-15％の帝王切開率が望ましいとする WHO の勧告と比べて異常な高率である。アニタは病院分娩がほぼ帝王切開を意味することを知りつつも、産婦が私立病院に行くことを止めず、医学的に必要とは思えない理由で帝王切開になることに良心の呵責を感じていないようだった。アニタ自身は、回復が早い正常産の方が女性にとっては良いと考えているにもかかわらずである。だが、病院で産むことは国の方針でもあるので、アニタにすれば教えられたとおりに産婦を病院へ送り、自分が扱った出産に対する報酬を受け取ることは正当に思われるのだろう。政府の私立病院に関する規制が不十分なために、乱立する私立病院は本来必要でない帝王切開を行って多くの利潤を得、女性たちに身体的・金銭的負担を負わせていると言えよう。ダイの大半が産婦を病院に送って紹介手数料を得ているのかどうかはわからない。だが、ダイや FWV、ヘルスボランティアなどの妊産婦に接する立場にある人の多くは、私立病院のブローカーからの働きかけを受けたことがあるようだ。しかし、次に述べるダイのジェスミンは私立病院に産婦を送らないと語っている。

写真2　ダイのジェスミン（松岡悦子撮影、2006年）

2.　ダイのジェスミン

ダイのジェスミンは80歳くらいのムスリムで、2019年の時点でもうほとんど出産介助をしていないようだった。彼女は、私立病院が産婦の紹介料をダイに支払う話を聞いているが、彼女自身はブローカーから働きかけられた経験はないとのことだった。「神の御心に従い、神が許せば赤ちゃんは生まれるんだよ。でも最近は、機が熟していないのに、出産予定日の前に医療施設で出産しようとする人が多くなったね。結果として、正常産が減っているんだよ」とジェスミンは嘆く。ジェスミンについては第4章でも述べたが、ここでもう一度彼女の経歴と最近の様子を紹介したい。

彼女の母親もダイだった。母は人助けのために出産介助をしていたのでサリーも受け取らず、水1杯も産婦の家で飲まなかったという。ジェスミンは腸チフスにかかって小学校3年で学校をやめ、モスクに行ってコーランを習った。10歳で結婚し、15年後に第1子が生まれた。ジェスミンには男兄弟が4人いたが、娘は彼女1人だったので両親にかわいがられたそうだ。結婚しても長いこと親の家にいたので、母に付いてあちこちの出産に行き、助産の技術を学んだ。29歳の時に初めて一人で出産介助をした。産婦は甥の息子の妻だった。以後経験を積み、1981年にはGUPのレベッカからTBAトレーニングを受けた。そして、彼女が50歳代だった1990年代には、月に20件もの出産を扱う腕利きのダイとなっていた。母とは少し違い、報酬のサリーは喜んで受け取った。ただし、最近は出産介助をすることが少なくなり、ひと月前に1件あったきりだそうだ。
　ジェスミンは、私立病院に産婦を連れていくことはしないと述べた。では、難産の時に彼女はどう対処しているのかと問うと、ラジョールにある政府の病院（UHC：ウパジラ・ヘルス・コンプレックス）に産婦を連れて行くと述べた。そして、しばらく沈黙し、ためらった挙句にこちらからの問いかけに応えて、サフィナのクリニックに連れて行くことがあると述べた。サフィナは産科医なのかと尋ねると、そうではないと言う。異常な分娩にも適切に対処する技能をもち、クリニックを開いているが医者ではないとすると、サフィナとは一体どんな人なのだろうか。ジェスミンが信頼を寄せるぐらいだから、助産の技術も優れているのだろうが、クリニックを持つ介助者とはどんな職種の人なのだろうか。

第3節　サフィナとは

1.　FWVのサフィナ

　サフィナは、ラジョール村にある自宅でタナモアという名前の診察室を開業していた。また、テケルハット市場でも私立病院と道路をはさんだ真向かいに診療スペースを開いていた。私たちがそこを夕方に訪問した時、7人の女性たちが座っていた。中にはブルカを被っている人もいる。7人の全員が患者なのではなく、1人の患者に2人ぐらいの付き添いが付いて来ているようだった。ちょうどそこに、女性とその夫が超音波診断の写真を持って入ってきた。近くの病院で超音波を取ってもらい、その結果を持参したとのこと。この夫婦にはすでに3人の息子がいて、前回帝王切開で産んでおり、今回4人目の妊娠だが子宮筋腫があるので超音波診断の結果を持参するようにサフィナに言われたのだ。彼らが帰ったあと、今度は製薬会社の営業担当がやって来て、薬のパンフレットを差し出して宣伝をして行った。サフィナは、ちょうどお祈りをしようとしていたところだったが、ひっきりなしにやって来る人達の対応に追われていた。サフィナは50歳代と思われる落ち着いた雰囲気の女性で、FWVの資格を持っているという。
「1994年から95年にかけて、FWVになるための18か月のコースを受講しました。修了証明書（免許状）を翌年に受け取り、1997年から98年まで、NGOのBRACの病院で主に助産業務に従事しました。1998年からNGOのPathfinderで働くようになり、S郡で8年間、その後R郡に異動となって約10年間働き、さらにD郡へ転勤となりました。12年ほど前、私の子どもたちが試験を受ける時期になったとき、遠くに異動させられたくなかったのと、家族ともっと一緒にいたかったので家で診察室を開いたのです。私は人生の大半をNGOで働いてきました。2002年に自宅で助産を始めて、2007年に自宅とは別のところでも開業し、さらにここに診察室を移したのが2年半前です。FWVで個人の診察室を開いているのは、私だけです。帝王切開が必要な場合には、かつては費用が妥当で設備もそろっているフォリドプルの政府の病院に送っていました。今は私立病院がたくさんあるので女性の行きたい病院に送ります。でも、患者の経済状態を見て支払えるならの話です。患者のほとんどは貧しい人たちで、私が代わりに薬を買うこともあります」と語った。

サフィナは、自宅のタナモアで出産を介助することもあるし、この診察室でも以前は出産介助をしていたが、今はしていないという。「私はこれまでに、約7,000人を取り上げました。ひと月に平均100人以上取り上げていましたし、1日に7～10人取り上げたこともあります。ただ2018年2月以降はしていません。出産は病院に送らなければならない、ここで分娩介助をしてはいけないと言われたのです」。

サフィナによれば、女性の家に出向いて自宅分娩をするのはいいが、ここで取り上げてはいけない、私立病院は患者が必要なのだから、患者を私立病院に送るように指導されたのだという。FWVが産婦の自宅で分娩を取り扱うことが認められているのかは定かではないが[(1)]、医師と同じように施設を開いて出産介助をすることは想定されていなかったと思われる。だが今回の指導は、法的な問題よりも単にサフィナの診察室が多くの患者を集めていることが、私立病院の経営に差し障るとして圧力をかけられたものと思われる。FWVの役割は、施設内で出産を介助することであり、施設外の自宅で介助することや、自ら施設を開設することが法的に認められているのかどうかはわからない。むしろ、そのような法的な規制がないために、インフォーマルな脅しの形で行政あるいは病院側がサフィナの助産行為をやめさせようとしたようだ。それでもなお、サフィナの所にやって来る女性の数は多いため、自宅に併設のタナモアでの出産は継続しているようだった。そこで、サフィナが取り上げた出産についてより詳しく見ていくことにする。

2. サフィナの下で出産した女性たち

2021年の質問紙調査では、調査対象者626人のうち11人の女性がサフィナに出産介助を受けていた。そのうち7人がサフィナをSBA、3人がFWV、1人がダイだと見なし、どれが本当の資格なのか女性たちもはっきり知らないようだった。彼女を知る人たちに話をきくと、中には、無資格者だと思う人や、その反対に婦人科医だと思っている人もいるようで、サフィナは人によってまちまちにとらえられていた。だが総じてサフィナの評判は良く、技術は確かで人々の信頼を得ているとのことだった。また、彼女の娘はパラメディックとして病院で働いているが、娘はドクターと呼ばれることもあるようだった。サフィナはラジョール村の自宅で出産介助をしているので、11 人の産婦のうち 8 人はラジョール在住で、3 人はカリア村の女性だった。

・カリア村のハシは 34 歳で、3 人目の子の出産だった。夫は小型トラックの運転手で 23,000 タカの月収がある。自然分娩で産むつもりだったがうまくいかず、サフィナの所に行って会陰切開を受けて出産した。費用は 8,000 タカだった。サフィナのことは SBA だと答えた（KS-178）。

・ラジョール村のシマは 26 歳で、2 人目の出産だった。夫は保険会社に勤めていて、月収は 10,000 万タカだという。家にダイを呼んでいたが陣痛が長引き、疲れて果ててしまったので会陰切開をしてもらおうとタナモアに行った。費用は 7,000 タカだった。サフィナのことは FWV だと答えた（RN-165）。

・カリア村のポピは 20 歳で、初産だった。夫は米を売っていて、月収は 15,000 タカだそうだ。最初から家でサフィナに取り上げてもらうつもりだった。費用は 5,500 タカで、サフィナはダイだと答えている（RS-55）。

このように、サフィナがどんな資格を持つ人なのかは、人々には明確になっていなかった。家に来てくれるのなら、サフィナはダイや FWV、SBA とも言えるが、診察室を持っているなら医師のようにも見えるし、会陰切開をするのであれば村医者のようにも見える紛らわしい存在だった。サフィナの所で支払った 11 人の分娩費用は 2,000 ～ 9,500 タカまでばらつきがあるが、平均すると 5,918 タカであり、病院での費用に比べると圧倒的に安い。また当然ながら、サフィナの所では帝王切開をすることはないので、タナモアで出産すれば経腟で分娩を終える可能性が高い。病院で出産した人の 90％が帝王切開になる現実を知っているならば、産婦を病院ではなくサフィナの所に送ることは賢明な選択に思われる。ダイのジェスミンはそのことを知っていて、産婦をサフィナの所に送るのだろう。また興味深いのは、サフィナの所で出産した女性たちの教育年数が比較的長いことである。7年〜14年と開きがあるが、平均9.45年であり、626人全体の平均8.49年よりも長くなっている。このことから、サフィナの所に行く人達が必ずしも貧しい人ばかりではなく、教育レベルも低くないことがわかる。そして、サフィナの所の分娩費用は自宅分娩でダイに払われる平均の2,328タカよりは高いが、分娩費用全体の平均額19,246タカ（帝王切開も自宅分娩も含めた分娩費用の平均金額）よりは格段に安い。つまりダイよりは高いが、ダイの手に余るときに妥当な値段で経腟分娩に導いてくれる介助者として一部の人に知られているのだろう。

バングラデシュ政府が養成したFWVやCSBAは公務員としての職名だが、それ以外にもNGOsが独自に養成したりトレーニングを施したりした人たちがおり、さらに近年では助産師免許を持つ人も誕生していて、介助者の種類は多岐にわたっている。中には、長年経験を積んだダイがいつの間にかSBAを自称することもあるし、人々がトレーニングを受けたダイをSBAと見なすこともある。こんなふうに有資格者と無資格者が入り混じって存在していることは、規制の緩さを示すとともにバングラデシュの強みという見方もある［Ahmed et al. 2013］。人々の身近なところに、プライマリーケアを担当する人がいるからだ。人々にとってはどんな資格を持つ人なのかより、身にふりかかっている自分や家族の健康問題を改善に導いてくれる存在かどうかの方が重要であることを示している。そこで次に、多様な職種が生まれることになった背景にある母子保健政策の歴史を振り返りたい。

第4節　母子保健政策の変遷

1. 5か年計画の策定

バングラデシュはWHOなどの国際機関の影響を強く受けながら、1973年以降5か年計画を策定して母子保健政策を進めてきた。バングラデシュの保健家族福祉省（MOHFW: Ministry of Health and Family Welfare）は、中央から末端に至るまで「保健サービス部門」と「家族計画部門」の2つのウィングに分かれ、施設や人材もどちらかの部門に所属している。このことが保健家族福祉省の効率的な運営を阻害しているとして一本化が試みられたことがあったが、うまくいかなかった［Mridha et al. 2009］。バングラデシュでは、独立間もない1970年代から大量のFWVやFWA（いずれも家族計画部門）の養成が開始され、家族計画を中心に母子保健政策が立てられてきたと言えよう。また施設をベースに母子保健を担う人材（FWV）と、地域に出向いて個別訪問によってサービスを提供する人材（FWAやHA、CSBA）との両面からサービスが展開されてきた。5か年計画などの概略を見ていこう。

◆第1次5か年計画（1973-78年）

農村部に31床からなるタナ（現ウパジラ）・ヘルス・コンプレックスを建設する決定がなされた。1974年に人口政策が策定され、家族計画部門が立ち上がり、FWVとFWAのトレーニングが開始された（1995年に終了）。FWAは一人で4,000人を受け持ち、2か月に1回の割合で全員を個別訪問し、ピルやコンドームを配布した。後に、FWAは妊婦健診を行ってハイリスクケースを施設に送る役割も担った［Mridha et al. 2009: 129］。1978年9月にWHOとUNICEFの共催による「プライマリー・ヘルスケアに関する国際会議」が開かれ、最終日にアルマ・アタ宣言が採択され、「すべての人に健康を」というスローガンとともに、健康が基本的人権であることが示された［中村 2017; Cueto 2004; Matsuoka 2023］。

◆第2次5か年計画（1980-85年）

アルマ・アタ宣言を受け、バングラデシュでも「2000年までにすべての人にプライマリー・ヘルスケアを」の目標が掲げられた。また、タナ・ヘルス・コンプレックスの建設を1985年までに完了することが目標となった。家族計画のための月経調節（月経調節MRについては、第3章の注5を参照）が開始された。全国で政府のTBAトレーニング・プログラムが開始され、一つの村に一人の訓練されたTBAを配置することが目標となった［Rozario 1998］。1980年代前半はWHOの戦略に従い、TBAを訓練して清潔な自宅分娩を実現することが目指されたが［Mridha et al. 2009］(2)、TBAトレーニングの効果については疑問も呈されていた。

◆第3次5か年計画（1985-90年）

保健サービスと家族計画部門が共同で破傷風の予防接種（TT）を行うことになり、それをHAとFWAが担当した。HAは保健サービス部門に所属して、プライマリーケアと母子の予防接種を担当する職種で、男性のことも女性のこともあった。1987年にWHOが妊産婦死亡率の低減を目指すSafe Motherhood Initiativeを開始したのに合わせて、FWVが妊婦健診でハイリスクケースのスクリーニングを担当するようになった［Mridha et al. 2009］。

◆第4次5か年計画（1990-95年）

プライマリー・ヘルスケアをこれまで通りに継続することを確認し、母子保健、家族計画ケア、栄養ケア、健康教育を統合した。1992年にWHO等は、「訓練済みTBAが全体として死亡率・罹患率を低下させることは期待できない。その前に、貧困、文盲、差別という根源的な問題への対処がなされなければならない」と指摘した［Rozario 1998］。政府は、妊産婦死亡率をさらに下げるために、緊急産科ケア（EmOC: Emergency Obstetric Care）を導入し、既存の病院機能の高度化を進めた。

◆第5次5か年計画（1997-2002年）

政府は、2001年からWHOやUNPFの支援を受けて、CSBAトレーニングのパイロットプログラムを開始した。CSBAは、ダイに代わって自宅で出産を介助する人材で、女性のHAとFWAに6か月間のトレーニングを施して養成することになった［Mridha et al. 2009］。FWVは施設で介助する人材として養成されていたため、自宅分娩が多い段階では、自宅で出産を介助する人材が必要と考えられたのだろう。2000年にMDGsが採択され、2015年の妊産婦死亡率の目標値が設定された際に、目標の達成状況はSBAによる介助の率でも判断されることになった。そこで政府は、既存のFWAとHAに再訓練を施すことでSBAという名前の職種を作り、彼女らに出産介助をさせようとしたのだろう。WHOの定義では、SBAは医師や助産師を含む専門家を意味しているが、バングラデシュでは既存の職種をSBAという名称に転換することで、政府の認めるSBAという専門家を作り出したことになる。また人口6,000人に1か所の割合で、コミュニティ・クリニックを設置し、ワンストップ・サービスを提供することになった［Mridha et al. 2009］。

◆第1次3か年間計画（2003-2006年）

政府の医療施設の改修や人材の研修、設備・備品の補充、搬送体制の強化が図られた。MDGsの目標を達成するために、妊婦にクーポンを配って施設分娩、またはSBAによる自宅での分娩を促すためのdemand-side financingをいくつかの県で試験的に開始した。

以上のように、政府は家族計画を一方の柱とし、そこに母子保健を組み合わせる形で、FWA、FWV、HAを養成し、さらに国際的なMDGsの目標に合わせ

写真3　助産師のヘレンによる紙芝居を用いたTBAトレーニングの様子
（松岡悦子撮影、1995年）

てCSBAを養成した。これらの多様な人材に加えて、村のレベルでは昔からのダイや村医者が出産にかかわっている。調査地の村では、GUPが1981年にイギリス人の助産師レベッカを招いてダイのアニタやジェスミンらのトレーニングを行った。それは、国の第2次5か年計画の時期と一致する。それ以後GUPでは、現地の助産師のヘレンが村々を回って助産をしている人に声をかけてTBAトレーニングに参加するよう促し、トレーニング済みのダイを増やしていった。

2.　TBAトレーニング

アルマ・アタ宣言の翌年（1979年）6月に、バングラデシュでは130万米ドル余りのUNICEFの資金援助で、1年間の国家プロジェクトが始まった。ダイを対象にした安全な出産・母子ケア・家族計画に関するトレーニングが行われることになったのである。安全な助産の知識や技術を身につけることと、妊産婦を適切な時期に医療施設へ搬送できる見極め能力を身につけることが期待されていた。全国68,000の村からトレーニングの候補者を選出する際の基準は、健康で50歳未満、現役のTBAであることなどであった。週2日で計3か月間のコースで、出席したダイは1日あたり20タカの報酬を得た。1980年6月までの1年間で、18,000人のTBAがトレーニングを受けたとされる［Claquin et al. 1982］。

〈GUPのTBAトレーニング〉

調査地のラジョール郡では、GUPがTBAトレーニングを毎年実施した。GUPでは付近の村を回ってどこにTBAがいるかを聞き、トレーニングを受けるように勧めて回った。1年に2回10日間の新規トレーニングには毎回25-30人の

TBAが参加し、それを受けたダイは翌年に8日間のリフレッシャー・コースを受けることになっていた。参加するダイにはGUPが交通費と食事を提供したが、TBAの中には外に働きに行けば1日20–30タカもらえるという理由で、トレーニングに参加したがらないダイもいた。ダイは主婦の場合もあれば日雇い労働者として働いている場合もあり、いずれにしても豊かな人たちではなかったようだ。TBAトレーニングに参加する人の中には、これまでダイの経験がない人も含まれていた。なぜなら年配のダイはなかなか古い考え方を変えようとしないが、若い人であれば新しい考えを受け入れやすいため、若いダイを育てたいという思いがあったからだ。

トレーニングを担当していたヘレンによれば、ダイどうしが互いに経験をシェアすることが大切だと思えたので、ヘレンの方から次のような質問を投げかけた。たとえば「自分がダイとして、医師よりもうまいと感じることがありましたか」とか「ヘレン自身もそういうミスをしたことがあるのだけれど」などと言うと、ダイたちが過去に遭遇した難産や問題のあったケースについて話してくれるようになったそうだ。これまでは、ダイどうしでも近くでなければ互いに知り合うことがなかったのが、トレーニングを通じて知り合いになると、難産に対処するときに互いに協力し合い、2人そろってもできないときにはヘレンを呼びに来るようになった。

GUPのトレーニングでは、次のようなことを教えた。母親や新生児に必要なワクチン接種の種類・適切な時期や回数、妊娠中の母体のケアや休養の必要性、妊婦健診に産婦を連れてくること、分娩までに胎児の位置異常に気付くこと、1カップ以上の出血は危険なこと、胎盤が出ないときの処置。また、高血圧、頭痛、浮腫、出血があれば、妊婦へクリニックに行くように伝えることなどだった。このように、TBAトレーニングでは医学的な出産の見方が示され、それまでダイが持っていた信念や習慣が塗り替えられることになった。たとえば、トレーニングを受ける前のダイは、妊婦に食事の量を少量にし、水も少ししか飲まないようにと言っていた。食べ過ぎると赤ん坊が大きくなり、水分を取りすぎると浮腫ができるからという理由だった。そのような古い言い伝えを改め、基本的な清潔習慣（手を洗う、消毒するなど）を身につけさせ、もし妊産婦に問題があれば医療につなぐことがTBAトレーニングの目標だった。果たして、母子保健政策やTBAトレーニングは、バングラデシュの母子の状況にどのような変化をもたらしたのだろうか。次に、母子保健指標を用いて、バングラデシュの変化を見てみたい。

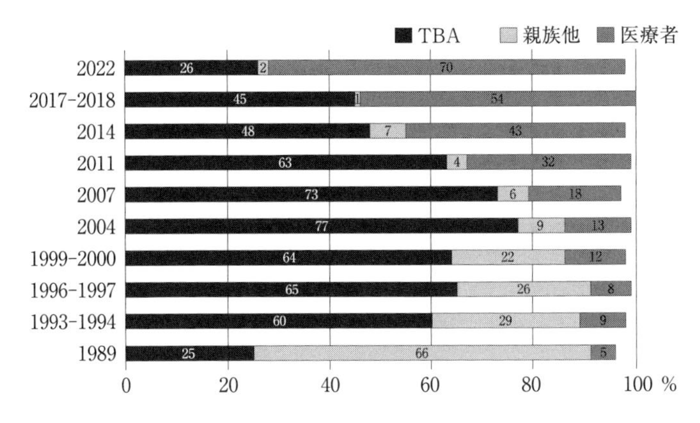

図1　図1　出産立ち合い者の推移
出典：BDHS: BFS: Bangladesh Fertility Survey 1989, Bangladesh Demographic and Health Survey 各号（UNIPORT and ICF の各年）

3.　バングラデシュの母子保健指標

まず、バングラデシュの出産介助者の推移を見てみよう。図1は、年代別の立ち合い者の推移である。1990年以前には親族他が出産介助をすることが多かったが、1990年代から2000年代前半にかけて、ダイは主な出産立会者としての立場を確立していった。図1にあるように、2004年には77%の出産がダイの立会によるものであった。ただしこの時期、それまで1割未満だった医療者の割合が13%となり、親族（9%）を上回るようになっている。ダイの出産立会率は、この頃をピークに漸減する。一方、2017-18年には医療者が最も多くなり、2022年には7割に達している。

次に、出産の場所の変化を見たのが図2である。1990年代前半には96%が自宅で出産していたが、医療施設での出産が次第に増え、2017-18年に半数となり、2022年には3分の2が施設分娩になっている。その背景には、政府やNGOsが妊産婦死亡率を下げるために、MDGsの期間に出産場所を施設に移そうと強力に働きかけたことがある。そのような試みの一例として、貧困層の妊産婦が医療にアクセスできるように、WHOとバングラデシュ政府が始めたMaternal Health Voucher Scheme（妊産婦保健クーポン計画）があった。これは貧しい妊産婦がクーポンをもらって無料で母子保健サービスを受けられるというもので、2007年にパイロット事業が開始された［Ashraf et al. 2008, Ahmed & Khan 2011, WHO 2015］。妊産婦

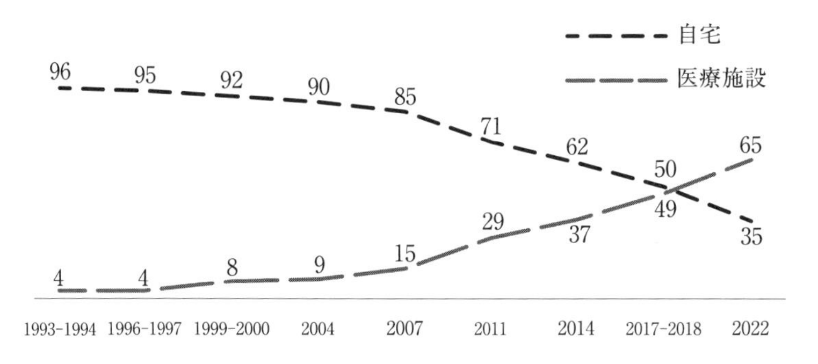

図２　出産場所の推移　（単位：％）
出典：BDHS: Bangladesh Demographic and Health Survey 各号（UNIPORT and ICF の各年）

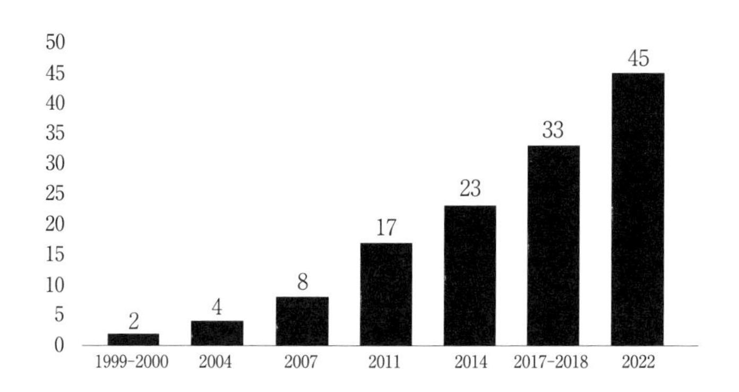

図３　バングラデシュの帝王切開率の推移
出典：BDHS: Bangladesh Demographic and Health Survey 各号（UNIPORT and ICF の各年）

は、妊婦健診の交通費のほか、病院での分娩費用や SBA の自宅での介助費用を受給することができた(3)。その効果は著しく、たとえば 2010 年の妊産婦死亡率が 194 であったのに対し、受給者ではわずか 12 であり、施設出産の割合も目立って増加した。全国の施設出産率は図２にあるように、2011 年に 29％であったが、このプログラムの受給者では 40％にもなった。

だが、施設分娩率の増加は、帝王切開率の増加につながっていた。バングラデシュ全体では、図３のとおり 2000 年頃には稀であった帝王切開が、2011 年には目立って増加している。2007 年までは 10％未満であったのが、2011 年には倍増し、2022 年では 45％と半数近くの出産が帝王切開となっている。

バングラデシュは、ミレニアム開発目標で妊産婦死亡率の数値を 2015 年までに 143 に下げることを目標としていた。そのために施設分娩率を上げ、SBA による介助率を上げることを目指してきたが、2015 年の妊産婦死亡率は 200 にとどまり、目標を達成することはできなかった〔WHO 2019〕。ただし、2000 年時点での 434 という高い妊産婦死亡率から比べると急激な低下が見られたことは、大きな成果だと国際的に評価されている。

おわりに

本章では 3 人の出産介助者の語りとともに、バングラデシュ独立以降の母子保健政策の展開を追ってきた。国際機関の方針や資金援助のもと、政府や NGOs は母子保健の改善を目指して種々の取り組みを実施し、ダイのトレーニングを行い、出産介助を担う人材を養成してきた。だが母子の死亡率を減らすという国際的な目標のもとで、ダイや FWV、CSBA による介助はやがて医師による一元的な介助へと収束していく可能性がある。すでにダイによる介助は減少し、新たな出産介助の担い手として養成された FWV や CSBA による介助も少数派となっている。2021 年の調査では、ダイや SBA の介助で出産した人の平均世帯月収は 17,500 タカであったが、医師の介助で出産した人の平均世帯月収は約 23,000 タカであった。世帯の豊かさと出産介助者との間に関連が見られるのであり、このことは豊かさを求める人たちが、やがてダイや SBA の介助を顧みなくなる可能性を示唆している。過去のある政策で養成された人たちが、さらなる近代化を目指す政策の中で職を失う姿は、母子保健分野ではよくあることだが、バングラデシュでも FWV や CSBA による介助は今後さらに減少していくだろう。そうなれば、彼女たちは職を失うことになる。その中で、サフィナのように診察室を持ち、近代的な医療技術を利用し、製薬会社の営業担当者が訪問するような存在にアップグレードすることは、存続するための一つの戦略になり得ると言える。

また出産する女性たちに目を移すと、ダイや SBA を呼んで家で産むつもりであっても、些細な理由で私立病院に移動し、その結果帝王切開で出産する女性が多くなっている。一度帝王切開を受けると次回以降の出産も帝王切開になることから、女性たちが出産の知識を身につけることができれば、帝王切開のいくらかを減らすことができるだろう。だが、私立病院が利益と効率を重視して帝王切開を行う姿勢がすぐに変わりそうになく、政府の規制もすぐには行き届かないとするならば、女性たちの健康を守ることを第一に考え、女性に知識を与えてエンパワする存在が必要である。ダイやSBA、FWVは、そのような役割を果たす存在として、今後も存続する意義があるのではないだろうか。

注

（1）FWVは、もともとは政府のUnion Health and Family Welfare Centreに所属し、施設内で分娩を介助する人材として養成された［Mridha et al. 2009: 129-130］。したがって、自宅分娩の介助が認められているのかは不明である。

（2）ただし1978年にWHOがTBAを訓練して保健計画に組み入れる方針を表明した際、当初バングラデシュ当局は難色を示した。ダイの多くは高齢で文盲のことが多く、寡婦や離婚経験者で一段低く見られる人々であったため、とうてい改良の余地はないと考えたからであった。妥協策として、若くて教育を受けたFVW（Female Village Workers）の養成を実験的に行ったが、効果は非常に限定的だった［Rozario 1998］。

（3）クーポンが適用されるサービスには、妊婦健診3回、産後6週間以内の健診1回、施設あるいはSBAの介助による自宅出産、また帝王切開も含まれていた。インセンティブとして、妊婦健診3回分の交通費300タカ、施設での出産あるいはSBAの介助による出産に2,000タカなどのほか、500タカ相当のギフトボックス（中身は石鹸、ベビー服等）が支給された［Ashraf et al. 2008; Ahmed and Khan 2011; WHO 2015］。

文献

Ahmed, S. and Khan, M.M.

2011　A maternal health voucher scheme: what have we learned from the demand-side financing scheme in Bangladesh? *Health Policy and Planning* Volume 26, Issue 1: 25–32. https: //doi.org/10.1093/heapol/czq015

Ahmed, S. M. et al.

2013　Harnessing pluralism for better health in Bangladesh. *Lancet* 382: 1746-55.

Akhter, F.

2002　*Amar Dai Ma Dai Ma Go: Oh my dear Midwife!!* Narigrantha Prabartana.

Ashraf A., Kabir H., Islam Z., Gazi R., Saha N. & Khyang J.

2008　Rapid Assessment of Demand-side Financing Experiences in Bangladesh. ICDDR, B working paper no.170.

Bangladesh Maternal Mortality and Health Care Survey

2016　Preliminary Report. https: //www.measureevaluation.org/resources/publications/tr-17-218.html（Accessed on September 30, 2021）

Blanchet,T.

1984　*Women, Pollution and Marginality: Meaning and Rituals of Birth in Rural Bangladesh.* Dhaka University Press.

BRAC University

2019 Midwifery in Bangladesh: A brief introduction. BRAC School of Public Health.

Claquin, P. et al.

1982 *An Evaluation of the Government Training Programme of Traditional Birth Attendants*. International Centre For Diarrhoeal Disease Research, Bangladesh.

Cueto M.

2004 The Origins of Primary Health Care and Selective Primary Health Care. *American Journal of Public Health* Vol. 94, No. 11: 1864-1874.

Directorate General of Nursing and Midwifery

2017 NATIONAL GUIDELINES FOR MIDWIVES.

Mangay-Maglacas, A., Pizurki, H. and World Health Organization

1981 *The Traditional Birth Attendant in Seven Countries: Case Studies in Utilization and Training*. World Health Organization.

Matsuoka, E.

2023 Is Health Care a Right or an Obligation: An Exploration of Medicalization of Childbirth in Rural Bangladesh and in Japan.『アジア・ジェンダー文化学研究』第7号：25-44.

Mridha, M. K., Anwar, I. & Koblinsky, M.

2009 Public-sector Maternal Health Programmes and Services for Rural Bangladesh. *Journal of Health Population and Nutrition* 27（2）: 124-138.

NIPORT and ICF, Bangladesh Demographic and Health Survey（BDHS）

以下の号 1993-1994, 1996-1997, 1999-2000, 2004, 2007, 2011, 2014, 2017-2018, 2022.

NIPORT. Bangladesh Maternal Health Services and Maternal Mortality Survey（BMMS）

以下の号 2001, 2010, 2016.

Osman, F. A.

2008 Health Policy, Programmes and System in Bangladesh. *South Asian Survey* 15: 2: 263-288.

Rowen, T. et al.

2011 Evaluation of a traditional birth attendant training programme in Bangladesh. *Midwifery* 27：229-236.

Rozario, S.

1998 The dai and the doctor: discourse on women's reproductive health in rural Bangladesh. *Maternities and Modernities: Colonial and Postcolonial Experiences in Asia and the Pacific*. Cambridge University Press. 144-176.

Sarker, B. K. et al.

2016 Reasons for preference of home delivery with traditional birth attendants in Rural Bangladesh: a qualitative exploration. *Plos ONE* 11（1）.

Thaddeus, S. and D. Maine

1994 Too Far to Walk: Maternal Mortality in Context. *Social Science & Medicine* Vol.38

No.8：1091-1110.

Van Lerberghe, W. and De Brouwere, V.

2001　Of Blind Alleys and Things that Have Worked: History's Lessons on Reducing Maternal Mortality. *Studies in HSO&P*. 17: 7-33.

Vincent-Priya, J.

1991　*Birth without Doctors: Conversations with Traditional Midwives*. Earthscan Publications Ltd.

World Bank Data.

Maternity Mortality Ratio（modeled estimate, per 100,000 live birth）-Bangladesh.

https: //data.worldbank.org/indicator/SH.STA.MMRT?locations=BD（Accessed on September 30, 2021）

World Health Organization（WHO）

2015　Bangladesh Health System Review. Health system in transition Vol.5 No.3. 2015.

2018　Health SDG Profile: Bangladesh. https: //apps.who.int/iris/bitstream/handle/10665/276833/sdg-profile-Bangladesh-eng.pdf?sequence=5&isAllowed=y（Accessed on July 17, 2020）

2019　Trends in Maternal Mortality 2000 to 2017: estimates by WHO, UNICEF, UNFPA, World Bank Group and the United Nations Population Division: executive summary.

大橋正明・村山真弓編

2009　『バングラデシュを知るための 60 章【第 2 版】』明石書店。

大橋正明・村山真弓編

2017　『バングラデシュを知るための 66 章【第 3 版】』明石書店 。

外務省ホームページ

https: //www.mofa.go.jp/mofaj/gaiko/oda/shiryo/hyouka/kunibetu/gai/bangladesh/kn01_01_0602.html　(2022 年 7 月 31 日閲覧)。

経済産業省

2020　『医療国際展開カントリーレポート：新興国等のヘルスケア市場環境に関する基本情報 バングラデシュ編』https: //www.meti.go.jp/policy/mono_info_service/healthcare/iryou/downloadfiles/pdf/countryreport_Bangladesh.pdf（2020 年 7 月 17 日閲覧）。

厚生労働省ホームページ

https: //www.mhlw.go.jp/file/05-Shingikai-11901000-Koyoukintoujidoukateikyoku-Soumuka/0000042555.pdf　(2021 年 10 月 13 日閲覧)。

五味麻美

2013　「バングラデシュ農村部における女性の出産に対するケア・ニーズ：SKILLED BIRTH ATTENDANTS への示唆」『日本助産学雑誌』Vol.27 No.2: 226-236。

中尾優子他

2004　「バングラデシュ・ダムライ郡の分娩・授乳状況：妊婦、乳幼児をもつ母親、

伝統的産婆、地域家族福祉補助員、看護婦への集団面接結果」『民族衛生』第70巻第3号 : 112-122。

中村安秀

2017「特別寄稿 アルマアタ宣言から40年 プライマリヘルスケア：アルマアタ宣言から40周年を迎えて」『目で見るWHO』第64号 : 23-25。

橋本千代子・松本安代

2012「バングラデシュの看護・助産教育制度の現状と課題」『Journal of International Health』Vol.27 No.1: 87-92。

松岡悦子

2014『妊娠と出産の人類学：リプロダクションを問い直す』世界思想社。

松岡悦子他

2019「南アジア農村部におけるリプロダクティブ・ヘルス改善のためのNGOとの共同研究」(2015～2018年度 科学研究費　補助金 基盤研究（B）海外　課題番号5H05170)。

溝口常俊

2019-2020「連載　魅力あるバングラデシュ　第1回－第6回」『地理』64 (10)-65 (3)。

モハメッド・アクタル・ホッセン他

1991『母親達の為の私達：母子看護におけるトレーニングと看護活動』出版社未詳。

渡辺龍也

1997『「南」からの国際協力：バングラデシュ グラミン銀行の挑戦』岩波書店。

第10章　医薬化の迷路

妊娠初期の薬の使用

諸 昭喜

はじめに

2020年の秋頃に、私はバングラデシュの友人と言い争いをして、その後関係が途絶えてしまったことがある。彼女は妊娠初期の吐き気とめまいで病院に通っていたが、毎月の病院での妊婦健診の費用が高く、薬代にも300～500タカ（1タカは約1.4円）かかるので、それだけでも援助してもらえないかと私に言ってきた。私としては、彼女が毎週のように妊婦健診に行くのも不思議だったが、つわりに薬を飲むこと自体が理解できなかった。私は彼女に、つわりは妊娠初期には普通に起こることなので、薬を飲まなくても時間の経過とともに良くなると述べ、妊娠中の薬は飲まない方がよいと説得しようとした。しかし、彼女は私がいくら説明しても病院から処方された薬を飲まないのは考えられない、吐き気がおさまらなくてご飯を食べられないとお腹の子に異常が生じるので、薬を服用しなければならないと不安を訴えた。結局、私たちはお互いの話を理解できないまま、連絡が途絶えてしまった。私は妊娠期間中の薬の服用に非常に抵抗感があったのに対して、彼女は症状があるのに薬を飲まないのは不安だとして口論になってしまったのだ。

この経験が、薬の消費に関する文化的なコンテクストを調べようというきっかけになった。そこで、まず薬の使用をめぐる文化人類学的な研究について述べ、次にバングラデシュ農村では薬がどのように用いられているのかを紹介し、その後今回行った質問紙調査の結果を紹介することにしたい。ただし本章では、薬を服用することに対する価値判断や、妊娠中の薬の服用が身体に与える影響やその評価については言及しない。これまでの医薬品に関する研究は政策的側面に焦点を当てることが多かったが、本調査ではローカルな場における妊娠期の女性に焦点を当て、事例をもとに考察を行う。そうすることで、バングラデシュのヘルスケアの多様な側面に光を当て、妊娠という医療と自然の境界領域において、多様なアクターが互いにどのように関連し合いながら現実を形作っているのかを明らかにしたいと考える。

第１節　薬の人類学

1．どうして薬なのか：薬の使用をめぐる研究

薬（medicine）といえば、通常はバイオメディカルな医薬品を想定するが、人類学の研究では治療目的を持つモノ（thing)、生き物の状態を良い方にも悪い方にも変える力を持つサブスタンスのすべてを意味している［Whyte et al. 2002: 3, van der Geest 1996: 154］。このような治療目的を持つモノ、つまり薬の服用や消費の様相は、患者やヘルスケア提供者が身体の異常や変化をどのように認識し、それに対処しているのかと深く関わっている。そしてある薬が流通・消費されるときに、その薬がどのような意味付けをされているのか、誰が薬を処方する権限をもち、誰が実際に薬を与えているのかは、その社会のヘルスケアの体系を映し出すものになっている。ほとんどの場合、薬は診療や治療と不可分である。例えば、血圧や体温などの基礎的な身体情報を測って症状を聞き、処方箋を書いて薬を推奨するという「診療」行為と、薬を提供することとは一体である［Sachs 1989］。医薬品は医療に不可欠なもので［van der Geest & Whyte 1989: 346］、薬が手に入らなければ人々は医療機関を訪問しないだろう［Melrose 1982: 18, van der Geest and Whyte 1989: 346 から再引用］。したがって、ヘルスケアの中で医師に最も期待される役割は薬の処方ということになる。医師は薬を処方することで患者の不快感や苦痛を理解し、それを解釈し、症状を回復させる情報を持っていること、患者を助けたいと思っていることを伝えている。また薬というモノを持っていることは、薬の知識と同時に薬を所有する権限を持っていることを意味している。さらに、症状に合う薬を処方できることは、その人が専門的知識を持ち、その地位を相手が認めていること［Whyte et al. 2002］、かつ患者に対しては、医薬品の消費によって健康を取り戻せることを示すことになる［Nichter 1980］。

1990 年代までは薬と医療とは分けて考えられてこなかったので、薬にまつわることがらは医療化の中で議論されていた。しかしファーガソンは、医療化（medicalization）と医薬化（pharmaceuticalization）とを区別することを提唱している。彼女によると、薬は狭い意味での医療や医学の領域をはるかに超えて、多様な目的のために広く使われる可能性があるからである。そして医薬化には、市場

化や商業化、政治的な利害関係がより先鋭的に現れ、さらに薬は治療行為やそれを行う人、または病院という場所から切り離して存在することができるため、モノがもつ特質の側面からも論じなければならないと指摘している［Ferguson 1981］。また、島薗らは「〈特集〉薬剤の人類学」の中で、医療化とは別に医薬化の言葉が使われるようになった背景について述べている［島薗ほか 2017］。それによると、医薬化では従来の臨床現場だけでなく、製薬会社の開発やマーケティング、流通も含めて研究対象とするようになってきたからだとのことである。本章でも島薗の言葉に倣って、pharmaceuticalization の訳語として、医薬化の言葉を用いることとする。

薬の人類学的研究の代表的なものの一つは、van der Geest らの研究である。彼らはアパデュライの「モノの社会的生命 social life of things」という概念［Appadurai 1986］を用いて、薬というモノがどのような性質を持ち、誕生してから一生を終えるまでにどのような関係を結ぶのかについて、バイオグラフィーというたとえを使って（メタファーを用いて）説明した［van der Geest et al. 1996］。彼らは、薬を身体的な変化を引き起こすもの、特定の生物体においてある反応や変化を引き起こす物質のすべてという包括的な意味で用いた。したがって、バイオメディスンや科学的な薬品だけでなく、儀礼に使われる呪術的効果をもつ物質も含まれることになる。彼らの研究によれば、同じ薬であってもそれを誰が、どのように、どんな意味で用い、配布するのかには、その文化のさまざまな要素が関与するとしている。薬は手軽で、便利で、どこにでも持ち運びできるため、非常に広く受け入れられている。特にバイオメディカルな薬は特定の症状に効き、治療者に左右されずに自ら投薬できる手軽さと自立性を備え、保管や備蓄ができ、交換が可能で、金銭にも換えられるので、広範に普及することになった［van der Geest 1989, 1996; Whyte et al. 2002］。このような特徴は、薬がモノや商品として流通することからきている［van der Geest 1989: 350］。特に、コンビニで鎮痛剤やサプリメントが売られていることからも明らかなように、医薬化は自由競争や市場原理と結びつき、公共の規制を受けにくくなっている。私たちの日常生活には、さまざまな形で医薬化が浸透していると言えよう。

2.　発展途上国における薬

医薬化や薬についての議論は、医薬品が第三世界に大量に普及するようになった 1980 年代末から活発になった［Leslie 1988; van der Geest et al. 1996］。その頃はまだ発展途上国では医療施設へのアクセスが難しく、正規の教育や資格を備えた医療従事者が不足していたため、最初に手に入るのはいつも薬だった。薬は人が行けない遠いところまでも届けられ、病院に行けない人や行きたがらない人も服用することができたため、薬の消費量は大幅に増えた。また、薬は症状に対して効き目があり、治療者によって効き目に差が出ることがないため、安定的な効果があると見なされ、薬や注射に対する信頼感は高まった。このように、発展途上国で医薬品の侵略（pharmaceutical invasion）と表現されるほどバイオメディスンが急速に受け入れられた背後には、グローバリゼーションと国際機関の活動の影響があった［van der Geest & Whyte 1988: 9］。医師の科学的な治療や医療設備よりも、薬が西洋から来たものだということが大きなインパクトをもち、薬は病人の治療と救済を目的に日常生活に急速に浸透し、まるでコカコーラのように消費されたと言われている［van der Geest et al. 1996: 162］。薬はバイオメディスンとは別物であるかのように処方箋から切り離され、その地域の民間治療師の治療の中にうまく取り込まれたり、市場で他の日用品などと一緒に商品として売られたりして、多様な経路と形で人びとの生活に浸透していった［Ferguson 1981; Nichter 1996］。

発展途上国の薬の消費で問題視されるのは、過剰処方（ポリファーマシー）である。たくさんの量と種類の薬が処方され、抗生物質や注射が不必要に使われ、薬の価格が高すぎることが問題になっている［van der Geest et al. 1996: 159］。その一方、Sachs は、途上国の薬の処方を非合理的や過剰処方と見ることは、他者や外部の視点で見ることだとして批判し、薬の消費を内在的な視点で見る必要があると述べている。彼によれば、スリランカの農村の人々は西洋の医薬品をアーユルヴェーダのバランス理論に結び付けて服用し、薬は排他的で異質なものではなく、患者を救う象徴的な意味をもっていると述べた。したがって、バイオメディカルな視点で他文化の薬について「プラスかマイナスか」を論じる前に、ミクロとマクロの両方のレベルで、リスク、コスト、効能について調査する必要があると Sachs は述べている［Sachs 1989］。

3. バングラデシュにおける医薬品

1980 年代初期のバングラデシュは世界で二番目に貧しい国とされ、一人当たりの GNP の平均はわずか 130 ドルで、90% の人々が農村部に住み、70% の人たちが読み書きできない状態だった。新生児死亡率は出生千当たり 110 と高く、当時の社会環境が劣悪だったことを表している。バングラデシュの大多数の人びとは近代的な医薬品にアクセスすることができず、1981 年のバングラデシュの医薬品市場は世界全体の0.1%にも満たない規模だった。1978年の市場調査によると、すべての薬は処方箋なしで手に入り、95%の消費は薬店（薬売り）を通じて行われていたが、これらの薬店への政府の規制は皆無だった［Reich 1994: 130-131］[1]。ところが、世界銀行が2018年に出した『バングラデシュ都市部における健康と栄養報告書』では、バングラデシュは健康と栄養に関するミレニアム開発目標（MDGs）で目覚ましい進展を遂げたとされている。たとえば、予防接種率の向上、栄養不足の解消、乳児死亡率や5歳未満児死亡率、妊産婦死亡率の減少、感染症の予防において大きな成果が見られる、と報告書は述べている［World Bank 2018］。

バングラデシュのCentre for Research and Information（以下、CRI）という研究機関は、このような成果を上げることができたのは、より充実した医療インフラのおかげだと解釈している。たとえば、郡レベルには一次医療機関、県レベルには二次医療機関があり、全国にある医科大学では三次医療が提供されている。さらに、政府は末端のレベルにコミュニティ・クリニック（コミュニティ・クリニックについては第8章第3節参照）やヘルスセンター、サテライトクリニックを設置し、子どもと母親のヘルスケアを行っている［CRI 2018］。また、バングラデシュでは人口の80%が薬店（薬売り）や伝統的な治療者といったインフォーマル・セクターから薬を買い求めている［MedCOI 2016, UK Home Office 2019: 5-6,8 再引用］。さらに、バングラデシュの製薬産業の2015～19年の年平均成長率は16.7%と大きな伸びを示していて、製薬産業は国家の重要な産業になっている。低所得国の中で、自国内で医薬品生産を可能にしたのはバングラデシュが最初であり、現在ではバングラデシュは全世界の70か国以上にジェネリック薬品を輸出し、国内需要の98%を供給するまでになっている。内訳は特許医薬品20%、ジェネリック医薬品が80%を占めている［Al Faisal 2019: 3］。この報告書によれば、国内にはアロパシーの小売薬店が113,872か所存在するとなっているが、他の資料によると約300,000か所の民間薬店があり、そのうち政府が公式に承認しているのは26,000か所に過ぎないとしている。残りの薬店は資格のある薬剤師がいないため、違法の状態だということである［Rashid et al. 2014: 28］。

バングラデシュの薬をめぐる政策としては、1982年に出された国家医薬品政策（National Drug Policy: 以下、NDP）と、その指針に基づいて同年に制定された医薬品（規制）令（Drug［Control］Ordinance）が、国内の製薬産業の成長に決定的な影響を及ぼしたとされる［村山 2014］。Reichによると、NDPは必須医薬品のリストを作成し、国内におけるそれらの安定的生産と価格の上限を決定し、政府主導で製薬産業の育成と保護を行い、急成長させることに成功した。また、無資格のヘルスケア提供者が人びとと薬を媒介する役割を果たしたことで、薬は一般の人びとに広く利用されるようになったとされる。とは言うものの、Reich はバングラデシュにおいて、過剰処方や医薬品の不合理な使用がしばしば見られることを批判している［Reich 1994］。たとえば、抗生物質やステロイドの処方と消費が多すぎて危険なレベルにまで達しているのは、製薬会社の積極的なマーケティング政策がもたらしたマイナスの効果だとしている。また、Ahmed と Islam は、バングラデシュには約7万人の未登録の薬売りと村医者がいて、彼らが大半のバングラデシュ人にとって最も身近な医療提供者になっていると述べている。そして、医療施設を訪れた外来患者と医療スタッフを対象に、どのような薬が処方されているかを知るために症状とカルテを分析したところ、抗生剤と Vitamin B 剤が頻繁に処方されていた。また、過剰処方の傾向があることや、必須医薬品リスト内の薬を処方する率が63％であり、一般的な薬を処方する傾向があると述べている［Ahmed and Islam 2012］。バングラデシュに関する医療人類学的研究は医薬品に関するものが非常に多いが、その背景には製薬産業に対する関心の高さと同時に、医薬品の使用から生じる問題点の多さもあるものと思われる。

第2節　妊婦の薬の服用

出産や医療に関する研究では、医療介入の多さ、特に施設化による帝王切開の増加が議論の焦点になっている。しかしすでに述べたように、発展途上国の医療化は、医療技術の導入以前に薬の使用という医薬化の形で現れている。妊娠という身体的変化の時期は、薬を服用する必要性と危険性の両方を考えなければならない微妙な時期である。妊娠は、女性の身体にとっては人生の自然なできごとでありながら、いったん母子のいずれかに生命の危険が生じたときには、医療介入が必要になる不安定な時期でもある。また妊娠期は、女性の人生にとっては最も脆弱な時でありながら、国家にとっては人口と労働力の再生産を図る上で不可欠な統制の時期でもある。生命の誕生や母子の健康を守るという目標は普遍性をもち、国際的にも国内的にも共感を得やすいため、国家にとっては集中的なインフラ形成や税金の投入を行いやすく、国民の賛同を得やすい場面と言える。また、MDGs や SDGs で目標とされる新生児死亡率や妊産婦死亡率の低減は、国の医療環境や政策能力を照らし出す数値と受け止められたため、政府は母子保健政策に力を入れざるを得なかった。そのようなことから、妊娠

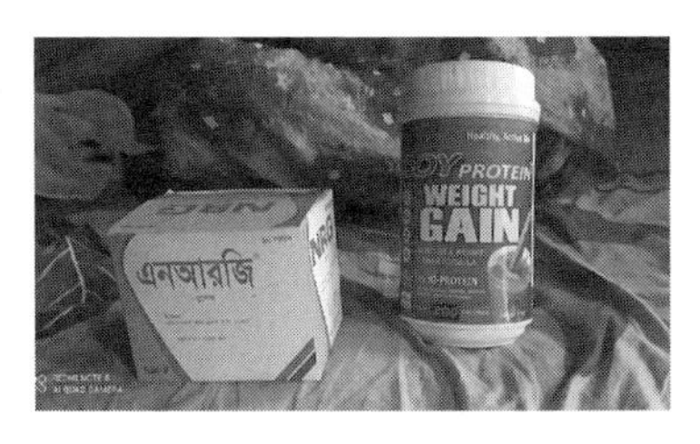

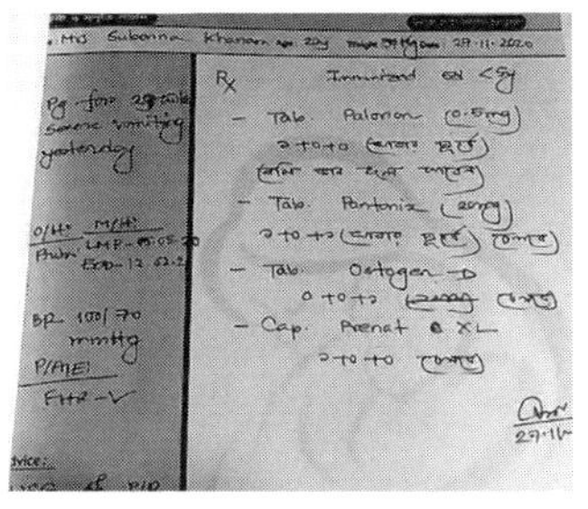
Rx
Tab. Palonon (0.5mg)
Tab. Pantonix (20mg)
Tab. Ostogen-D
Cap. Prenat XL

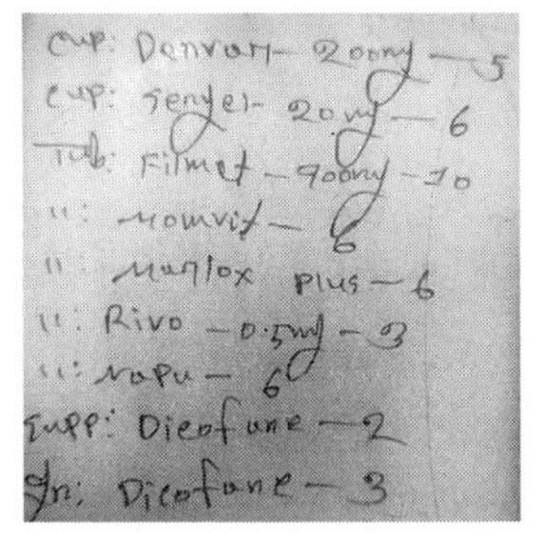
Cap: Denvar - 200mg — 5
Cap: Sergel - 20mg — 6
Tab: Filmet - 400mg - 10
": Momvit — 6
": Marlox plus — 6
": Rivo - 0.5mg - 3
": Napu — 6
Supp: Dicofune — 2
Inj: Dicofune — 3

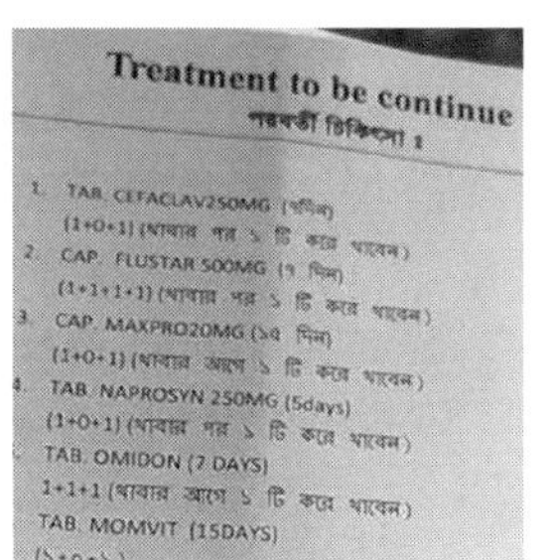
Treatment to be continue
পরবর্তী চিকিৎসা ঃ

1. TAB. CEFACLAV250MG
(1+0+1) (খাবার পর ১ টি করে খাবেন)
2. CAP. FLUSTAR 500MG
(1+1+1+1) (খাবার পর ১ টি করে খাবেন)
3. CAP. MAXPRO20MG
(1+0+1) (খাবার আগে ১ টি করে খাবেন)
4. TAB. NAPROSYN 250MG (5days)
(1+0+1) (খাবার পর ১ টি করে খাবেন)
TAB. OMIDON (7 DAYS)
1+1+1 (খাবার আগে ১ টি করে খাবেন)
TAB. MOMVIT (15DAYS)

写真1　ベグナさんが、妊娠中から産後までにもらった薬と処方箋
（左上：妊娠初期、右上：妊娠中期、左下：帝王切開の準備、右下：分娩後）
（写真は現地調査助手撮影、2021年）

期の事例に焦点を当てることで、バングラデシュのヘルスケア政策やヘルスケア従事者の特徴を明瞭に照らし出すことができるだろう。以下は、2021年に現地の調査助手に依頼して行った訪問による質問紙調査に基づいている。

1.　事例：ベグナ（仮名）さんの話

2021年2月21日、カリア村に住む21歳のベグナさんはまだ生まれて間もない生後18日目の赤ちゃんを抱いていた。彼女は8年間の教育を受け、19歳の時に8才年上の夫と結婚した。夫は小さな物売りの店を構え、月収は15,000タカ（2万円）程度になる。彼女は体の調子が悪い時には、夫に付き添ってもらって電動式のバン（自転車の後ろに荷台を取り付けた乗り物）でテケルハット市場の ホメオパシー医を訪ねていくそうだ。彼女は20歳で初めて妊娠したが、妊娠初期は嘔吐と疲れやすさがあったため、ホメオパシー医の所に行って、ブドウ糖を含む生理食塩水、NRG（ハイエナジーサプリ）と大豆タンパクのサプリ Weight Gain をもらって1150タカを支払った。 2020年11月27日、妊娠中期の29週目にはだるさに

表1　ベグナさんが妊娠中から産後までに服用した薬（写真1の内容と同じ）

妊娠初期 :嘔吐と疲れやすさ		妊娠中期:だるさ、貧血、 腹痛、つわり、胃の痛み		帝王切開の準備 分娩準備		分娩後の痛み、 体の回復	
薬名	成分	薬名	成分	薬名	成分	薬名	成分
Salain	ブドウ糖	Paloron	Palonosetron 吐き気	Denvar	Cefixime Trihydrate 抗生剤	Cefaclav	Cefuroxime Axetil + Clavulanic Acid 抗生剤
NRG： Weight Gain	大豆タン パクのサ プリ	Pantonix	Pantoprazole Sodium Sesquihydrate 胃酸分泌の抑制	Sergel	Esomeprazole Magnesium Trihydrate 胃の痛み、 もたれ	Flustar	Flucloxacillin Sodium 抗生剤
		Ostogen D	Calcium Carbonate + Vitamin D3 + Multimineral	Filmet	Metronidazole 抗菌薬	Maxpro	Esomeprazole Magnesium Trihydrate 消化器系用薬
		Prenat XL	Carbonyl Iron + Folic Acid + Zinc Sulfate + Vitamin B Complex + Vitamin C	Momvit	Multivitamin & Multimineral Essentials	Naprosyn	Naproxen Sodium 抗炎症薬
				Marlox Plus	Magaldrate + Simethicone 胃の痛み、 もたれ	Omidon	Domperidone Maleate 消化器系用薬
				Rivo	Clonazepam 抗てんかん薬、 筋弛緩薬	Momvit	Multivitamin & Multimineral Essentials
				Napa	Paracetamol 解熱・鎮痛薬	Ceevit	Vitamin C
						Voltalin Suppository	Diclofenac Sodium 抗炎症薬
						MarinCal-D	Calcium Carbonate + Vitamin D3
						Ipec-Super	Iron Polymaltose Complex + Folic Acid + Zinc + Vitamin B-Complex
						Mupiderm ointment	Mupirocin 局所抗生物質

加えて貧血と腹痛があったので、嘔吐と胃の痛みを軽減するため、正規の医師がいる診断センターへ行き、4種類の薬 Paloron、Pantonix、Ostogen D、Prenat XL を処方され、700タカを支払った。その後、妊娠36週目（2021年1月17日）に病院へ行った時には、Paloron 1つを除いて、Ostogen D、Pantonix、Prenat XL を処方されたが、金額は正確に思い出せない。

彼女は自宅で子どもを産むつもりだったが、赤ん坊の頭が大きくて、陣痛の痛みが強かったため、実際にはテケルハット市場にある US Model Hospital で帝王切開による出産となった。彼女は帝王切開の準備と分娩準備のため、Denvar（抗生物質）を含む7種類の薬を購入し1000タカを支払った。分娩のため、2月6日に入院して帝王切開を受け2月8日に退院した。子供は3.9キロの男の子だった。彼女は帝王切開で産んだ後、分娩後の痛みと手術の縫った部分の痛みがあったので、痛み止めと体の回復を図るためにまた薬を飲んだ。その時には Cefaclav（感染症治療のための抗生物質）を含む11種類の薬を処方され、1750タカを支払った（写真1及び表1参照）。彼女は、産後18日たった今でも痛みと極度の無気力感（serious weakness）を訴えている。また、金銭的にもこの出産は予想外の出費となった。彼女は分娩に2000タカ程度かかると思っていたが、実際の費用は凡そ12,000タカになり、経済的な負担が大きかったため、産後の伝統儀礼も行うことができなかった。

これがベグナさんの出産の話である。彼女は妊娠から出産に至るまでの間、サプリメントなども含めると24種類もの薬を飲んでいた。写真1の薬の名前を文字にしてわかりやすくしたものが表1である。筆者は薬の専門家ではないので、服用の適切性または必要性について議論するのは難しい。しかし、処方された薬の成分を、インターネット（e.g. https: //medex.com.bd/）上に公開されている FDA の胎児危険度分類（Pregnancy Category）の5つのカテゴリーに当てはめると、妊婦や赤ん坊に対する影響がまだ検証されないものや、産後の授乳の時には推奨されないもの含まれていた。もちろん、ほとんどは妊婦にも安全だとされるビタミン類や、妊娠期間中に必要とされる鉄分、葉酸であり、妊娠中・授乳中の薬物投与が健康に役立つ側面も排除することはできない。重要な点は、彼女のような事例はこの村では特別なケースではない点である。今回の質問紙兼インタビュー調査において、平均年齢24.5才の626人の女性のうち、妊娠5か月までに何らかの薬を服用した人の比率は83%、6か月から9か月までの服用比率は81%、分娩時期96%、産褥期93%に至っている。このように8割を越える妊産婦が、妊娠から産後にかけて薬を服用しているとするならば、いったいどんな薬を、誰から、どういう理由でもらっているのかについて、詳しく検討する必要があるだろう。

第3節　質問紙調査の結果

本章では、回答者626人の妊娠5か月までの薬の服用に焦点を当てることにする。全626人のうち妊娠初期に薬を服用したと答えた人は528人、薬を服用しなかったと答えた人は98人（15.6%）であった。ただし、薬を服用したという回答者のうち、3人は妊娠するために妊娠前に薬を服用したケースだったため、その3人を除外し、525人（83.8%）についてのみデータを分析した。

1. Why どうして

なぜ薬を服用することになったのかについては、「Why did you take the medicine? なぜ薬を飲みましたか」、「What kind of symptoms did you have? どんな症状がありましたか」、「Why did you decide to take the medicine? どうして薬を飲もうと決めたのですか」の3つの形で質問した[(2)]。薬を服用した理由についての3つの質問に対して、ほとんどの回答者は「症状」[(3)]で答えていた。626人のうち薬を服用した525人は妊娠5か月までに複数の症状を経験し、そのため（たとえば吐き気）薬を服用することになったと答えている。回答に挙げられた内容のうち、重複している症状を除くと、525人の回答者は合計1746個の症状を挙げており、1人当たり平均3.3種類の症状を訴えていた。このうち主な10個の症状を英語、ベンガル語、日本語で記述すると表2の通りである。

全1746個の症状のうち消化器障害や胃腸に関連した症状は676件で、薬を服用する主な理由となっていた。嘔吐、食欲不振、胃痛、胃もたれ、消化器障害、つわり、吐き気、便秘がこの症状群に含まれている。続いて、多くの女性が疲労感、無気力感、だるさ、体が疲れて力が入らないことを主に訴えていた。だるさ、無気力に関する類似の症状は336件だった。このdurbolota（weakness）については、現地の人の説明によれば、過度の労働やストレス、栄養不足、病気、睡眠不足などさまざまな要因からくるものとされ、非常に広い意味で使われていた。また、アーユルヴェーダの考え方では体液が重要な役割を果たしているため、おりものや出血の形で体液を失うと、カルシウムやビタミンが身体から出て行くことになり、エネルギーや精気を失ってdurbolotaになると解釈されているようだ［Rashid 2007］。また主な症状のうち、頭痛は128件、ヘッドムーブメント（Matha

表2　薬を飲むことになった理由（複数回答）

理由	回答数	日本語	ベンガル語	ベンガル語での表記
Weakness	327	だるい	Durbolota	দুর্বলতা
Vomiting	318	嘔吐	Bomi/ Bami	বমি
Dizziness, head movement	134	めまい	Matha ghora, Matha ghorano	মাথা ঘোরা মাথা ঘোরানো
loss of appetite	129	食欲不振	Khuda hras	ক্ষুধা হ্রাস
Pain	128	痛み	Byatha/ Betha	ব্যথা
Headaches	128	頭痛	Mathabyatha	মাথাব্যথা
Gastric pain Gastric	126	胃痛 胃もたれ	Gastriker betha Gastric	গ্যাস্ট্রিকের ব্যথা গ্যাস্ট্রিক
Nausea	96	吐き気	Bomi/ Bami bhab	বমি বমি ভাব
Anemia	91	貧血	Roktalpota/ Roktosolpota	রক্তাল্পতা / রক্তস্বল্পতা
Morning Sickness, Sickness	68	つわり 不調	Pratohkalin asusthota Asusthota	প্রাতঃকালীন অসুস্থতা অসুস্থতা
Fever	43	発熱	Jar	জ্বর

ghurano）は116件報告されており、頭に関する症状が相当部分を占めていた。ヘッドムーブメントはバングラデシュのイディアムと見ることができるが、「ベッドで寝返り、起き上がり、頭を打った時などに頭がぐるぐる回るような感じ」を表現したもので、日本語では「目眩」に似た症状と思われ、実際にヘッドムーブメントで倒れたケースが3件あった。頭痛以外にも痛みの症状は128件で、その半分以上が腹部の痛みを訴えていた。これは胃痛とは異なり、腹部または下腹部の痙攣（cramps）、硬直（stiffness）、ガスに伴う痛み（gas）とされている。しかし、痛みは腹部だけでなく、胸12件、背中3、首2、脚2、骨2、腰1と複数の箇所の訴えがあった。痛みの表現とよく一緒に使われるのが、燃えるような感じ（Burning feeling）の20件である。その部位の熱感と共に痛み、炎症（irritation）、燃えるような感覚を訴えているが、部位は尿路が最も多かった。その外にも胸、手、足、腹部や、胸と足、手足、尿路と足など複数の部位で同時に表れていた。質問紙の回答では、尿路の燃えるような感じを挙げた人や、尿路感染を経験した女性は27件と少なくなかった。

2.　Where どこから

このような症状に対して薬を服用することにした場合、次に「Where did you

表3　薬をもらった場所

場所	回答数
薬店、ドラッグストア、ドラッグショップ	154
政府の病院（Upazila Health Complex）	142
病院（Hospital）	92
診断センター（Lab. Dignostic Center）	49
GUP ヘルスセンター（GUP Health Center）	41
クリニック（Clinic）	17
その他（ホメオパシー医、コビラージ、宗教者、家族）	16
BRAC オフィス（ヘルスセンター）	4
ユニオン サブ センター（Union Sub Center）	2
医療アシスタント（Medical Assistant）	1
総計	518

get it ? どこで薬を手に入れたか」を調べた。薬を服用した 525 人のうち、回答がなかった 5 人を除外し、重複回答なしで 518 件を分析した結果は表 3 のとおりである。産婦の 1/3 程度は薬店[(4)]で薬をもらっている。この薬店のカテゴリーは、drug store、medicine shop などの表現を含むものであり、本稿ではその規模や販売者の資格の有無にかかわらず、薬を販売する店の意味で薬店（pharmacy）のカテゴリーに区分した。妊婦やその親族は、症状に対して薬店を訪ねており、薬店がプライマリーケアの役割を果たしていることがわかる。薬店が多く利用されることに関しては、地理的、心理的にアクセスしやすいこと、利便性などに起因すると推測できるが、これについてはさらに調査が必要である。薬店では、身体的異常の際に、病院でのように医師の診断と診療を受けることができないため、異常を感じた人が自分から薬をもらいに行ったと考えられる。したがって薬店へ行く場合には、自然の治癒を待つよりは、症状を治療し、改善できる、あるいは改善しなければならないと信じて訪れていると思われる。

表 3 を見ると、薬店と共に妊娠初期の女性が最もよく訪れる場所は、政府が郡レベルで設置した医療機関の Upazila Health Complex（UHC）142 件、その下位の村（ユニオン）レベルにある Union Sub Centre 2 件という結果であった。女性の相当部分は、妊娠初期の症状に対して公共（郡レベル）の医療機関を受診していることが分かる。調査結果のうち、hospital の回答の中には「地域名、hospital（たとえば Rajoir hospital）」と記載しているものがあり、私立と公立の区別をすることは容易ではないが、518 件中病院名から私立病院とみられるのは約 120 件であ

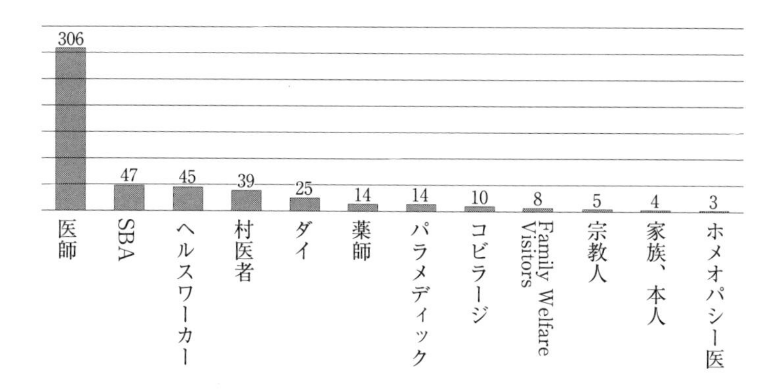

図1　薬をもらった相手

り、公共の医療機関はもちろん、私立病院も妊娠初期から利用されていることが分かる。一方、GUP、BRACを訪れて薬をもらった場合も45件あり、NGO団体が運営する診療所も妊婦の健康管理の一部を担っていることが明らかになった。

3. From Whom 誰から

次に、「Who gave you medicine? 誰が薬をくれましたか」という質問には、複数回答を含めずに520件の答えがあった（図1）。薬を提供した人の資格のあるなしや、肩書を確認したものではないため、資格や職業に関する情報は不正確であるかも知れない。しかし、妊産婦や家族が相手をどのような立場の人として記憶し、認識しているのかを分析することができる。またこの項目では、妊娠初期の症状の治療にどんなヘルスケア提供者が関わっているのかを調べることができ、その人たちの活動の場や勤務場所を知ることで、バングラデシュのヘルスケアの全体像を把握するのに役立つと思われる。

図1を見ると、答えの中で最も多いのは医師だった。インタビューの回答ではほとんど「Dr.」とのみ表記されており、この医師の正確な分野や資格の有無は分からないが、現在のバングラデシュでは、これらの「Dr.」は正規のMBBSの医師（Bachelor of Medicine, Bachelor of Surgery）を指しているとのことだ。医師が所属しているのは、主に3つの医療機関――病院（hospital 私立、公立を含む）、クリニック（clinic）、および診断センター（Diagnostic center）――で、全体の306人のうち4人を除く302人がこの3つの医療機関に所属する医師から薬をもらっていた。さらに、

302人のうち170人以上の妊婦が5-6人の医師から薬をもらっていて、UHCでは1人の医師が約100人の妊産婦に薬を出していた。同名の医師がいないという前提での話だが、この地域の妊産婦に薬を出しているのが決まった少数の医師だということがわかる。通常、公立病院で働く医師は私立病院でも働いていて、第8章で述べたようにUHCのアミナ医師は週に1-2日は私立病院でも働き、両方の病院の患者に薬を出している。また、このラジョール郡のような農村部の私立病院には経験を積んだ医師が常駐していないことが多く、産科を専門とする医師は週に1日だけダッカや別の都市からやって来て診察することが多い。

正規の医師とは別に、村医者（village doctor）、パラメディック（paramedic）、ホメオパシー医（homeo doctor）が区別されている。興味深いのは、パラメディックの14人中10人が病院ではなく薬店にいると記載されていることだ。また、妊娠の中後期になると、正規の医師が産婦の健康管理を行うことが多くなると思われるが、妊娠初期には村医者が少なくない数で登場する（村医者については、第3章、第8章で触れている）。村医者の半分が、村や地域名や市場の名称で認識され、例えばロコンダ市場のボビのように呼ばれている。このことは、彼らが妊産婦の近隣の村や市場で診療行為をしていて、その村や地域の「医者」としてよく知られていることを示している。しかし、現在これらのうちの半分程度が薬店を運営、または薬店に所属している。このことについては、より正確な追加の調査が必要だが、民間治療、またはプライマリーケアの役割を引き受けてきた村医者が、近代化の中で医療体系内に包摂され、薬店という場所に再び居場所を見出していると見られる。これはバングラデシュだけの現象ではなく、他文化でも同様のことが見られる。つまり、ヘルスケア体系が近代化し、そこでの従事者が確立されていく過渡期に、民間治療師や民俗治療者たちが薬種店、売薬商、薬店、薬鋪などの場所で近代的なヘルスケア従事者の地位を得て、制度の中に包摂されてきた例は、筆者が調査した韓国のウルルン島でも見られた［Che 2011］。

バングラデシュでは、他にも母親と新生児の健康管理を担当するいくつかの職業群―SBA、FWV、Health Visitors、Health Worker、TBAであるダイなど―が存在し、症状を訴える妊産婦に薬を配布していた。しかし今回の質問紙では、これらの人たちがどこから薬を手に入れているのか、薬店で買って妊婦に渡しているのか、所属施設に常備されている薬を渡しているのかなどについてはわからなかった。バングラデシュの医療体系に関する他の研究では、薬店の運営や薬剤師の資格や基準に対する規制が曖昧で、規制が行き届かないことが指摘されているが、今回の調査でも「薬をもらえる所」の広い意味での薬店で様々な医療従事者が活動していることが明らかになった。「誰から薬をもらったか」に対する調査結果の中で興味深かったのは、この質問に対して、「医師、薬剤師、保健所関係者など」という職業を主に答えるだろうという予想に反して、大部分の答えが「名前＋職業」になっている点だ。つまり、職業ではなく「その人」に対する信頼または関係形成が重要視されていることが推測できる。さらに名前の部分をもっと詳しく見ると、「姓なしで名前だけで呼ぶ関係」、「フルネームで呼ぶ関係」、そして「名前を知らない関係」が存在した。すべてではないが、多くのダイとSBA、女性の医師は苗字なしに名前で呼ばれており、彼女らは産婦と親しい関係を形成していることが考えられる。医師の場合、処方箋や診療記録、手帳などの書類を通じて名前を記録していたからなのか、医師のほとんどがフルネームで記載されている。これは、妊産婦と一定の距離がある関係と見ることができるし、産婦にとってはどの病院のどの医師が有名で、良い医師かは重要な情報のため、フルネームで認識されていると考えることもできよう。一方、宗教的治療者やコビラージ、村医者の相当部分は名前無しで市場、または地域名でのみ記載されていた。これは、市場や村の名前を言えばそこにいる宗教的治療者やコビラージが誰なのかはすぐにわかるからで、場所と人とが結び付いているからなのかもしれない。また、ヘルスワーカーの半分以上が名前を知らない関係として存在していた。その他にNGOのBRACやGUPでもヘルスワーカーやヘルスビジターという呼び名の人材を養成して雇用し、女性に対して一部の薬を提供していることが明らかになった。

4. What 何を

次に、「Name of the drug. If you still have the drug, let us take a picture. 薬名、あなたがまだ薬を持っているなら、写真を撮らせてください」。の項目を通して、どんな薬を受けとったかを調べた。調査の際には、服用した薬のビンや箱、またもらった処方箋の写真を撮らせてもらえるよう協力を求めた。そのうち記録のない20人を除いて、505人の薬の内容を知ることができた。

505人に対して、合計1368件の薬が使われていた。個人差はあるものの、1人当たり2.7個の薬を提供されたとみられる。薬は233種類あったが、スペルミスによる重複があることを勘案しても、200種類以上の薬が妊娠初期の症状に使われていることがわかる。そのうち、上位15位までの薬品名は表4のとおりである。

表4　どんな薬を受けとったか（複数回答）

薬名	回答数
Sergel	149
Pantonix	81
Emistat	80
Zifef	59
Vitamin	56
Napa	54
Calbo-D	51
Calcium	49
Omidon	46
Rocal	42
Folic Acid	41
Iron	39
Calbo	33
Pregnid	26
Cal D	25

写真1　Union Sub Center で薬をもらう女性
（松岡悦子撮影、2020年）

前述したように、最も訴えの多かったのが胃腸に関連した症状であったため、消化、胃腸障害に関連した薬である Segel、Pantonix、Emistat、Omidon が最も多く使われている。続いて、葉酸が主成分である Zifef、Folic Acid 類、またビタミン、カルシウム（Calcium、Calbo series、Cal D）、鉄分、およびそれらの複合剤として Pregnid が多くを占めていた。また、Napa という鎮痛剤もよく使われている。これは、症状の中でも頭痛、痛みが多かったことと関連している。しかし、この主な15種類の薬の合計は830件程度で、残りの500件余りの薬の内訳が約200種類の薬となっていて、非常に多様な種類の薬を妊婦が受け取っていることがわかる。バングラデシュではジェネリック薬品の使用が80%を占めるという調査があることから［Al Faisal 2019: 3］、ジェネリック薬品が主に消費されているという印象を受けた。出された薬と場所を関連づけてみると、病院ではバイオメディカルなジェネリックの医薬品が処方され、時には注射（3件、内容物未確認）などの処置が行われる一方、薬店の場合には、ジェネリック薬品以外にもホメオパシーのタブレット、ショウガ茶（tea with ginger）など様々な薬が売られており、販売する医薬品に関する規定が曖昧になっているのか、きちんと守られていないことが分かった。また、GUP では妊娠初期の多様な症状に対して Pregnid とビタミンを配布し、時には胃腸障害薬を追加しており、薬を提供している場所の中では、最も妊婦に安全な薬を出しているように見える。また、コビラージが調合する薬に関しては、正確にどの薬草の成分が入っているのかはわからず、単に薬草（ハーブ、リーフ）などと記載されているが、その中では生姜の活用が最も多く見られた。また、宗教指導者からもらった「水」が、治療目的の薬として数回言及されている（第3章と8章、11章にも聖なる水の記述がある）。

第4節　考察

発展途上国で見られる薬の使用については、非理性的（irrational）、過剰処方（overprescribing）、薬への過度の依存（overdependence）、自己投薬（self-medication）が先行研究で報告されている［Fabricant & Hirschhorn 1987; Greenhalgh 1987; Guyon et al. 1994, Islam 2017］。しかし、このような特性を非理性的、あるいは危険な行為と見るのではなく、ある文化の文脈において患者のためを思ってなされる利他的な行為と解釈して、その文脈を説明する研究もある［Nichter 1980; Sachs and Tomson 1992］。つまり、薬の使われ方について肯定または否定の価値判断をするのではなく、薬の使用をめぐって登場するさまざまのアクターの全体像を把握しようとする姿勢である。例えば、薬が患者に安心感を与えたり、治療してもらったという実感を与えたりしている点にも注意を向ける必要があるとされる。

バングラデシュの状況を振り返ると、女性たちは数多くのさまざまな種類の薬を提供され、薬は多職種の人々を介してやりとりされている。今回の事例では、女性たちが用いていた薬の大半はバイオメディカルなもので、ジェネリック薬が多くを占め、他にも薬草、宗教的な水など様々な種類のモノが「薬」として治療を目的に活用されている。また、薬は対症療法の一環であり、症状に対してそれぞれの薬が複数処方されている。妊娠という一つの原因（身体変化）に対して対応した薬が出されるのではなく、妊娠に伴う嘔吐、めまい、だるさ、食欲不振、痛みなどの一つ一つの症状に対して、それぞれに対応する治療薬や緩和する薬が出されている。薬を与えるという行為には、患者が訴える症状に対する共感、理解、治療という意味が含まれているので、これらのさまざまな種類の薬を提供すること自体を非難することはできない。しかし、複数の薬の購入と服用、さらに医療介入の多い分娩によって、女性たちは身体の痛みや負担に加えて経済的な困難をも経験するようになっている。したがって、妊娠中の薬の使用については、胎児への影響や副作用だけでなく、女性にとって満足のできる質の高い出産になっているかや、経済的な負担という側面にも注意を向けるべきだろう。

バングラデシュ政府は 1982 年に薬に関する法律を制定して改革を断行した。高価な海外薬品を消費すればするほど外国にお金が流出して行くため、バングラデシュ政府はそれを避けるために国内の製薬産業の育成を図り、自国の経済市場の活性化をめざした。そのような過程を経て、今日では薬は自国民のために国内技術で作られる「我々の薬」と位置づけられるようになり、価格が制御されて妥当な値段で販売されるようになっている。言い換えれば、薬は初期の頃は「西洋から来たよく効く薬」であったのが、現在では「我々の薬」として消費され、ナショナリズムと結びつくようになっている。こうして薬は手ごろな価格で人々の間に普及し、医療機関や正規の資格を持つ医療者が不足している地域でも容易に入手できるようになった。またこの政策を通じて、国内医薬品市場において危険性の高い薬、副作用が激しくない薬、必須医薬品（Essential Drug）が明確に区分され、選別、退出、排除によって規制が行われるようになっている。このようなことから、おそらく人びとは、現在の薬はすでに選別されたものとして、薬に対して高い信頼を置くようになっているものと考えられる。つまり、危険な薬品はすでに配布されておらず、現在入手できる薬は政府が認定した安全なものという認識が強まっているのではないだろうか。もちろん、今回の調査では人々の薬に対する認識まで明らかにしたわけではないが、メディアを通して発信される国のメッセージや、何人かのバングラデシュ人との対話の中で強く感じたのは、自国の製薬産業に対する誇りと、知識や科学技術の産物としての薬に対する信頼感、期待感だった。

今回の調査では、バングラデシュの農村部において、プライマリーケアとして薬店と薬の果たす役割が大きいことが明らかになった。妊婦の薬の服用は一見過剰に見えるが、その背後には過去に多くの母親や子どもたちが栄養不足や病気で亡くなった現実や、治療やケアを受けられなかったばかりに簡単な病気を治せなかった辛い現実があったと考えられる。その記憶と経験は、遠い歴史として彼らの中に存在するのではなく、わずか数十年前の記憶としてまだ存命中の祖父母世代を通じて現在の産婦にもしっかりと受け継がれているのではないだろうか。そして、そのときの恐怖感や不安感が、さらに医療サービスや薬に頼る原因になっていると思われる。この不安感が、前述した国内医薬品に対する高い信頼性とともに、女性たちが身体異常には薬を服用する方がよい、またしなければならないという認識を産む一つの要因になっているのだろう。

MDGsやSDGsによって、女性と新生児の健康のために国際的なアジェンダが設定され、バングラデシュでは国家やNGOsがさまざまなヘルスケアを提供し、社会的安全網を構築しようとしてきた。そして、1980年代以降には国内に必須医薬品が普及し、薬が末端の人びとにまで供給され、継続的に流通するサイクルが作られるようになった。このような背景の中で、薬は市場にある薬店や、公立・私立の病院、村レベルのFamily Welfare Clinicなどで、医師やSBA、ヘルスワーカー、村医者といったさまざまの職種の人たちから提供されるようになっている。妊産婦にとって薬はアクセスしやすいものとなり、ヘルスケアの環境は十分整ったかのように見える。たしかに、妊産婦が薬を手に入れられる場所が数多くあり、かつさまざまな職種の人が薬を提供してはいるものの、妊産婦の圧倒的多数は薬店や公立・私立の病院で、医師やSBA、ヘルスワーカーから薬をもらっており、バイオメディスンの利用が当たり前となっている。コビラージや宗教者による薬草やその他の薬の占める割合は非常に少なく、妊娠・出産における「医薬化」が進んでいると言えよう。したがって、妊産婦は妊娠初期から薬店で薬をもらい、病院や診断センターに定期的に通い、病院で帝王切開手術を受けるのが一連のコースのようになり、多くの女性がそのコースから自力で抜けられない事態が生じているように思われる。薬が広く流通するようになることで、妊娠・出産自体の医療化も進むのか、言い換えれば医薬化と医療化は手を携えて進むのかについても今後の研究が必要となろう。

また農村部では、薬店という業種や薬剤師の資格規制が緩いため、正規の資格のない多様な人びとが薬店を起点に活動しており、なおかつ薬店の役割が小さくない現実がある。そのことを鑑みると、ヘルスケア制度が確立されるまでの過渡期において、正規（formal）、非正規（informal）をはっきり峻別し、非正規のヘルスケア提供者を資格のない人としてすべて排除することは、サービスの大きな空白を生み出す恐れがある。したがって、今後薬を販売する人をどのように位置づけていくかは薬剤師だけの問題ではなく、伝統的な治療者や宗教者、村医者などの複数のヘルスケア提供者についても同様である。つまり、彼らを組み込むようなヘルスケアの制度を作るのか、あるいは排除するような制度にするのかということが課題になるだろう。今後近代的なヘルスケアの制度を作っていく過程の中で、どのような職種の人たちや、どのようなヘルスケアの知識に正当性を与えるのかという問題が浮上してくるだろう。特に出産の場合、薬の服用という行為を解釈するにあたり、女性を中心に全体像を考えるのか、またヘルスケア提供者を主軸に考えるのか、さらにヘルスケア提供者の中でも産婦人科医、あるいはSBAやFWVを中心に制度を作っていくかという視点から考えていなかければならないだろう。

おわりに

本章は、バングラデシュ農村部における妊娠から産後までの薬の使用に関する調査結果のうち、妊娠初期の薬の使用を中心に述べた。発展途上国の医療化に関する研究においては、医師や病院を見るよりも薬の販売と服用の情況を見ることで、女性たちや村のヘルスケアの現状をより鮮明にとらえることができると思われる。薬の利用にまつわる行為者たちの関係は、その社会の医療文化を表わしており、どれを治療のためのモノと規定するかは、ヘルスケア従事者の病気観を反映し、またそれらに影響を与えている。今回は、ラジョール郡の626人の女性たちが、どのような症状に対して、どこで、誰から、どんな薬を、いくらで買って服用したかを調査した。この調査結果を通して、バングラデシュ農村部の妊産婦の健康状態や、ヘルスケアにかかわる人びとの職種や薬に対する認識を明らかにし、併せてバングラデシュの製薬産業の発達と消費についても触れた。本研究は、妊娠期間中の薬の使用という主題を中心に、現状を探求的に垣間見たものだが、この内容が単に情報提供に終わることなく、現実の母子の健康に結びつくことを願っている。なぜなら、薬は文化的な文脈の中で理解しなければならない問題であるが、同時に摂取した物質は、母親と新生児の身体に影響を与えることが明白だからだ。誰かがこれらの物質に対する危険性を判断し、適切な基準を定めなければならないし、どのような知識と資格を持つ人々が薬の提供に関与するのが望ましいのかの判断も下さなくてはならないだろう。したがって、この調査が基礎的なデータとなり、今後の関連する研究を触発し、その考察や判断の役に立つことを期待している。

注

(1)　薬を売っている店のすべてに薬剤師がいるとは限らないので、ここでは薬局ではなく、薬店のことばを用いる。

(2)　現地の調査助手によれば、ここでの薬は主にバイオメディスンの医薬品を意味しているとのことだった。なぜなら、コビラージが主に処方する薬草療法の場合、ভেষজ ঔষধ- Veshoj oushod (Herbal Medicine)、また、宗教治療者からの治療目的の薬は ঝড় ফুক- Jhar fuk、পানি পড়া- Pani pora、তেল পড়া- Tel pora、তাবিজ- Tabij、সদকা- Sodka などの用語が使われるからだそうだ。しかし回答の中には、コビラージや宗教治療者からの薬や治療法も登場しているので、ここに現れた薬がすべてバイオメディスンの薬とは言えないだろう。

(3)　その「症状」があったため、薬を服用することになったと認識している。「どうして」という問いに症状のためと答えたのは、その症状の緩和、治療という目的や期待感、必要性を感じて薬を飲んだものと思われる。したがって、薬を服用していない98人との違いは症状の有無とみるより、薬の服用の必要性に対する認識の違いと見ることが妥当であろう。したがって、回答者626人の中で83.8%の人に症状があったとは言えない。

(4)　回答の中には地域名、または市場の名前だけが書かれているものが50件あり、地域や市場が何を意味するのかが不明であるが、ここではその場所の薬販売先で薬をもらったと見なし、薬店というカテゴリーに区分した。なぜなら、バングラデシュでは「we bring medicine from (name of place or bazar)」というときには、その地域や市場の「薬売り」で薬を手に入れるという意味で使われるからで、「bring 持ってくる」は、お金を支払ったかどうかとはかかわりなく広く使われる表現だという。したがって、表3の154件の薬店は、日本での一般的な薬局とは異なる。

文献

Ahmed, Syed Masud and Shafayetul Islam Qazi

2012　Availability and Rational Use of Drugs in Primary Healthcare Facilities Following the National Drug Policy of 1982: Is Bangladesh on Right Track? *Journal of Health Population and Nutrition,* 30(1): 99-108.

Al Faisal, Abdullah

2019　*Pharmaceutical industry of Bangladesh: the multi-billion dollar industry.* EBL Securities Ltd.

Appadurai, Arjun ed.

1986　*The social life of things: commodities in cultural perspective*. Cambridge University Press.

Center for Research and Information (CRI)

2018　Bangladesh, towards better healthcare. http: //cri.org.bd/publication/pub_ sep_2018/better-health/Bangladesh_Towards_Better_Healthcare_Sep_2018.pdf.（2024年1月10日アクセス）

Che, Sohee

2011　Ethnographic study on the process in medical practice: focusing on Ulleungdo women's narratives about the pregnancy, labour and birth, Master's Thesis, Seoul National University.

Fabricant, Stephen J. and Norbert Hirschhorn

1987　Deranged distribution, perverse prescription, unprotected use: the irrationality of Pharmaceuticals in the developing world. *Health Policy and Planning*, 2(3): 204-213.

Ferguson, Anne E.

1981 Commercial pharmaceutical medicine and medicalization: a case study of El Salvador. *Culture, Medicine and Psychiatry*, 5 (2): 105-134.

Greenhalgh, Trisha

1987 Drug prescription and self-medication in India: an exploratory survey. *Social Science and Medicine,* 25(3): 307-318.

Guyon, A.B., A. Braman, J.U. Ahmed, A.U. Ahmed and M.S. Alam

1994 A baseline survey on use of drugs at the primary health care level in Bangladesh. *Bulletin of the World Health Organization*, 72 (2): 265-271.

Islam, Shahidul

2017 Irrational Use of Drugs, Healthcare Level and Healthcare Expenditure in Bangladesh. *International Journal of Health Economics and Policy*, 2 (4): 152-158.

Leslie, Charles

1988 Foreword, Sjaak van der Geest, Susan Reynolds Whyte, eds., *The Context of Medicines in Developing Countries: Studies in Pharmaceutical Anthropology,* Dordrecht: Kluwer Academic Publishers

Medical country of origin information（MedCOI）

2016 *The Healthcare System in Bangladesh.* 2015 Fact Finding Mission Report

Melrose, Dianna

1982 *Bitter Pills: Medicines and the Third World Poor*. Oxfam.

Montagne, Michael

1988 The metaphorical nature of drugs and drug taking. *Social Science and Medicine,* 26(4): 417-424.

Nichter, Mark

1980 The layperson's perception of medicine as perspective into the utilization of multiple therapy systems in the Indian context. *Social Science & Medicine*, Part B: Medical, 14 (4): 225-233.

1996 Chapter 9-Pharmaceuticals, the commodification of health, and the health care-medicine use transition. *Anthropology and International Health: Asian Case Studies*, 265-326. Amsterdam: Gordon and Breach Publishers.

Rashid, Sabina

2007 Durbolota (Weakness), Chinta Rog (Worry Illness), and Poverty. *Medical Anthropology Quarterly,* 21 (1): 108-132.

Rashid, Mamun et.al

2014 Pharmaceutical Sector of Bangladesh: Prospects and Challenges. BRAC University Repository, https: //core.ac.uk/download/pdf/61804208. pdf（2024年1月10日アクセス）

Reich, Michael

1994 Bangladesh pharmaceutical policy and politics. *Health Policy and Planning*, 9 (2):

130-143.

Sachs, Lisbeth

1989　Misunderstanding as therapy: Doctors, patients and medicines in a rural clinic in Sri Lanka. *Culture, Medicine and Psychiatry,* 13: 355-349.

Sachs, Lisbeth and Goran Tomson

1992　Medicine and Culture: A double perspective on drug utilization in a developing country. *Social Science and Medicin*e, 34 (3): 307-315.

Tognetti Bordogna, Mara

2014　From Medicalisation to Pharmaceuticalisation-A Sociological Overview. New Scenarios for the Sociology of Health. *Social Change Review*, 12 (2): 119-140.

（UK）Home Office

2019　Country Policy and Information Note, Bangladesh: Medical and Healthcare issues. https: //www.ecoi.net/en/file/local/2007987/CPIN.Bangladesh- Medical_ and_ Healthcare. v1.0. May_ 2019.pdf（2024 年 1 月 10 日アクセス）

van der Geest, Sjaak, Susan Reynolds Whyte and Anita Hardon

1996　The Anthropology of Pharmaceuticals: A Biographical Approach. *Annual Review of Anthropology*, 25: 153-178.

van der Geest, Sjaak and Susan Reynolds Whyte

1988　*The Context of Medicines in Developing Countries*, Kluwer Academic Publishers.

1989　The Charm of Medicines: Metaphors and Metonyms. *Medical Anthropology Quarterly*, 3 (4): 345-367.

Whyte, Susan Reynolds, Sjaak van der Geest and Anita Hardon

2002　*Social Lives of Medicines*. Cambridge University Press.

Williams, Simon J., Jonathan Gabe and Peter Davis

2008　The sociology of pharmaceuticals: progress and prospects. *Sociology of Health & Illness*, 30 (6): 813-824. https: //doi.org/10.1111/j.1467-9566.2008.01123.x（2024 年 1 月 10 日アクセス）

World Bank

2018　Health and Nutrition in Urban Bangladesh. https: //openknowledge.worldbank. org/bitstream/handle/10986/29091/9781464811999.pdf?sequence=2&isAllowed=y.（2024 年 1 月 10 日アクセス）

島薗洋介、西真如、浜田明範

2017　「《特集》薬剤の人類学：医薬化する世界の民族誌」『文化人類学』81 巻 4 号 604-613 頁。

村山真弓

2014　「第五章、医薬品」村山真弓、山形辰史（編）『知られざる工業国バングラデシュ』アジア経済研究所 https: //ir.ide.go.jp/?action=pages_view_main&active_

action=repository_view_main_item_detail&item_id=31739&item_no=1&page_id=39&block_id=158.（2024 年 1 月 10 日アクセス）

第11章　正常な出産を望む女性たち

松岡 悦子

はじめに

この章では、2016年の質問紙調査と2017年のインタビュー調査の結果を用いて、女性たちがどのような出産を経験し、それが女性たちの教育年数や経済階層とどう関係しているのかを見ていきたい。ただ、出産をめぐる状況は年ごとに変化しており、2016-17年と最新の2021年とを比較すると、施設出産や帝王切開の割合はわずか5年の間に大きく増加している。したがって、ここで紹介する話は2016-17年時点のもので、最新の2021年の情況とはかなり異なることを述べておきたい。

2016年の質問紙調査では、カリア村とラジョール村に住む514世帯の女性たち（年代はまちまちである）の出産経験を尋ね、2017年にはそのうちの42人が結婚、妊娠・出産、産後についてのインタビューに協力してくれた。『バングラデシュ人口保健調査　2017-18』によると、自宅分娩率は50%、施設分娩率は49.4%となっていることから、2017年前後はちょうど自宅から施設へと分娩場所が変わる転換点にあたっていたと言える（図1）[NIPORT and ICF 2020]。移行期にあったということは、女性たちにとって家で産むことも施設で産むこともどちらも可能で、場所や介助者について複数の選択肢が同時に存在していたことになる。

私たちが調査したのは農村地帯なので、施設分娩への移行のペースは都会よりはゆっくりだったと思われるが、第1節ではその変化の様態をとらえておきたい。第2節では、出産場所や出産介助者によって女性の出産の経験がどのように異なるかを見ることで、女性にとって快適な出産場所や介助者を推し量ることができる。第3節では、女性たちを教育レベルや収入レベルで区別してみると、そこには 階層と出産の形との関連性がくっきりと見えてくる。このことは、農村部にも格差があり、それが出産の形に現れていることを示している。

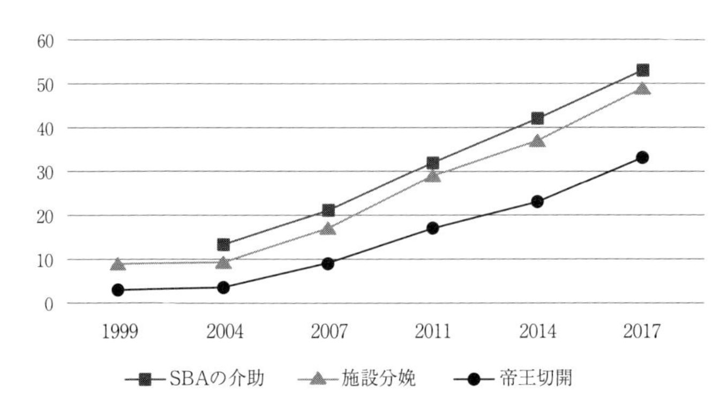

図1　バングラデシュの施設分娩率、SBAによる介助率、帝王切開の推移
出典：BDHS　2017-18をもとに松岡作成

最後に、妊産婦死亡率を下げるというMDGsの目標は人類にとって重要な目標だが、その過程で導入されるさまざまの介入や誘導策が女性の健康に及ぼす影響にも注意を払うべきであり、女性のリプロダクティブ・ヘルスにとって正常な出産を増やすことが重要なことを述べる。

第1節　医療化する出産

1.　どこで誰と産むのか

まず、この村の出産がどのように変化してきたのかを、女性たちの回答から見ておきたい。514世帯の女性達の産んだ子どもの出生場所を年代ごとに見ると、図2のようになる。1990年代までは、女性は自分の家か実家に帰って産んでいたが、2000年を過ぎるころからクリニックで生まれる子どもが年々増えている。このクリニックが、公立のFamily Health and Welfare Clinicなのか、それとも他の地域の私立のクリニックなのかは、回答がただクリニックとなっているために判別できない。しかし2007年にこの地域で初めて私立病院（クリニック）ができたことから、それ以降のクリニックの増加は私立病院での出産によるものだろう。そして2015-16年には家での出産は60％に減り、施設分娩が40％になっている。

出産場所の変化は介助者の変化につながっている（図3）。1970年代までは家にTBAのダイを呼んでとりあげてもらっていたが、80年代からSBAによる介助が見られるようになり、2015-16年にはダイの介助はわずか10％に減ってい

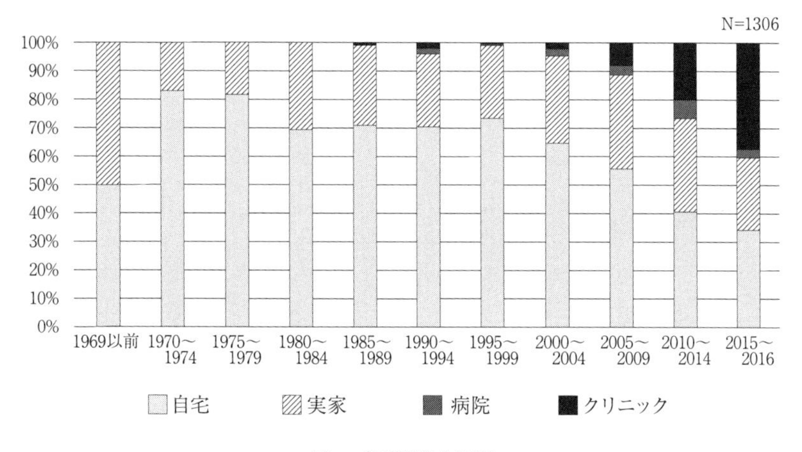

図2　年代別出生場所

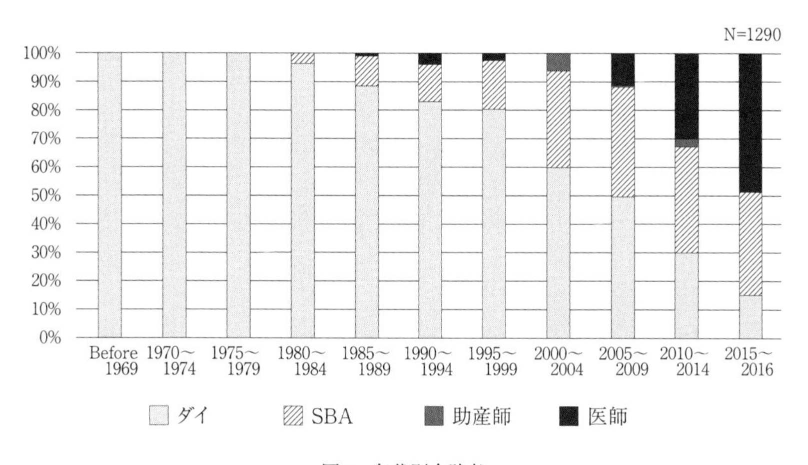

図3　年代別介助者

る。SBA（Skilled Birth Attendant）は、ダイに代わって家での出産を介助するように政府が養成した人たちで、2001年から一部の地域で始まり［Mridha et al. 2009］、次第に全国に拡大したとのことだが、文献によってはSBAの養成が2003年から始まったとしているものもある［Arifeen et al. 2013］。SBAとは、WHOの定義ではその国や地域で正常分娩を扱う専門的技能を持つ介助者（医師や助産師、看護師などが代表的）のことを指し、TBAは除外されている。だがバングラデシュでは、医師や助産師ではないSBA（CSBA：Community SBAとも呼ばれる）という名前の介

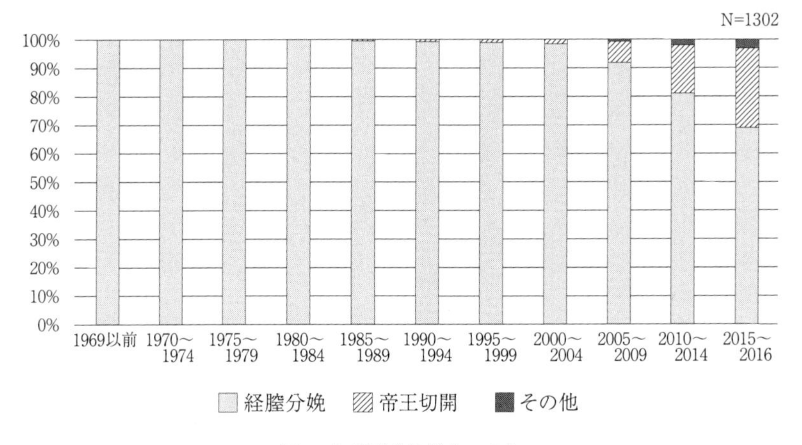

図4　年代別分娩様式の変化

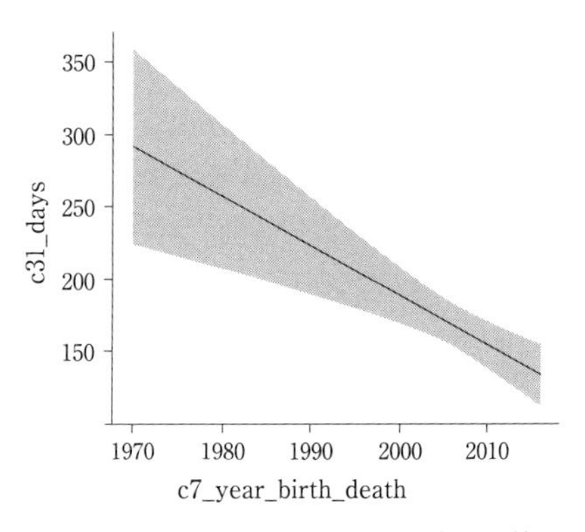

図5　生れた年別に見た母乳を与えた日数

助者が養成された。そのときにリクルートされたのは、家族計画を担っていたFWA（Family Welfare Assistant）やHA（Health Assistant）で、彼女らに半年以上の訓練を施してSBAの資格を与えた。したがって、MDGsやSDGsで重視されるのはWHOが定義したSBAだが、バングラデシュのSBAは医師や助産師、看護師とは別の独自のSBAだということに注意する必要がある。

図3のグラフでは1980年代からSBAが登場し、2000年以降大きく増えている。1980年代にはまだ政府がSBAを養成していなかったとすると、このSBAは、ひょっとすると訓練されたダイを指しているのかもしれない。ダイの訓練

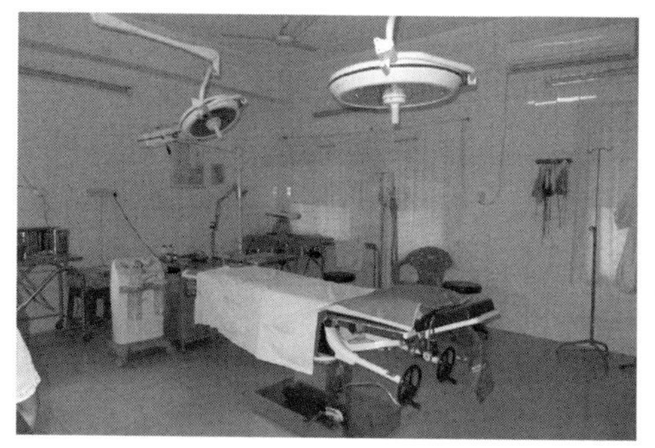

写真1　公立の郡病院（UHC）の分娩室（松岡悦子撮影、2019年）

は1980年代から各地で行われ、この地域でも1981年にGUPがイギリス人の助産師のレベッカを雇って訓練を行った。現地では、訓練を受けたダイは出産を介助する資格があると見なされて、訓練されていないダイと区別されていることを考えると、80年代に訓練されたダイがSBAに相当すると理解されていたのかもしれない。そして、2015-16年には医師による介助が半数を占めるようになっている。

図4は出産様式の変化を見たもので、帝王切開による出産が2005年以降目立つようになり、2015-16年には28％となり、経腟分娩の割合は70％に減少している。

図5は、女性たちが母乳を与えた日数を末子の生れた年代別に見たものだが、出産年と母乳を与える日数との間には有意な関連があり、最近になるほど母乳を与える日数が減っている。

2.　2000年以前に産んだ女性たち

メヘレジャン（60歳、カリア村、9人出産し、4人死亡。末子を1992年に出産）

子どもはみんな正常に生まれたよ。避妊はせず、神の御心に従ったよ。姑は子どもを亡くした経験があるので、私にも避妊をしてはいけないと言った。4人亡くしたけれど、2人は生後2か月で、1人は生後11日で、そして9歳で死んだ男の子もいる。その子が病気になった時、悪い霊が憑いたと思って儀式をしたけれど、医者に行ったら肺炎だと言われて、薬に500タカ（約700円）もかかったよ。私は最初の半年は母乳だけを飲ませて、その後別の食べ物を与えたよ。妊娠中は魚、牛乳など何でも摂るようにした。その頃は添加物の混じった食べ物ではなくて、新鮮な食べ物があったからね。妊娠中も昼間ずっと働いていて、夜になってから出産したよ。重労働もしたけれど、姑や夫が手伝ってくれた。妊娠中におしっこが出なくなったことがあって病院に行って薬をもらったけれど良くならなかった。それで知り合いの宗教者（huzoor）から聖なる水とお守りをもらったら、その日の晩に良くなったことがあった。妊娠中にGUPのヘルスセンターで健診を受けたこともある。私の頃は病院はほとんどなかったし、家で産むものだった。陣痛は最初ゆっくり始まって、そのうち強くなったら赤ん坊が生まれる。陣痛の間、姑が私の腰をオイルでマッサージして、早く強い陣痛が来て子どもが生まれるようにと聖水を飲ませてくれた。出産の後は、夫が私にサリーやブラウスやペチコートを買って来てくれたし、姑は大きな魚や鶏を料理して産後にはミラッドの儀礼をしてくれた。姑は産後1か月間私に料理も洗濯もさせなかったよ。

ヤスミン（45歳、娘2人、息子1人、ラジョール村）

昔は医師があちこちにいなかったので、私はGUPのヘルスセンターに行ったよ。GUPには医師がいて、手でお腹を触って診察したけれど、今の医師は器械で診察するんだね。昔は陣痛がどんなに痛くても家で産んだし、アラーのおかげで痛みに堪えられたよ。最初の子のときは、私は妊娠したことがわからなかったけれど、私の食べ方が変わったので姑が気づいた。妊娠中に手足が痛くなったら村医者に行ったよ。妊娠中に2回GUPのヘルスセンターで健診を受けた。今は、医師が重い家事をしないように言うみたいだけれど、私の時には家事は全部自分でやったよ。上の人たちから、痛みがずっと続いたら陣痛だと聞いていたし、GUPの医師からおおよその日を聞いていたので、陣痛だとわかったよ。今じゃ医師は超音波を見て何でもわかるそうだけど、それでいて帝王切開を勧めるんだね。

昔は7人も8人も産んだし、その前の人たちは15人も16人も産んだけど、医師には見せなかったよ。私の時は、陣痛が始まって仕事が手につかなくなったのに夫が気づいて、ダイを呼びに行ってくれた。痛みは毎回2-3日続いて死ぬかと思うほど辛かった。痛みが遠のいたら聖水を飲んで、陣痛がもっと強くなるようにしたよ。そうして赤ん坊を早く出そうとした。お産の時には実家の母親とダイがそばにいてくれた。出産の後は、ダイにサリーを贈ってごちそうをするだけでお金はかからない。産後7日目には儀礼をしたけれど、そういうことは夫がすべてやってくれた。私は最初の2人の子どもを亡くしたから、周りの人から責められたし、すぐ次の子を産むように言われたの。でないと、夫が子ども欲しさに別の女性と結婚するかもしれないと言われてね。それで私は続けて3人産んで、その後は避妊した。2人の子が死んだ後、宗教者（huzoor）からお守りをもらったし、ダイからももらったよ。それに、宗教者に悪霊から家を守る儀式をやってもらった。最初の2人の子どもが死んだ理由はわからない。宗教者は悪霊のせいだと言ったけれど本当のところはわからない。私はGUPの医師を頼りにしていたよ。GUPのヘルスセンターで鉄剤とビタミンをもらったけれど、上の人たちは薬をたくさん飲むと子どもが大きくなりすぎるというから、私もそんなに飲まなかった。

私の下の娘は結婚して帝王切開で出産したよ。医師から難産になると言われて帝王切開をすることにした。帝王切開に反対したら、近所の人からお金が惜しくて反対したと言われるからね。でも、下から産む方が身体にはいいよ。正常産だったら4-5日で回復するけれど、帝王切開をしたら重労働はできない。重いものを持てないし、井戸の水も汲めない。娘は帝王切開で産んだので、産後にうちの家で長いこと面倒を見なければならなかったよ。正常産は神の恵みだ。帝王切開をしたら、咳をするのも大変だ。走ることもできない。とんでもないことだと思わないかい。娘はまだ切った跡が痛いと言っているよ。

このように40代以上の人たちは妊娠中も家事で忙しく立ち働き、家にダイを呼んで出産していた。ヤスミンは、昔の医師は手で触って判断したのに今の医師は器械を使い、その挙句に帝王切開を勧めると皮肉っぽく述べている。家庭の経済的状況も関係していると思われるが、メヘレジャンのように、産後に夫が妻にプレゼントを買って来てくれたことや、姑がたくさんのごちそうを作って儀礼をしてくれたことが、出産の記憶として長く女性の中に残っていることがわかる。

3. 2010年以降に産んだ女性たち

2016年の質問紙調査では、2015–16年に帝王切開で出産したのは28％だった。だが、2021年の調査では全626人のうち帝王切開は60％に上昇している。しかも、病院で出産した女性418人だけに限ってみると、帝王切開の割合は90％になっている。つまり、病院で産むことは帝王切開で産むことと言ってよいほど、帝王切開が病院分娩の通常のあり方になっている。2016–17年のラジョール郡の私立病院数は8か所だったが、2021年には10か所に増えており、このことも帝王切開の増加に拍車をかけている可能性がある。ほとんどの帝王切開は私立病院で行われていることを考えると、帝王切開率が上昇する理由を理解するには、女性、私立病院、またそれを取り巻くヘルスケアの環境を理解する必要がある。女性たちがどういう理由で病院に行き、なぜ帝王切開になったのかをいくつかの事例を通して明らかにし、帝王切開を避けたいと女性たちが言うにもかかわらず帝王切開が増加している理由と、それによる産後の体への影響について考えたい。以下の事例は、いずれも2017年のインタビューをもとにしている。

チナ（カリア村、28歳、娘1歳）

妊娠がわかった時はうれしかった。でも妊娠中は食欲がなくて、7か月まで食べられなかったし、よく眠れなかった。それに出血もしていたので、親戚の医師のいる病院で超音波診断を受けたら赤ん坊は大丈夫だと言われた。私は最初の子を亡くしているので、医師に言われた通りに、妊娠中に水運びをしないようにし、料理をするときには坐ってするようにした。代わって夫が水運びも皿洗いもしてくれた。姑はしょっちゅう嫁いだ娘の所に出かけて家にいないので、私が家事をしなければならなかった。7か月までは、牛乳を飲んだり卵を食べたりすると吐くので、果物と米を少し食べるだけだった。私は毎月親戚の医師の診察を受けに行った。妊娠8か月の時にひどい下痢になった。医師は大丈夫、赤ん坊は生まれると言ったけれど、私は赤ん坊が動かなくなったと思って、夫に帝王切開したいと言った。それで、医師は日程を決めてくれた。私の姉は帝王切開をする必要はないと言ったけれど、私は下痢のせいで体が弱っているし、陣痛の痛みに耐える体力がないから帝王切開をすると言い張った。医師はお腹を見て羊水が減っているからすぐに帝王切開をした方がいいと言った。それで、夫はお金の工面をするためにGUPや別のところでローンを組み、貯蓄と合わせて帝王切開代にした。全部で2万タカかかった。最初から帝王切開をしたかったわけではないけれど、私が病気なら正常に産むことはできないでしょ。私は妊娠中食べられなかったし、ひどい下痢になって治るのに1か月もかかったのだから。医師からずっと薬も出してもらっていて、9か月まで飲んでいた。姑は事態がよくわからないようなので、私はすべて医師に相談していた。

ナディア（25歳、カリア村、息子7歳と1歳）

妊娠中私は食べ物のタブーは気にせず、何でも食べた。年上の人たちは、たくさん食べるとお腹の中の子が元気になり過ぎて、産むときに痛い思いをすると言ったけれど、医師はたくさん食べるように言ったので、私はどっちの意見を聞いたらいいのかわからず困った。昔は、産後の女性は魚や肉を21日間食べなかったそうだが、今はうろこのある魚はだめだけれど、ナマズ類は食べていいと変わってきた。

最初の子どもの時、家で下から産もうと努力したけれど生まれなくて、クリニックに行き、その後病院に送られた（このクリニックは私立病院ではなく、Family Health and Welfare Clinicと思われる。なぜならその後さらに病院に運ばれているので）。そこでも下から産もうと努力したけれど、子宮口が3センチ以上開ずに陣痛が止まってしまった。医師は、下から産むのが理想だけれど、危険を冒してまで下から産むのは責任が持てないと言い、決めるのはあなたたちだと言った。それで、夫は少しでも良い方法でやってほしい、お金は問題ではないと言った。それで、ボリシャルから来た医師が帝王切開をした。私は分娩のときには血の気がなくなっていたので、あのまま下から産もうとしていたら死んでいたと思う。夫は、産後私に指輪をくれた。第2子のときには、予定日の15日前に帝王切開をしたから、痛みを全然感じずにすんだ。夫は生まれたばかりでまだ血がついた子どもを渡されたときに、アヤと呼ばれる助手に500タカのチップをはずんだ。

妊娠中に手伝ってくれたのは、実家の母と夫。姑は年を取っていたので、あまり手伝ってくれなかった。産後に母が1か月半こちらに来てくれたけれど、母は赤ん坊の服を洗濯していて骨折し、回復するのに1年もかかった。赤ん坊が夜に泣くと、夫は私を起こさずに面倒をみてくれるし、おむつも替えてくれる。他の夫がそんなことをしてくれるのかどうか知らないけれど、うちの夫はしてくれる。私は2回帝王切開を受けたけれど、身体は何ともないわ。

ファルツァナ（25歳、ラジョール村、6歳の息子と2歳の娘）

私の義理の両親はもう亡くなっていないので、最初の子どもが生まれた時には、夫の兄弟の家族と一緒に住んでいた。その頃は家事も分担できたからよかったけれど、2人目を妊娠していた時には別々に住むようになったので、家事が大変になった。夫は普段はダッカで働いている。

初めての出産の時、私は何が何だかわからなかった。私は破水したときどうしてよいかわからず、レントゲンを撮ってもらったけれど看護師も経験がなくて何もわからず、誰も何も言ってくれなかった。それで、私は誰にも相談せずにラジョールの私立病院に行って超音波診断を受けた。そうしたらすぐに帝王切開をしないといけないと言われた。それに、男の子か女の子かよくわからないと言われて、私は緊張の余り泣き出した。帝王切開なんてしたくなかった。

私たちは貧しいのに、15000タカも用意しなければならないなんて。どこからお金を借りたらいいのか。それに帝王切開をすると食べ物や行動にも制限が生じて、私たちのような貧しい人はそんなきまりを守れないから、帝王切開は無理だと思った。でも、夫は帝王切開をしなければならないんだからもう考えても仕方がないと言った。お金は実家の父親が出してくれた。

2人目の帝王切開の時には陣痛が痛くて、手術室に入る時に私は泣き叫んでいた。手術の後、1人目の時には1週間入院し、2人目の時には4日間しか入院しなかったのに、費用は2回目の時の方がずっと高かった。さらに、退院後1か月半の間痛み止めやカルシウムなどの薬代にお金がかかった。婚家には手伝ってくれる人が誰もいないので、産後は実家に3か月間いて、自分の身の回りのことだけをしてたくさん食べるようにした。実家では母が子どもの水浴びや汚れものの洗濯、授乳を手伝ってくれた。3か月休んでこっちに戻ってきたときに、夫がダッカから1か月帰ってきて料理も手伝ってくれた。

帝王切開の後は体が弱くなった。正常産だと悪い血が出ていくけれど、帝王切開だと健康な血が傷口から出るので、身体が弱って痩せるのだと思う。産後、身体がしんどいので気分も悪かった。断食の時みたいに体に力が入らず、食欲はあるけれど食べ物に味がなく、歩く気もしなかった。それでコビラージ（薬草を用いて治療を行う人）に行ったけれど、ルクリア（白いおりものが出ること。第3章注2）参照）に効くお守りをくれただけで、腰痛と胃の調子は改善しなかった。その後、兄が海外出稼ぎから戻ってきてお金をくれたので、医師に行って3か月分の薬をもらってかなり体力も回復した。医師からは6か月間は家事をしないように言われていたので、重いものを持ち上げないように、米袋は引きずるようにし、休み休み家事をするようにした。また、3か月間性交しないように言われたので、それも守った。

女性は結婚前には楽に過ごせるけれど、結婚してからは家の中のことを全部しなければならないので大変だ。子どもが生まれたらお金もかかるし、もっと自由がなくなる。実家の両親がよく助けてくれるけれど、夫の両親はもういない。2人の子どもの汚れものの洗濯は大仕事だ。午前も午後も洗濯。他に料理も家事もある。私はきちんと食べられないし、自分の体の面倒を見ることもできない。でも、もう後戻りはできない。

プトゥル（35歳、15歳・9歳・4歳の3人の息子、カリア村）

末子を妊娠した時私は中絶しようと思ったけれど、夫が子ども2人のうち1

人は障害があるんだから、3人目を産もうと言った。一人目の子はジェソールの病院で鉗子分娩になり、脳に障害を負った。その子をダッカやインドに連れて行って治療をしたけれど良くならず、今も知的に障害がある。それで、2人目の時には普通に下から産まずに、テケルハットの私立病院で帝王切開をした。妊娠中から女医のラジア医師にずっと診てもらっていた。ラジア医師はフォリドプルから時々こちらに来る産科専門医。3人目の時も、妊娠中何も問題はなかったけれども、毎月ラジア医師に診察してもらった。初めて帝王切開をした時、麻酔から覚めたときに体中が痛かった。末子の帝王切開の後はもっとひどくて、せん妄が起きてわけの分からないことを喋ったようだ。末子の時には全部合わせると、4万から4万5000タカかかったけれど、貯金もしていたし問題はなかった。正常分娩は痛みがまず来てから生まれるけれど、帝王切開は生まれた後に痛みが来る。最初の子を下から産んだ時には、私には何も問題はなかったのに子どもに問題が起きた。ラジア医師は良かったわ。私は最初の出産には不満だけれど、後の2回の出産については満足している。

ラブリー（27歳、5歳の息子1人、ラジョール村）

私は第一子を亡くしているので、2回目は予定日の4、5日前に帝王切開をした。でも帝王切開したい人なんているかしら。帝王切開をするといろんな問題が起こる。下から産めば、1週間で普通の生活に戻って家事ができるのに、帝王切開をしたら井戸水をポンプでくみ上げて運ぶこともできない。私は半年間も休養しなければならなかったわ。35000タカもかかったし。私の父が支払ってくれたわ。

ディパ（32歳、息子2人、末子は9歳、カリア村）

最初の子の時に破水したので病院に行ったら、大事を取って帝王切開になった。2回目の時にはずっとラジア医師に診てもらっていて、咳が出て病院に行ったら、咳がひどいし赤ん坊は十分大きいから帝王切開した方がいいと言われた。大変な額の費用がかかった。夫が金額を記録している。私たちのように貧しい者には、帝王切開と薬代を支払うのは大変なこと。子どもを持つのに経済的に大変な思いをしなければならないわ。

4.　出産が帝王切開になるのは

2010年以降に末子を出産した女性たちは、いずれも妊娠中から医療にアクセスしている。チナは第一子を亡くし、かつ妊娠中に食べられずに出血があったため、ナディアは予定帝王切開、ファルツァナは破水したけれどどうしてよいかわからず、プトゥルは第一子が出産時に障害を負ったため最初から帝王切開をするつもりだった。超音波診断を受けた女性たちは、帝王切開をしないと危いと言われて恐ろしくなり、言われた通りにしている。超音波診断を行う人たちが専門的な知識を持っているとは限らないと第8章でハミナ医師が述べているが、女性たちにとって病院にいる人は、医師はもちろんのこと、超音波診断をする人も、看護師も、病院に所属しているというだけで権威を付与されているため［Pinto 2004］、その診断が疑われることはない。そしてナディアの事例のように、下から産むなら責任を持てないと医師に言われ、かつ決めるのはあなたたちだと言われると、女性と家族は実質的に帝王切開しか選択肢がなくなる。医師が、経腟分娩は危ないと言って女性の不安を増大させ帝王切開なら無事に生まれると言い、でも決めるのはあなたたちだと言ったなら、帝王切開を選択せざるを得ないだろう。しかもその決定をしたのは医師ではなく、女性とその家族だということになる。

仮に女性に出産についての知識や教育があったとしても、医師にそう言われて反論できる女性はまれだろうし、ましてや知識や教育のない女性たちが医師とは異なる意思決定をすることはほぼ考えられない。したがって、どれほど帝王切開が女性の産後の身体や家計に負担があったとしても、女性たちは帝王切開に誘導されることになる。

また、チナやプトゥルのように、一見自分から帝王切開を選択したかに見える場合も、その理由を見ると彼女らが帝王切開に追い込まれていったことがわかる。チナは妊娠中食べられず下痢で体力をなくしたことで自信を失い、健康でないのだから経腟分娩はできないと姉に反論している。そして、赤ん坊の胎動がなくなったので帝王切開をしたいと語っているが、それは「赤ん坊の動きが少なくなったら病院に来るように」と医師から言われていたからである。プトゥルは第一子の鉗子分娩で息子が障害を負ったことから、経腟分娩を避けるために帝王切開を選んでいる。どちらの場合も医師の言葉や処置が女性から自信を奪い、より安全な選択として帝王切開を選ぶように仕向けられている。

興味深いことに、バングラデシュでは高い帝王切開率と関連する要因として、私立病院での出産、4回以上の妊婦健診、産婦の教育歴の長さだとする報告がある［Newman et al. 2014; Haider et al. 2018］。もし、医療へのアクセスが産婦を帝王切開へと誘導することになっているとすれば、医療は功罪両面をもっていることになる。つまり女性は、妊娠中に健診を受けることで自分の健康に自信を失い、不安になって経腟では産めないと思うようになり、教育があるがゆえに近代的なやり方を信頼し、結果的に帝王切開への地慣らしがなされている。このように、帝王切開へと水路づける要因は複合的で、第8章で述べたような医療者側とくに私立病院の利益追求の姿勢の他に、女性側には病気や栄養不良による健康への不安や、出産についての知識のなさがある。さらに出産環境の変化によって、経腟分娩を支えていた人たちが分娩の場から排除されたことも大きい。

たとえば、自宅でダイを呼んでいた時には、初めて出産する若い産婦に知識がなくても、ダイや年長の女性たちが産婦を取り囲んで聖水を飲ませたり、民間療法を行ったりして、陣痛への対処法や出産の進み方を伝授していた。しかし現在では、産婦が我慢できずに病院に行きたいと言えば、ダイも賛成し（第9章にあるように、病院からもらえる謝礼がインセンティブになっている可能性がある）、家族もヘルスワーカーもその方がよいと勧める。家という安心できる環境で、ダイや家族の支えがあって経腟分娩が成り立っていたのに対して、私立病院には経腟分娩を支える技術を持った人はおらず、むしろ帝王切開に導くための人たちがあちこちに配置されている。そういう私立病院の環境では経腟分娩の居場所はなく、医師は帝王切開をするために呼ばれ、そこで働く人たちも帝王切開を当然と思うようになっている。

まさに、帝王切開は新しい出産文化として人々の間に広まりつつあり、女性も家族もそれに慣れるしかない状況が作られていると言えよう。そして一度帝王切開をすれば、次の出産も帝王切開になるので、帝王切開で産む割合は増加し続ける。つまり、女性はたった一度帝王切開に同意しただけで、次回以降ずっと帝王切開を受け続けることになり、帝王切開のサイクルから抜け出せなくなるのだ。一般的に世界全体で見ると、施設分娩率が60%以下の国では帝王切開率は10%以下と低い傾向にあるのに［Boerma T. et al. 2018］、バングラデシュでは施設分娩率が約50%と低いにもかかわらず帝王切開率は33%であり、さらに私立病院に限定すると帝王切開率は83%に上っている［NIPORT, and ICF 2020］。このことは、帝王切開が医学的な理由から行われているのではなく、不必要に行われていることを示唆している。

5.　帝王切開がもたらす家族関係の変化

また、帝王切開を新しい文化と見るのならば、それが夫婦の関係や姑との関

写真2　ガスコンロで調理する女性（松岡悦子撮影、2016年）

係を変えつつあることも興味深い。女性たちは、帝王切開をすると産後の回復が遅く、傷口が痛むので重いものを運べない、体力がなくなると述べ、とくに水汲みを3-6か月できないため周囲の助けが必要になっている。すると、それを補完するかのように、チナ、ナディア、ファルツァナの夫は水汲み、料理、皿洗い、おむつ替えをするようになり、他の事例ではガスコンロを買ってきて家事の省力化を図る夫もいた（写真2）。これまでバングラデシュの村では出産に夫の出る幕はなく、せいぜい産後の妻とは別の部屋で寝るように言われるだけだったのに、産後に妻の家事が期待できなくなったことで、夫が家事に参入するようになっている。また、出産に際して高額の費用を支払わねばならなくなったことから、夫は出産にかかわらざるを得なくなっている。かつてのように家でダイの介助で産んでいたときには、ダイに食事やサリーを提供するだけですんだので、女性たちだけで出産を完結することができ、男性の関与は必要なかったのである。

さらに、医師や病院が出産の場になることで、昔からの出産の知恵や経験がいとも簡単に断ち切られてしまう様は、バイオメディスンの圧倒的な強さを示している。チナは、彼女が医師にかかっていたので姑は何も言わなかったと述べていたが、女性が病院で医師の診察を受けるようになると、姑は出産について何も口出しをしなくなり、伝統的な知恵が断ち切られてしまうようである。それは、医療が導入される前に出産を取り仕切っていたのがダイやしろうとの女性たちであり、助産師のような専門家ではなかったことと関わっていると思われる。なぜならもし、助産師のような専門家集団が育っていれば、その既得権や経路依存が防波堤になり、医療化がもっとゆっくりと進んだと思われるからだ。だが、しろうとしか出産の場にいなかったところでは、しろうとの女性たちの知恵が医師や資本によって一挙に排除されてしまい、出産の医療化が非常に短期間で進むように思われる。このことはバングラデシュだけでなく、医療が入ってきたときに助産師のような専門職集団が育っておらず、しろうとが介助していたところで生じやすいようだ［松岡 2014］。

またファルツァナの例に見られるように、義理の姉妹や姑がいなくて核家族になったとたんに、帝王切開の影響に加えて子育てと家事が大きな負担としてのしかかり、ファルツァナは産後うつに近い状態になっている。このように、帝王切開に代表される医療化された出産は、家族内の人間関係に変化をもたらすと同時に、女性の気分にも影響を与えている。

また帝王切開の費用について、プトゥルやナディアは問題なく支払えたが、ファルツァナは親に借り、チナはNGOのローンを組み、ラブリーは父親が払い、ディパは夫が払い、いずれも経済的に大きな負担だったと述べている。ある調査では、帝王切開の平均金額は22085タカで、79％の人たちはその費用を友人や親せきから借金したとしている［Haider et al. 2018］。さらに帝王切開をすると、産後の痛み止めなどの薬にかかる費用も増加する。不必要な帝王切開が行われることは、女性の健康を害し、経済的な負担をもたらすだけでなく、本当に必要な時に帝王切開が行われない可能性を示唆している［Boatin, A. et al. 2018］。そのような場合には、帝王切開が母子の死亡率の低減に効果を持たないばかりか、かえって健康な女性に手術を施すことで女性の健康を害する恐れがあり、資源の無駄遣いの点でも、また女性の人権の点でも大きな問題だろう。

第2節　女性が「良かった」と思う出産経験とは

質問紙では、女性たちに末子の出産について、出産経験が「良かった」か「悪かった」かを質問した。その結果と、実際の出産場所や出産介助者、出産様式との関係を見てみると、両者の関連が明らかになる。

まず、出産場所と女性たちの出産経験の感想を見てみたい（図6参照）。このグラフを見ると、出産を「良かった」と答えた割合は、自宅や親の家ではおおよそ6割なのに対して、病院やクリニックでは2～3割に減り、女性たちは家で産むほうを好んでいた。図7は、出産介助者と出産経験との関係を見たものだ。ダイやSBAが介助した時には約6割が、助産師が介助した場合は8割が「良かった」と答えている。それに対して、医師が介助した場合は3割弱が良かったと

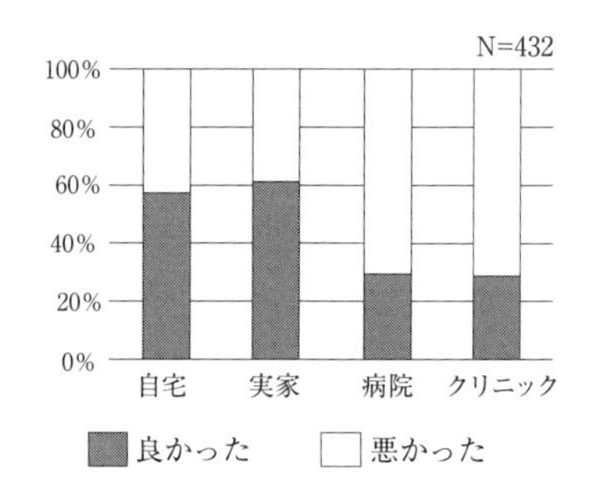

図6　分娩場所別の出産の評価

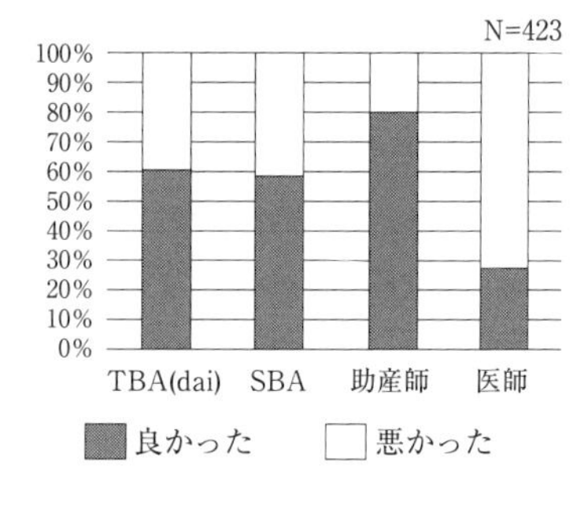

図7　介助者別の出産の評価

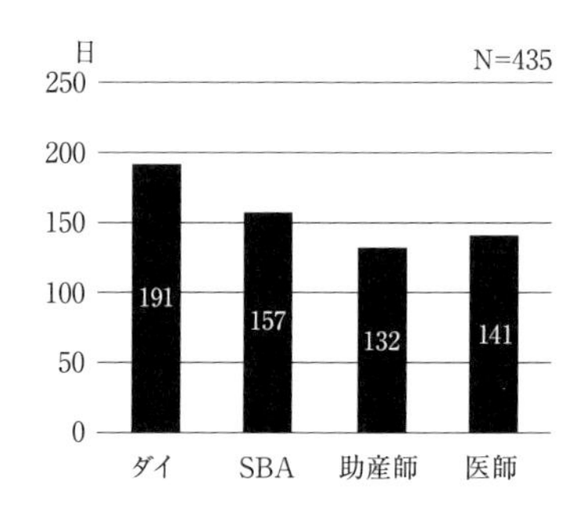

図8　介助者別授乳の期間

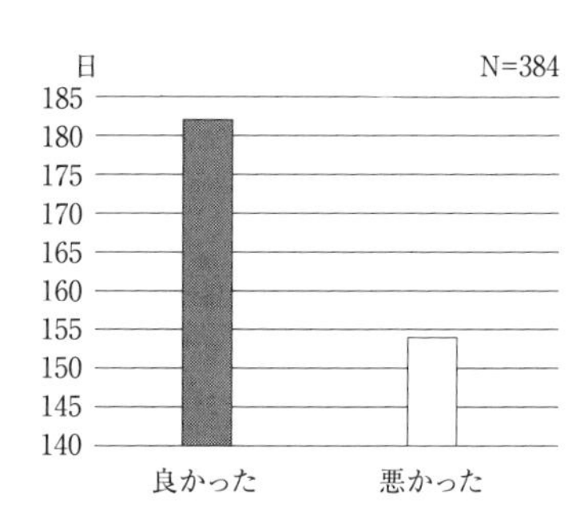

図9　出産経験の良し悪しと授乳の日数

答えるのにとどまり、ここにも有意差が見られる。

出産のあり方は、女性の経験だけでなく、母乳を通して新生児の健康にも影響する。図8は、出産介助者別の母乳の期間を表している。ダイに介助された人の平均授乳日数は191日なのに対して、医師の介助だった人は141日となっており、ダイと医師による介助との間には授乳日数に有意な差が見られる(P=.022)。ダイの介助は家で出産が行われたことと同義なので、家で出産した方が病院で出産するよりも授乳を長く続ける傾向があると言えるが、実際にそのような報告もなされている［Ali et al. 2020］。

図9は、出産経験が「良かった」「悪かった」という女性の評価と、授乳期間の関係を見たものだ。出産を「良かった」と答えた人の授乳期間の方が「悪かった」と答えた人の授乳期間より長くなっている。これは統計的には弱い関連しかなかったが、出産経験が授乳の長さに関連するとすれば、母親の出産経験が

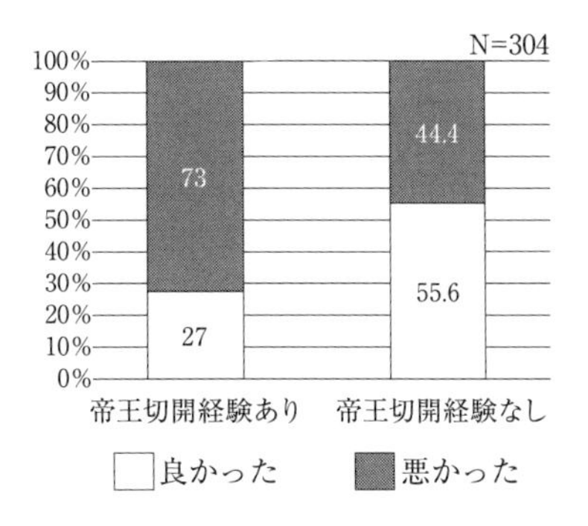

図 10　2005 年以降の出産について、帝王切開と出産経験の良し悪しの関係
χ^2 検定 p = 0.000　有意差あり

赤ん坊の栄養状態に影響することになる。出産の場所や介助者が女性の満足感に影響し、それがさらに母乳の期間にも影響するとなれば、出産経験は単にその場限りのできごとなのではなく、長期にわたる影響を持ち、新生児の栄養にもかかわることになる。第 12 章では 2021 年の調査結果を用いて再度母乳について検討するが、母乳にまつわることがらは産後の女性にとって最大の関心事であるだけでなく、新生児の栄養、つまり健康に直結する問題だと言える。

さらに、帝王切開で産んだかどうかと、女性の出産経験の良し悪しをクロスさせたところ、帝王切開を受けた人は出産経験を悪かったと答えた割合が有意に高くなっていた（図 10 参照）。

以上のように、女性たちの経験に焦点を当てると、病院やクリニックでの出産は女性の良い経験に結びついておらず、しろうとのダイに家で介助される方が、病院で医師に介助されるよりも出産を「良かった」と答えた割合が高かった。女性たちにとって快適な環境はむしろ家でダイに介助されることのようだ。そうだとするなら、施設分娩や医師による介助は、女性たちの快適さと相反する結果を産みだしていることになる。政府や NGOs が施設分娩や SBA による介助を推奨するのは、その方が公衆衛生学的に安全とされているからだし、MDGs の進捗状況が施設分娩や SBA による介助の割合で評価されているからだ。そして、女性たちも医師のもとで産むのが安全だと考え、施設分娩や帝王切開で産むにもかかわらず、それがより良い経験になっていないとすれば、大きな矛盾ではないだろうか。とくに帝王切開率の上昇は反復帝王切開をもたらし、その後の出産のリスクを高めることになる。集団として見たときの死亡率の低減が、個々の女性にとって望ましい結果をもたらしていないとすれば、施設分娩や医

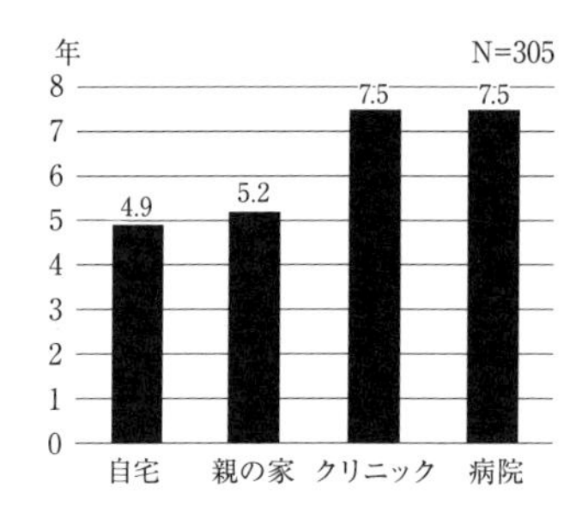

図 11　出産場所と教育年数の関係

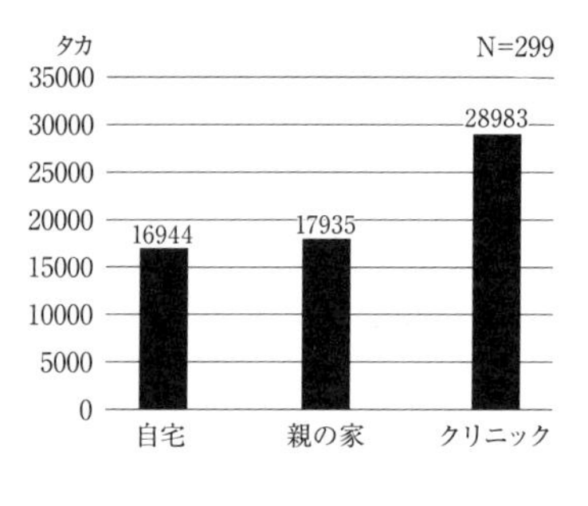

図 12　出産場所と月収との関係

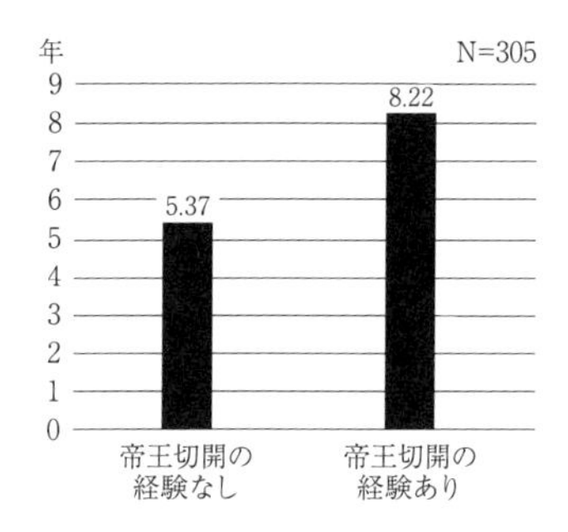

図 13　帝王切開と教育年数との関係

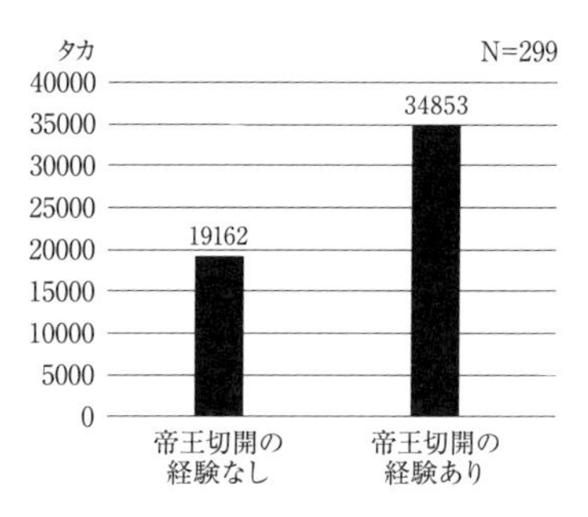

図 14　帝王切開と月収との関係

師による分娩のあり方を女性の視点を加えて再考する必要があると言えよう。

第３節　出産と社会・経済的階層との関連

この節では、ラジョール村とカリア村の女性たちの出産が、収入や教育とどのように関連しているのかを見ていきたい。

以下の図 11 ～ 14 については、回答者全員ではなく 2005 年以降に出産した人のみを対象としている。なぜなら帝王切開が増えてくるのは2005年以降であり、また年齢の高い層は教育年数が短かかったことを考えると、近年の出産に限って年収や教育との関連を見るのが妥当だと思われるからだ。

図 11 は教育年数と出産場所との関連を見たものだが、自宅で出産をしたことがある人の教育年数が 4.9 年と最も短く、次に親の家で産んだことがある人は 5.2

写真3　テケルハット市場に建つ私立病院（松岡悦子撮影、2019年）

年、クリニックと病院はいずれも7.5年であり、クリニックや病院で産んだ経験のある人は有意に教育年数が長いことがわかる。さらに、図12は出産の場所別に見た月収の平均値である。2005年以降に出産した人のうち、自宅で産んだことのある人の平均月収は16900タカ、親の家で出産したことがある人は17900タカ、クリニックで出産したことのある人は28900タカであり、自宅で出産経験のある人の月収が最も低く、クリニックで産んだことのある人たちの月収が最も高くなっている。

次に図13において、帝王切開と教育年数との関係について見ると、帝王切開の経験のない人の教育年数が5.37年なのに対して、帝王切開経験者の年数は8.22年であり、有意差が見られる（Leveneの検定で.000）。また図14において、帝王切開を受けたことがある人とない人との月収を比較すると、受けたことのない人の月収は19162タカで、帝王切開を受けたことのある人の平均は34853タカであり、有意差が見られる（Leveneの検定で有意差あり.005）。

このように、出産の場所や様式が社会・経済階層と密接に関連していることは、医学的な必要性から病院出産や帝王切開がなされているのではないことを思わせる。つまり、病院で産み、帝王切開を受けることは、医学的必要性よりも月収や教育と関連していると思われるからだ。実際、図1にあるように、帝王切開率は施設分娩率とともに上昇しているが、妊産婦死亡率の低下や母児のアウトカムの改善がそれに伴って起こっているわけではないとの指摘がある［Aminu et al. 2014］。Aminuらが産科医にインタビューをしたところ、医師の多くが帝王切開を行う際のプロトコールは知っているけれども、それを守ると答えた人は少なく、「もし守っていれば、帝王切開はずっと少なくなるはずだ」と述べたそうだ［Aminu et al. 2014］。また別の調査では、産科医たちが未熟な看護師が経腟分娩をするより帝王切開の方が安全だと述べていることから［Begum et al. 2018］、経済的に余裕のある女性の中には、スキルの低い介助者による経腟分娩を避けて帝王切開を選ぶ人もいると言えよう。

また公立病院は無料なのにもかかわらず、公立よりも私立病院の利用者が多いのは、公立病院には医師が午前8時から午後2時までしかおらず、それ以外の時間帯には私立病院で働いているからだ。また公立病院の入院費は無料とされるが、薬代などは有料であり、さらに医師や看護助手、掃除婦にまで賄賂やチップを渡す習慣があるため、まったく無料とは言えないようだ［Pitchforth et al. 2006］。病院に行けば帝王切開の可能性が高くなることを考えると、月収相当かそれを越える額の帝王切開代を覚悟しなければならず、出産が家族の家計を大きく圧迫することになる。家にダイを呼んでいた時には、ダイにサリーを贈るだけで喜んでもらえたのに、現在の出産は借金をしなければならないほどの大きな出費になっている。このような経済的な負担を含めて考えたときに、現在のような出産の形が女性にとって望ましい、あるいは女性が望んだとおりの形になっているとは言えないだろう。

第4節　MDGsとリプロダクティブ・ヘルス

MDGsの最終年となる2015年に向けて、バングラデシュでは妊産婦死亡率を低減し、SBAによる介助率と施設分娩率を上げようとしてさまざまな介入が行われた。その一つが、海外のドナーの援助で金券を産婦に渡して施設分娩率を上げようとするDemand Side Financing（DSF）である（これについては第9章でも述べている）。それまでは、ヘルスケアの供給側（supply sideつまり病院）にお金を出すことで設備やサービスが向上することを期待していたが、それだけでは貧しい人びとに病院のメリットが届かないことがわかったため、直接貧しい人々に金券を渡して施設分娩率を高めようとしたのである。2007年から一部の県で始まったこのDSFでは、3回の妊婦健診、施設分娩あるいはSBAによる自宅での介助、1回の産後ケアと交通費分の合計として3000タカが女性たちに渡された。さらに施設に対しても、正常産に300タカ、帝王切開に6000タカが支給された（この金額は介助するSBA、医師、麻酔医、看護師、病棟助手のaya、掃除婦などの間で細かく配分されることになっている）。しかし、私立病院はこの金額ではやりたがらないところが多かったため、援助側が意図したような多数の病院の参加による病院間のサービス競争や、女性にとっての選択肢の増加には至らなかった。とはいえ、

DSF が導入された県では、2007 年 1 月～ 2008 年末までの間に施設分娩は 2–2.5 倍に増え、帝王切開率は 3 倍に増えた。しかし、新生児死亡や死産の割合については、DSF を行った地域と行わなかった地域とで差が見られなかった。また、確かに施設分娩率は上昇し、帝王切開率はもっと上昇したが、母子のアウトカムは向上しなかったし、施設のサービスやケアの向上にも至らなかったとされている［Schmidt et al. 2010］。

前節で見た通り、施設分娩は貧しい層に少なく、経済格差が出産の形に影響しているのは事実だが、お金を配って施設分娩に誘導することが女性のリプロダクティブ・ヘルスを向上させることになるのかは疑わしい。なぜなら施設分娩の増加は、それ以上の速さで帝王切開を増加させており、そのために多くの女性が産後の健康を損ない、次の出産のリスクを高めることになっているからだ。仮に帝王切開の増加の副産物として、家事を手伝う夫が増えてジェンダー平等が促されるとしても、女性の健康の犠牲の上に成り立つ夫の協力は望ましいとは言えないだろう。またこの仕組みを長期にわたって続けるためには、海外のドナーに依存し続けなければならず、その点でも持続的なしくみとは言えない。DSF は貧しい女性たちをエンパワーする一つのやり方だという見方もあるが［Schmidt et al. 2010］、帝王切開を増やす結果になったことは将来の出産のリスクを高め、女性のリプロダクティブ・ヘルスにはマイナスといえるのではないだろうか。短期的に施設分娩率や SBA による介助率を上げようとすることは、女性の一生を通じての健康という意味でのリプロダクティブ・ヘルスの向上にはならないだろう。

MDGs では、施設分娩率と SBA による介助率を上げ、妊婦健診を 4 回以上受けることで妊産婦死亡率を低下させることをめざしたが、バングラデシュでは施設分娩や SBA の介助率が 50％に増えても、妊産婦死亡率の低下は 143 の目標値に達しなかった。Koblinsky によれば、MDGs において世界全体で 100 以上あった対象国のうち、26 か国は全く効果が見られず、12 か国はかえって妊産婦死亡率が悪化した［Koblinsky et al. 2016］。つまり、施設分娩や SBA の介助率を上げることで妊産婦死亡率を下げようとしたものの、一部の国で思うように死亡率が下がらなかったというミスマッチは、SDGs に向けてこれまでとは違う政策や介入をとらなくてはならないことを示している。

そこで、新たな方向性として現在言われているのが、分娩の質を高めることである。これまで低所得国の出産については、手遅れ、不十分、不適切といった医療の不足面が問題視され、それを補う医療介入がなされてきた。だがバングラデシュの例に見るように、現在ではむしろ過剰で不要な介入が安全性を損ねている可能性がある。そこで、投入する医療を量的に増やすのではなく、出産の質を上げ、より良いケアを提供することで出産の安全性を高めようという考え方が出されている。その際に大きく貢献すると見られているのが助産師による介助を広めることであり、その理由は助産師が正常で生理的な出産のプロセスを扱う専門家だからである［Renfrew et al. 2014］。助産師が介助の主体となることで出産を正常な方向にシフトさせ、女性のニーズを中心に据えた出産を実現しようというのだ。

助産師は正常産しか扱えないので（異常産になると医師に引き継ぐことになっている）、医療介入の多い地域や国では助産師のケアは必要とされず、その結果助産師の数は少なく、成り手も少なくなる特徴がある。たとえば東アジアでは韓国や台湾がそうであり、中国はつい最近になって高い帝王切開率への批判を受けて助産師の養成を始めている［松岡 2014; 松岡悦子他 2018; 曾 2019; 市川 2020］。したがって、助産師による出産介助を増やすことは、医療介入の多い出産を減らし、正常な出産を増やすこととイコールと考えてよいだろう。また、助産師を出産の主たる介助者として位置付けることは、正常産を増やすという意思表示だけでなく、現実に助産師の継続的なケアによって正常な出産を増加させることにつながる。助産師の継続的なケアが、ロウリスクの女性の正常産を増やすことは、さまざまな調査で報告されている［Sandall et al. 2016; Birthplace in England Collaborative Group 2011］。

おわりに

今回のバングラデシュの調査において、女性たちの視点で出産を見ると、家でダイに付き添われて産むのが女性たちにとって最も満足できる経験であり、かつ授乳にもプラスとなっていた。第 12 章で述べるように、母乳を与えることは（母の乳でなくても人乳という意味で用いている）新生児の健康にとって非常に重要である。だからと言って、ここでダイによる出産を復活させようと言いたいのではない。ダイは無資格で能力にばらつきがあり、国の養成制度や分娩現場の緊急搬送システムの中に組み込まれていないことは大きな問題である。だが、女性たちの満足感はダイの方が高く、産後の女性の回復や母乳による赤ん坊の成育においてもダイの介助の方が勝っている。そうであるなら、ダイの介助の中に病院出産では得られない質の高いケアのヒントが隠されていると思われる。

また、女性を中心に据えて出産を見た時に、女性が質の高いケアを受けることで可能になる安全性があることに気づく。したがってダイを排除するよりも、ダイがもつ文化的知識と正常産を扱う技能を正規の資格を持つ助産師に引き継ぎ、ダイの果たしてきた役割を生かすことが必要だろう。また、これまで政府やNGOsが養成してきたFWVやSBA、SACMO、ヘルスワーカーといった多様な出産介助者にさらなる研修の機会を提供して、女性の視点に立った介助者として成長させることも、女性のリプロダクティブ・ヘルスに役立つだろう。そして最も大切なことは、女性たち自身が身体や出産についての知識を手に入れることであり、女性をサポートする立場にあるNGOsやFWV、助産師らは、女性がそのような力を身につけるように手助けしてほしい。女性たちがバイオメディスンや資本の力に対抗するためには、専門職の力が必要だと思うからである。

文献

Ali NB, Karim F, Billah SKM, Hoque D, Khan A. Hasan M. et al.

2020 Are childbirth location and mode of delivery associated with favorable early breastfeeding practices in hard toreach areas of Bangladesh? *PLoS ONE* 15 (11).

Aminu, M., Utz, B., Halim, A., and van den Broek, N.

2014 Reasons for performing a caesarean section in public hospital in rural Bangladesh. *BMC Pregnancy and Childbirth* 14: 130.

Arifeen, S., Reichenbach, L., Osman, F., Azad, K. et al.

2013 Community-based approaches and partnerships: innovations in health-service delivery in Bangladesh. *Lancet* Vol 382: 2012-2026.

Begum, T., Ellis, C., Sarker, M., Rostoker, J., Rahman, A., Anwar, I. and Reichenbach, L.

2018 A qualitative study to explore the attitudes of women and obstetricians towards cesarean delivery in rural Bangladesh. *BMC Pregnancy and Childbirth* 18: 368.

Birthplace in England Collaborative Group

2011 Perinatal and Maternal Outcomes by Planned Place of birth for healthy women with low risk pregnancies: the Birthplace in England national prospective cohort study. *BMJ* 2011;343: d7400.

Boatin, A., Schlotheuber, A., Barros, A., Betran, A., et al.

2018 Within country inequalities in caesarean section rates: observational study of 72 low and middle income countries. *BMJ* 360: k55. doi: https: //doi.org/10.1136/bmj.k55

Boerma, T., Ronsmans, C., Melesse, D., Barros, A., Barros, F., Juan, L. et al.

2018 Global epidemiology of use of and disparities in caesarean sections. *Lancet* 392: 1341-1348.

Haider MR., Rahman MM, Moinuddin M., Rahman AE, Ahmed S, Khan MM

2018　Ever-increasing Caesarean section and its economic burden in Bangladesh. *PLos ONE* 13（12）: e0208623.

Koblinsky, M. et al.

2016　Quality maternity care for every woman, everywhere: a call to action. *Lancet Maternal Health* 6: 2307-2320.

Mridha, M., Anwar, I., & Koblinsky, M.

2009　Public-sector Maternal Health Programmes and Services for Rural Bangladesh. *Journal of Health, Population and Nutrition* Vol 27, No.2 Special Issue: Case Studies on Safe Motherhood, 124-138.

Newman, M., Alcock, G., Ketal, A.

2014　Prevalence and determinants of caesarean section in private and public health facilities in underserved South Asian communities: cross-sectional analysis of data from Bangladesh, India and Nepal. *BMJ* Open; 4 e005982.

NIPORT and ICF

2020　Bangladesh Demographic and Health Survey 2017-2018. Dhaka, Bangladesh, and Rockville, Maryland, USA.

Pinto S.

2004　Development without Institutions: Ersatz Medicine and the Politics of Everyday Life in rural North India. *Cultural Anthropology* 19（3）: 337-364.

Pitchforth, E., Teijlingen, E., Graham, W., Dixon-Woods, M., and Chowdhury, M.

2006　Getting women to hospital is not enough: a qualitative study of access to emergency obstetric care in Bangladesh. *Quality and Safety in Health Care* 15（3）: 214-219.

Renfrew, M., McFadden, A., Bastons, M., Campbell, J., et al.

2014　Midwifery and quality care: findings from a new evidence-informed framework for maternal and newborn care. *Lancet* 384: 1129-45.

Sandall J, Soltani H, Gates S, Shennan A, Devane D.

2016　Midwife-led continuity models versus other models of care for childbearing women. Cochrane Database of Systematic Reviews, Issue 4. Art. No.: CD004667. DOI: 10.1002/14651858.CD004667.pub5.

Schmidt, J., Ensor, T., Hossain, A., and Khan, S.

2010　Vouchers as demand side financing instruments for health care: a review of the Bangladesh maternal voucher scheme. *Health Policy* 96: 98-107.

市川きみえ、曾璟蕙、山名香奈美、阿部奈緒美、山本令子、諸昭喜、陳効娥、安姍姍、上野文枝、松岡悦子

2020　「台湾におけるオールタナティブな出産としての「優しい出産」：新たな助産師教育課程修了生の活動する出産施設調査から」『千里金蘭大学紀要』第16号、23-34。

曾璟蕙

2019「台湾における助産士職の変遷：台湾総督府時代（1895-1945年）から現代まで」『奈良女子大学社会学論集』26：1-8。

松岡悦子

2014「医療化された出産への道程：韓国の「圧縮された近代」」『アジアの出産と家族計画』小浜正子・松岡悦子（編）勉誠出版、p.225-258。

松岡悦子、安姍姍、諸昭喜、神谷摂子

2018「アジアの新しい風：インドネシア、韓国、中国の自然分娩の動き」『助産雑誌』Vol.72 No 10, p. 790-795。

第12章　母乳か粉ミルクか
文化と医療の狭間で

曾 璟蕙

はじめに

母乳を子どもに飲ませることは、哺乳類の人類にとっては自然なことに思われる。文化人類学者のキャスリン・デットワイラー（Katherine Dettwyler）は、「世界中のほとんどの文化で、乳房は男性にとっても女性にとっても性的な意味合いを持っていない。……乳房は子どもを養うという唯一の目的のために存在すると認識されている」と述べている［Dettwyler 2004: 712］。だが現実には、女性たちは特定の社会や文化のなかで授乳をしているので、自然な行為のように見える授乳も社会や文化の影響を強く受けている。たとえば、母乳を与える割合は時代や社会によって大きく異なるし、女性の育児観やライフスタイル、代替栄養の有無によっても違ってくる。また、授乳の期間や方法、頻度、誰が授乳するのかも文化によって多様な形をとっている。

現在、公衆衛生の観点からは、母乳哺育は子どもの死亡率を減らす上で最も有効な介入とされ、長期的には母親である女性の健康を守る上でも効果があるとされている［Victora et al. 2016］。したがって、MDGsやSDGsにおいて、母親と子どもの健康増進、死亡率の低減という目標を達成するために、世界的に母乳哺育が推進されるようになっている。バングラデシュでは、妊娠初期から2歳の誕生日までの最初の1,000日間に適切な栄養を摂ることを、子どもの成長と発達の中心的な柱と位置付け、完全母乳哺育と適切な離乳食、重度の急性栄養不良の治療を国の重点課題と見なしている。同時に、政府やNGOsはヘルスワーカーを訓練して、村を巡回して新生児の成長の様子や母親の健康状態をチェックし、子どもの死亡率を下げるように働きかけている。本書の調査地で活動するGUPでも、ヘルスワーカーが定期的に家庭訪問をして敷地の中庭でミーティングを開き、ヘルスメッセージの中で母乳の良さを伝えている。

本章では、産後の女性たちの母乳哺育の経験に焦点を当て、女性たちがどのような思いで授乳し、子どもを育てているのか、また母乳をめぐる困難やトラブルの解決法、女性たちが母乳についてどのようなアドバイスを受けているのかを明らかにしたい。そして母乳哺育が政策として推奨され、また周囲の年配の女性たちも母乳の方が良いと述べているにもかかわらず、出産した女性たちにとって母乳哺育がむずかしくなりつつある理由について考察する。授乳することは自然な行為のように見えて、実はさまざまな社会的な条件の下で行われていること、とくに出産のあり方が大きく変わりつつあるバングラデシュ村落において、母乳を与えることが変化の局面を迎えていることを明らかにしたい。

第1節　調査地の様子

1.　人と人との距離が近いバングラデシュ

私がはじめてバングラデシュを訪れたのは2019年10月であった。バングラデシュがどんな国なのか見てみたいという気持ちで現地を訪れた。現地の治安は2016年7月1日、ダッカ市内グルシャン2地区に所在するレストランで、数名の武装集団が日本人7名を含む20名（うち18名が外国人）以上を殺害し、多数が負傷する襲撃テロ事件が発生したことで大きく悪化した。事件後2年間以上にわたり、邦人や外国人が被害に遭うテロ事件は発生していないが、現地の治安については警戒する必要があると言われていた。

私たちは現地のNGOであるGUPの協力を得て、フィールド先のマダリプル県のラジョール村とカリア村を訪れた。ダッカからまず車で移動し、その後船に乗り換えて現地に辿り着いた。幹線道路にもかかわらず、至る所に凹凸があり、行き交うバスや車はあまりにも凄まじい姿で走っていたため、初めての私にはとても驚きだった。半日ほどの移動でやっと村に辿り着いた。村の風景は首都のダッカとガラッと変わって車のクラクションの音がなく、女性たちが会話をしている声や子どもたちの遊び声があちこちで聞こえていた。村の人々の生活の様子を見ていると、子どもたちが多くいることと隣の家までの距離が短いことにどこか懐かしさを感じた。村の人びとは老若男女を問わず、外国人の私たちに非常に人なつっこく、私たちが行こうとするところまでついてきて案内してくれた。どこを訪れても「セルフィ！セルフィ！」と村の女性たちにせがまれ、携帯電話（スマートフォン）で一緒に写真を撮った。携帯を使うことが当たり前になっているようだった。

バングラデシュの2000年代に入ってからのGDPの伸びは顕著で、2021年の1人当たりのGDPは1,715ドルに達していた［World Bank 2021］。人びとの収入が増えてはいるが、スマートフォンは高い買い物だと思われる。村の女性たちとセルフィを撮った後、何人かの女性は遠方で出稼ぎしている夫にわざわざ電話をし、外国人（私たち）に会わせたいと言って、自慢気に携帯で夫に会わせてくれたことが何度もあった。日本で経験したことのない「セルフィねだり」と、急に相手の家族に引き会わされる経験から、バングラデシュでは人と人との距離がとても近いことを感じさせられた。

宿泊先に戻ると、私たちはすぐにシャワーを浴びようと水を出したが、そこで驚いたのは、水の味だった。海水とまではいかないが、塩味がする水だった。私は水の味を不思議に思いながら、バングラデシュの水について調べてみると、水問題の情報がたくさん出てきた。特に農村部においては地下水の砒素汚染や、沿岸部の塩害（塩水遡上）が深刻だとある。近年水の問題が改善されつつあると言われているが、未だに安全な水にアクセスできない地域もあるようだった。宿泊先はGUPの施設なのでライフラインが整備されているが、使用する水に関してはまだ改善する余地があると思われた。

村に海外からの訪問者がいることが、あっという間に広がったのだろう。私たちはどこに移動しても必ず村の人たちに囲まれた。筆者はふざけて変顔をして見せることが多かったので、村の子どもたちやお母さんたちとすぐ仲良くなり、子どもや若い女性たちと一緒に遊ぶことが多かった。子どもたちにベンガル語を教えてもらったり、石蹴り遊びをしたりして過ごした。ある時、村の10代の女性たちが私と手を組んで彼女らの家を案内してくれた。言葉が通じない中で、彼女たちは地元の言葉で家の様子と家族のメンバーを紹介してから、私の両腕に模様をペイントしはじめた。彼女たちは自分の部屋やアクセサリーなどを見せながら、自分の両腕にすでに描いてある模様を見せ、彼女たちなりのこだわりのおしゃれを紹介してくれた。若い子たちはサルワカミーズとオルナ（スカーフ）を必ず身に付けていて、その模様や色を合わせ、アクセサリーも考えながらつけていることが多い。また、村では隣の家までの距離がとても近くて、どんなに遠くても徒歩10分で行くことができる。子どもたちは自由自在に遊び、女性たちも自分の友人と気楽に会える距離と関係のため、育児は楽にできるのではないかと思われた。

バングラデシュはライフラインが整っておらず、人々の栄養状態も良くないと度々耳にしていた。しかし実際に村に来ると、想像していたのとはかなり異

写真1　料理する母親にまとわりつく子ども（調査チーム撮影、2016年）

なっていた。赤ん坊は決してがりがりの状態ではなく、程よいふくらみがあり、表情も豊かだった。そして、母親たちはやや痩せ型が多いが、決して貧弱で倒れそうな状態ではなかった。また男性の体型は、特に中年以降になるとお腹が前に出て恰幅が良く、栄養状態が悪そうには見えなかった。

2.　子育ての様子と女性と子どもの健康

現地の子どもたちの生活ぶりや村人の日常を観察しながら、私たちは村の女性たちの妊娠・出産・産後の様子を中心に調査を行った。私たちは、女性たちの様子を把握するために、GUPのヘルスワーカーに頼んで、妊娠・出産後の女性たちの家庭訪問に同行させてもらった。村の道路は狭く、車が通れない環境だったので、ヘルスワーカーは時間をかけて徒歩で女性たちの自宅を訪問していた。彼女は担当する家庭を定期的に巡回し、妊婦や褥婦たちの体重、血圧、むくみの状態をチェックして健康状態を把握し、日常生活の様子までこまめに尋ねて記録していた。そして、母乳育児の様子も確認しながら医学的な立場からアドバイスを行い、女性や子どもを見守る様子が見られた。また、ヘルスワーカーが女性の健康状態や産後の育児の様子を聞いている時に、近隣の女性や子どもたちもたくさん集まって、一緒に話を聞いている場面をよく見かけた。このことから、妊婦や褥婦の身体の状態や全般的な健康上の知識は特定の女性だけでなく、近隣の女性や子どもたちにも共有されるようになっていることがわかる。

ある時、村の女性たちに聞き取りしている際に、15歳の女性が抱っこしていた生後1か月の赤ん坊を私も抱っこをさせてもらった。赤ん坊は小さなTシャ

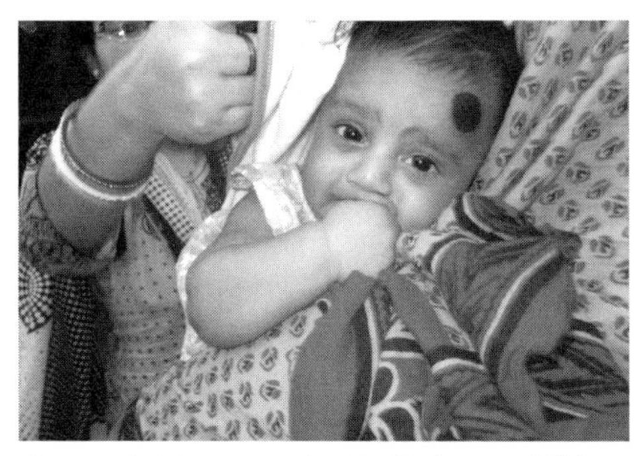

写真2　魔除けの印を額につけた赤ん坊（調査チーム撮影、2016年）

ツを着ており、下半身は何もつけていない状態だった。裸の赤ん坊を抱っこしながら、私は興味津々で赤ん坊の様子を観察した。赤ん坊の額と眉毛の間に黒い円形の印が描かれており、村の女性たちは魔除けの効果があるのだと教えてくれた。さらに、別の幼児を見てみると、その子たちも同じ印をつけていた。またもう少し大きい子（歩き出した1歳ごろ）を見てみると、腰回りにアクセサリー（お守り）を付けていた。そのアクセサリーは細いベルトに似ていて、同じく魔除けの効果があるとのことだった。黒い円形模様の印や、身に付けるアクセサリーは子どもを守る機能があることがわかった。私は、運よく村のどこへ行っても女性たちに赤ん坊を抱っこさせてもらうことができた。そして私が赤ん坊を抱っこしている姿を、お母さんや姑、近所の女性たちが微笑みながら見つめ、写真に撮っていた。以下では村の女性たちがどのように子どもと過ごしているのか、どのように子どもの世話をしているのかを紹介したい。

〈ニシの例〉（2019年）

ニシは1歳の息子と義理の両親と一緒に暮らしていて、夫はサウジアラビアへ出稼ぎに行っている。同じ敷地の中に、ニシと子どもが住む建物と、義理の両親の住む建物があるが、どちらの建物もワンルームである。ニシの部屋には、ベッドと箪笥のほかにガスコンロも設置されているが、ガス代が高いため使っていないとニシが言っていた。普段は、家の外の共通の中庭にある台所で調理をしている。村の家は経済状況によって規模は違うが、建物は一つ一つ独立している。たとえば、義理の両親専用の建物、若い夫婦用の建物、台所、洗い場などがそれぞれ独立して、同じ敷地の中にある。家の前には必ず共通のスペースがあり、その端っこにポンプが設置され、洗い場として利用されている。女性たちはそこで衣服を洗濯し、広場に干している。また洗い場がない家庭は、近所の池で食器や衣服を洗っている。義理の両親が住むところと若い夫婦が住むところは、経済状況によって一つの屋根の下に同居している場合もあれば、別々の建物に住む場合もある。ニシは、自分の家を私に紹介してから、歩きだした我が子を庭で遊ばせた。子どもが裸で家の周りをよちよち歩き回るのを見ながら、ニシはニコニコと微笑んで後ろをついて歩いていた。しばらくすると子どもが泣き出したので、ニシはすぐ抱っこしてあやし始めた。そして子どもがしばらくして落ち着くと、ニシは子どもを洗い場まで抱っこしていき、水で子どもの身体を洗った。そのやり方は、水で体を洗うというよりも水遊びに近く、ほんの短い時間水をかけるだけですぐに終わった。その後、ニシは子どもに昼寝をさせようと、家の中に入っていった。

ニシのような子育ての姿は、村ではよく見かける風景である。若い母親たちは我が子を抱え、あやしたり、遊んだり、後ろをついて歩いたりしながら子どもの面倒をみていた。村では、雨の後に道路がぬかるみになっていたり、あっちこっちにゴミが捨てられていたりするので、子どもを安全に育てるためには母親は我が子のすぐそばにいなくてはならないと思われた。私は村で女性たちの子育ての様子を見ながら、いくつか疑問に思うことがあった。まず、村では10～20歳代前半の女性たちが赤ん坊を抱えている姿をよく見かけたが、彼女たちは赤ん坊を母乳で育てているのか、それとも他の栄養を用いているのだろうか。また、赤ん坊を哺育している時にほとんどの人が乳房の張りや、乳首の裂傷を経験すると思われるが、そんなときにバングラデシュの女性たちはどのように手当しているのだろうか。さらに、母乳で育てる人とそうでない人がいた場合、その違いは何によるのだろうか。これらの疑問について答える前に、まずバングラデシュ農村の女性たちの授乳をめぐるコンテクストについて概観しておこう。

第2節　バングラデシュの授乳をめぐるコンテクスト

女性たちは、授乳について日々さまざまなメッセージを周囲から受け取っていると思われる。例えば宗教上の教えや、その地域の伝統的な慣習が現在も引き継がれているだろう。また、身近にいる姑や義理の姉妹、近所の女性たち、巡回してくるGUPのヘルスワーカーからもさまざまな話を聞くだろう。さらに、女性たちの日常の生活圏の外側にはバングラデシュ政府の方針やWHOなどの国際機関の考え方があり、バングラデシュではNGOsを通じて、国際機関の考え方がストレートに人々の間に伝わっているように思われる。

1. イスラームのコーランの授乳をめぐる教え

ラジョール郡のカリア村は比較的ヒンドゥ教徒が多く、多様な宗教の人が混在している地域だが、バングラデシュ全体ではムスリムが約9割を占めている。ムスリムにとって、日常生活と宗教上の教えは切り離すことができず、子育てにおいてもイスラームの信仰が大きな影響力を持っていると思われる。例えば、古典イスラーム法には授乳規定が定められており、母親に対して以下のように命じている。

> 母親は、乳児に満2年間授乳する。これは授乳を全うしようと望む者の期間である。父親はかれらの食料や衣服の経費を、後世に負担しなければならない。…」（コーラン第2章233節）

ここには、女性たちが我が子を産み落としてから2年間授乳をしなればいけないという規範が述べられている。また、イスラーム法学書は、母親は深い愛情を持って子どもを育てねばならないと述べ、赤ん坊にとって最大の恩恵をもたらすのは、母親の乳であると明確に記載している。女性の乳房、つまり母親の乳はイスラームの信仰においては非常に重要な意味をもっていることから、ムスリムの女性たちは幼い頃から授乳をしなければいけないという考えを身に付けて育つと思われる。バングラデシュの女性たちにとって、自分の子どもを母乳で育てることは、良い母親／妻であるためにとても大切なことであり、母乳で我が子を育てるべきという価値観は村の女性たちに共有されていると思われる。

2. 食べ物のタブーと母乳をめぐる伝統的な信念

村では伝統的な信念や慣習が母乳にも影響を与えている、とさまざまな先行研究が述べている［Darmstadt et al. 2006; Choudhury & Ahmed 2011; Ara et al. 2013; Sarker et al. 2016］。かつては産後の隔離期間[(1)]に肉や魚を食べてはいけないと言われていたが［Darmstadt et al.2006］、近年には次第にうろこがない魚やナマズ類は産後6日目以降には食べてもよいというように変化してきたと女性たちは述べていた（2017年のインタビューにおいて）。だが、このような食べ物の制限のせいで、かつては産後の女性は米とスパイスぐらいしか食べられずに十分な栄養を摂ることができなかったとされている［Choudhury & Ahmed 2011; Darmstadt et al. 2006］。また、授乳に適さないとされる食べ物も多く、インタビューでは種のあるなすびを食べてはいけないとされ、他にもバナナ、卵、葉物野菜は産後に禁止されていた。なぜ、さまざまな食べ物がタブーとされたのかについて、例えば牛肉とヒルサ魚は授乳中の女性の乳（milk）を乾燥させ、産後の下痢を引き起こすと考えられていたそうだ［Darmstadt et al. 2006］。母乳の分泌を妨げる食べ物もあるが、逆に分泌を促す食べ物として、米、マッシュポテト、紅茶、グリーンバナナ、ブラッククミンやケシの実があり、これらは胃を冷やし、母乳の量を増やすと考えられていた。食物の制限は、妊娠中や産後の女性が必要とするたんぱく質の摂取を妨げるので、栄養失調を引き起こす可能性があると言われている［Darmstadt et al. 2006］。

妊娠中や産後にまつわる食のタブーの他に、産後の日常生活の制限も、母子の健康状態に影響を与えているとされる。世界のさまざまな地域で、出産後の母親と赤ん坊は最も脆弱な状態にあるとされているが［Moran et al. 2009; Rahman et al. 2011］、バングラデシュでは出産後の女性は不浄（napak）で［Blum et al. 2006］、悪霊に襲われやすいため、母子は一つの部屋に隔離される習慣があった［Tarafder & Sultan 2014］。2017年の聞き取りでも、アトゥルゴールと呼ばれる産褥の部屋に11日間入っていたという話が聞かれた。また、産後の女性たちが作る料理は危険とされ、女性は食事の準備のために食材に触れることができなかった［Choudhury & Ahmed 2011］。さらに、バングラデシュでは産後3日間母乳を与えず、代わりにはちみつや砂糖水を赤ん坊の口に含ませる習慣があった［Haider et al. 2010; Moran et al. 2009］。それは、初乳は濃厚で汚い乳であり、下痢や腹痛の原因になり、悪霊が宿っていると考えられていたからだ［Darmstadt et al. 2006］。このようなことから、女性の授乳慣行には食べ物をめぐる社会・文化的な信念や、伝統的な慣習が影響を与えていたと言える。そのことから、赤ん坊の死亡が母親の不適切な授乳慣行によってひきおこされていると述べる先行研究もある。たとえば、早期に母乳以外の補助食品を子どもに与える習慣や、母親の母乳育児の知識の乏しさが原因として挙げられている。しかし、過去の母乳育児から受け継いだ知識や習慣は、文化や生活環境の中で育まれてきたものであり、一律に迷信や因習として母親の知識不足を批判することには疑問が残る。なぜなら産後の規制については、バングラデシュだけでなく、東アジアでも同様に厳しい制限が設けら

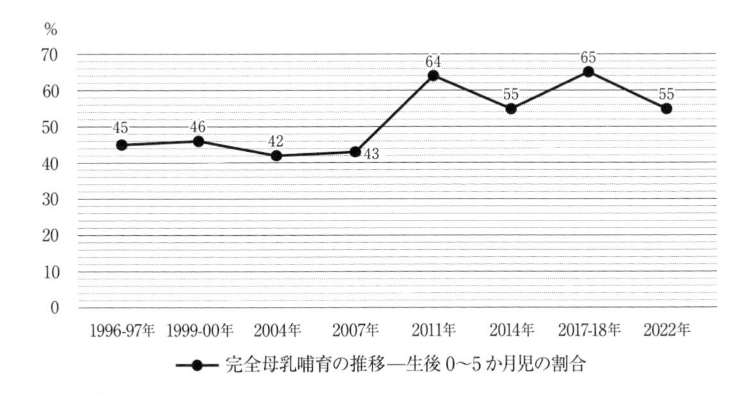

図 1　完全母乳哺育率の推移
出典：BDHS 2020［NIPORT and ICF 2023］を参考に筆者作成

れており、とくに中華圏では食事や日常生活の規制が現在も実践されているからである。だが、それらは古い慣習や迷信というよりも、女性の身体をゆっくり休ませて回復を促すための習慣だと見なすことができる［曾 2015］。したがって、バングラデシュの産後の食事や過ごし方についても、母乳の分泌を促すためや、女性が育児に専念できるようにするためのものがあると思われ、東アジアの産後の過ごし方と同様に、そこには文化的な意味があるのではないだろうか。

3.　母乳をめぐるバングラデシュ政府の政策

『バングラデシュ人口健康調査 2022』によると、生後 5 か月までの完全母乳哺育率の推移は図 1 のようになっている［NIPORT and ICF 2023］。1996 年から 2007 年までバングラデシュの完全母乳率は 50%以下だったが、2011 年からは 50%を超え、2017-18 年には 65%まで増加したものの、2022 年には 55%に低下している。この 55%は生後 5 か月までの割合の平均値であり、その中身を詳しく見ると、生後 1 か月までは 75.9%が母乳のみを飲んでおり、生後 2-3 か月には 61.1%、生後 4-5 か月には 25%と次第に低下している。そして、生後 4-5 か月には、他のミルクとの混合が22.8%、離乳食と併用する割合が25.9%となっている。つまり、生後 4-5 か月には、母乳のみを与えられている子は 4 人に 1 人となり、混合栄養や離乳食との併用がいずれも 20-25%いることになる。母乳哺育率が近年上昇した理由は、長年にわたりバングラデシュ政府が多くのプログラムやプロジェクトで母乳育児を推進してきたからだとされている。また、NGOsや政府もヘルスワーカーを養成し、村や地域を巡回して新生児の成長の様子や母親の健康状態をチェックし、子どもの死亡率を下げるよう啓発活動を行ってきた。このように、政府が母乳育児に力を入れるのは、母乳を与えることで死亡率を低減させる目的があるからである。

たとえば、バングラデシュではライフラインが十分に整備されているとは言えないことから、安全な水へのアクセスが難しい。そのため、粉ミルクを飲ませるときに用いる哺乳瓶やその他のグッズ（消毒器具、専用の洗剤、おしゃぶりなど）の清潔を保つことができないと、子どもは細菌が繁殖したミルクを飲むことになり、下痢のリスクを高めることになる。下痢は子どもの死亡や栄養不良に繋がるので、衛生状況が整っていない環境で粉ミルクを用いるのは危険を伴うことになる。したがって、母乳哺育を行った場合は、下痢疾患のリスクや気管支炎のリスクを4分の1軽減することができるとされている［Cunningham et al. 1991］。このように、バングラデシュでは積極的に母乳育児を推進する政策をとっているが、その背景にはWHOやユニセフといった国際機関の動向が大きく関わっている。

WHOは加盟國の完全母乳率を2025年までに50％にすることを目指しており［WHO HomePage］、SDGsにおいても完全母乳育児を重要な戦略として位置づけている。WHOは、母乳育児を適切に行うことで栄養不良を改善し、5歳未満の子どもの死亡数を約80万人減らすことができると試算している［WHO 2011］。具体的には、WHOは生後6か月まで母乳のみを与え、その後適切な離乳食とともに2歳まで、またはそれ以後も母乳を継続することを推奨している［WHO 2013］。乳児死亡率の高い国では、母乳によって乳児の感染症や死亡リスクを軽減することができるからである。このように、国際機関は赤ん坊を健康に育てる上で母乳育児を非常に重要なヘルスケアの手段だと見なしている。

第3節　質問紙調査の実施

2019年末にバングラデシュから帰国して間もなく、新型コロナウィルスの感染が広がり、バングラデシュへの渡航ができなくなった。そこで、2021年に質問紙調査を依頼したが、そこでは「授乳の仕方」、「授乳のトラブルの有無」、「授乳のトラブルの解決方法」、「授乳を楽しんでいるか」「授乳中にどんなことを考えているのか」、「産後の規制/過ごし方」を尋ねた。これへの回答をもとに、女性

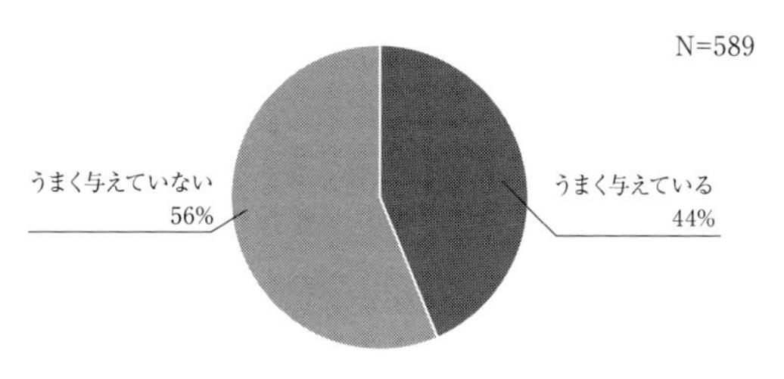

図２　授乳に問題があるかどうか

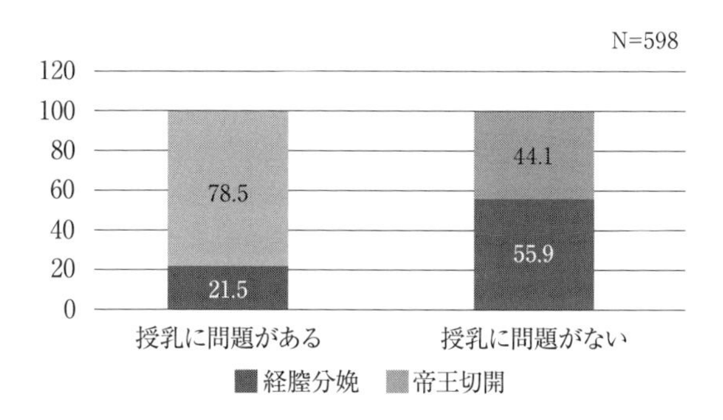

図３　授乳に問題があるかどうかと分娩様式との関係

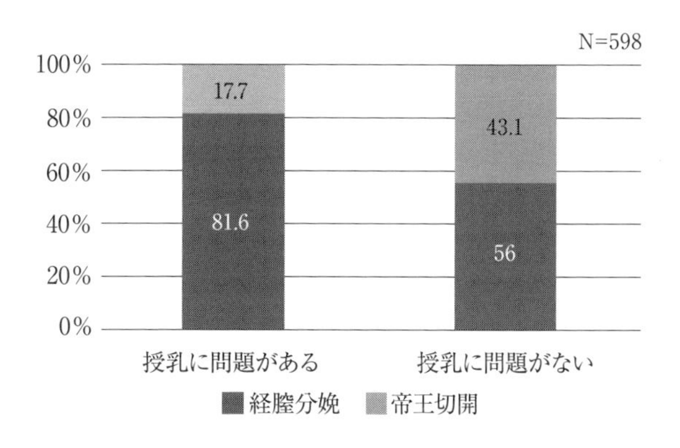

図４　分娩様式と哺育状況との関係

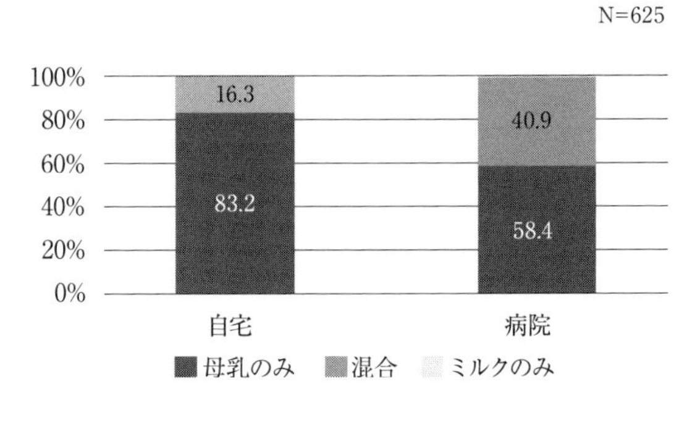

図5　哺育方法と分娩場所との関係

たちがどのように授乳しているのか、授乳がなぜ困難になっているのかを探りたい。回答者の女性は計626人で、回答時点での産後の日数の平均は26.7日だったが、最も短い人で産後1日目、長い人で142日目とばらつきがあった。

1．授乳の情況と分娩様式との関係

まず、女性たちの母乳育児の様子を見ていく。質問紙では、授乳に関して問題があるかないかを聞いており、図2に示すように、問題がないと回答したのは44%であり、問題があると回答したのは56%であった。半数以上の女性が授乳に問題があると答えており、その理由を尋ねると、「身体が弱く、体力がないため」や「身体が弱く、母乳の量が少ないため」という回答が見られた。このように答えた女性たちの数はかなり多く、身体が弱いというときにweaknessの言葉がよく使われていた。このことばは現地ではdurbolotaと呼ばれ、妊娠中から産後にかけてだけでなく、女性の疲れ、ストレス、体調不良を表すことばとしてよく使われている（第10章でも挙げられている）。さらに、回答者の中には産後の体調不良の具体的な理由として、「帝王切開後の腰痛による体調不良」や「帝王切開で体力の衰えが著しい」と答えた人も多く、出産の回復が遅いために母乳育児が難しい状況が見られた。このことから、母乳をうまく与えられない理由として、分娩方法との関係が予測された

そこで、授乳に問題があるかどうかと分娩方法との関連を見ると（図3参照）、問題がないと回答した人の55.9%は経腟分娩を行っていたが、問題があると回答した人のうち経腟分娩の割合は21.5%であり、帝王切開の割合が78.5%となっていた。帝王切開で出産した場合は経腟分娩より回復期間が長引き、産後に身

体の痛みがあることで母乳の出が悪くなることや、身体が衰弱して母乳を与えるのが困難になっていることがわかる。

さらに、分娩様式と哺育状況との関連を見ると、図4にあるように、経腟分娩では母乳のみを与えている人が多く、帝王切開では混合栄養の人が多くなっている。χ 2乗検定を行ったところ、経腟分娩と帝王切開で有意差（$p = .0000$ 、$\chi 2 > \chi 20.5$（2））が見られ、経腟分娩では母乳のみを有意に選択し、帝王切開では混合を有意に選択することが示された。

次に、出産場所が哺育方法に影響をあたえているかを見たところ（図5参照）、自宅で出産した女性たちの83.2％は母乳のみで育てているのに対して、病院やクリニックで出産した女性たちの58.4％が母乳のみで、40.9％は混合栄養となっていた。分娩場所と授乳方法との関連についてχ 2乗検定を行ったところ、自宅と病院とで有意差（$p < .001$ 、$\chi 2 > \chi 20.5$（2））が見られ、自宅出産は母乳のみを有意に選択し、病院出産は混合栄養を有意に選択する傾向があることがわかる。

以上のことから、分娩様式や分娩場所が村の女性たちの授乳方法に関連していることがわかった。自宅で経腟分娩を行うことは母乳哺育と関連しており、施設で帝王切開で産むことは混合栄養と結びついていると言える。村を訪問する前には、赤ん坊は母乳で育てられていると想像していたが、実際に村にいた時に女性が粉ミルクを赤ん坊に飲ませているのを見て非常に驚いたことを覚えている。バングラデシュでは、清潔な水を手に入れるのが難しいことを考えたときに、母乳で子どもを育てることが母親にとっても赤ん坊にとっても最も合理的な形と思われるのに、現実にはそうではなかったからだ。そこで、分娩場所の変化によって、村の女性たちの産後の経験がどのように変わってきたのか事例を挙げて検討したい。

〈ギタの事例：自宅出産〉

カリア村に住むギタは、2021年3月末に自宅にダイを呼んで第1子を産んだ。ギタは17歳の時に食料品店を営む27歳の夫と結婚し、20歳の現在は生後2か月の赤ん坊を母乳のみで育てている。彼女になぜ母乳を与えているのかを尋ねると「母乳は赤ん坊の脳の発達に良いので」と述べていた。だが、ギタはまだ若く、栄養不足だと言われて、栄養剤も服用しているそうだ。「母乳の与え方は実の母親に教えてもらって、そのとおりにしている。母乳を飲ませている時に、私は母親だという実感が湧く」と述べ、さらに母乳をやりながらどんなことを考えるのかという質問には、「この子が将来、偉大な宗教家になってくれるとい

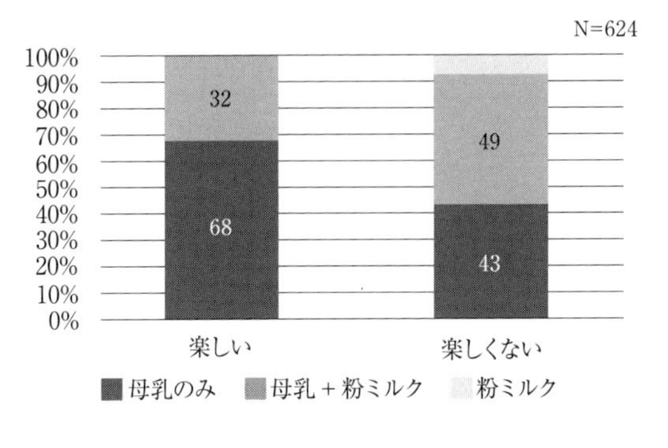

図６　授乳を楽しんでいるかと哺育様式

いなと思う」と答えている。さらに「母乳をやっていて胸が痛くなった時には、赤ん坊に飲んでもらうか、手で搾っている」とのことだった。

〈エティの事例：病院出産〉

ラジョール村に住むムスリムのエティは、20歳の時に28歳の夫と結婚し、23歳の現在は生後１か月の子どもを育てている。彼女と夫は、村の平均以上に高い14年間の教育を受けている。夫は村の人々向けに小さな商売をしていて、月収はおよそ50000タカで、この地域の平均月収よりずっと高い。彼女は妊娠の時から病院で出産することを決め、2021年９月21日に病院で帝王切開によって出産した。彼女は現在、粉ミルクとの混合で子育てをしている。粉ミルクを利用し始めたのは、出産後まもなくからで、「帝王切開で産んだので、体がとても弱っていて、母乳の量が少ないから」と答えた。子どもに母乳をやっているときに「母親になったことを実感する」と述べ、「我が子が将来、政府の高官になることを夢見ている」と語った。彼女に母乳を与え続けている理由を尋ねると、「姉が、母乳はビタミンが豊富だと言ったから」と述べていた。また、エティは母乳がもっと出るように、野菜や魚、卵などを積極的に摂り、母乳の量を増やして質を良くしようと努力していた。

エティは妊娠中から病院で出産することに決めていたが、帝王切開で出産した後の身体の不具合は予想以上のようであった。自宅で出産したケースと異なり、帝王切開で産んだ場合には身体への負担や傷口の痛みがあるため、粉ミルクと混合で赤ん坊を育てるケースが多くなっている。女性たちは身体の不調を乗り越えて母乳を継続しようとしていたが、母乳をやり続けることは決して簡単ではないようだ。そこで次に、女性たちが授乳をどのように感じているのか、授乳するのを楽しんでいるかどうかを聞いてみた。

2. 授乳するのは楽しいですか

質問紙の中に「授乳するのが楽しいですか」という質問があった。626人のうち8.6%に当たる54人は授乳を楽しくないと答え、次のような理由を挙げていた。

「貧しい上に子どもが増えたので、あるいは予定していなかった子なので、うれしくない」
「乳房が痛くて、身体がしんどい」
「息子が欲しかったのに娘が生まれて悲しい」
「母乳を飲ませたいのに飲ませられないので悲しい」
「赤ん坊が母乳を飲んでくれなくて悲しい」

それに対して、残りの91%の女性は授乳を楽しんでおり、その理由として次のような理由を挙げていた。

「母親になったという実感が沸いてうれしい」
「子どもがもう一人増えてうれしい」
「息子の後に娘が生まれてうれしい」

バングラデシュは男児選好と言われているが、娘が生まれてうれしいというという感想も複数見られる。

「子どもが母乳を飲んでくれると幸せな気持ちになる」

では、女性が授乳を楽しいと思うかどうかと関連する要因を知るために、分娩様式（経腟分娩か帝王切開か）と、授乳に問題があるかどうか、そして哺育の様式（母乳のみ、混合、ミルクのみ）の3つについて関連をみた。すると、分娩様式については有意差がなかったが、授乳に問題があるかどうか（図2のもとになる問い）と、哺育様式との間には有意な関連があった（図6）。つまり、授乳に問題を感じている人ほど授乳を楽しいと感じず、哺育様式については母乳のみで育てている人の方が混合で育てている人よりも有意に授乳を楽しいと感じる割合が高くなっていた。そして、粉ミルクで育てている４人は全員が授乳を楽しくないと答えていた。

以上のことを総合すると、経腟分娩で産むほど母乳に問題を抱えることが少なく、かつ母乳で育てる割合が高くなっている。そして、母乳で育てている女性ほど授乳を楽しいと感じる割合が高くなっていることを考えると、経腟分娩で産むことが母乳哺育を容易にし、それが授乳の楽しさを増すことになっていると言える。女性を中心に考えたときに、女性が授乳を楽しいと感じることは重要である。帝王切開で体の回復に時間がかかり、母乳が足りないために粉ミルクを利用することは、一見女性に役立っているように思われる。だが母乳のみで育てる方が、粉ミルクとの混合で育てるよりも女性にとって楽しいということは重要な指摘だと思われる。授乳の状況が、出産の様式と密接に関連していることはもっと重視される必要があろうし、帝王切開で産むことが女性の体の回復を遅らせるだけでなく、新生児の栄養にも影響し、新生児死亡率や赤ん坊の健康全般に影響するとなれば、出産の様式は非常に重要である。また、授乳は半年からもっと長期にわたる継続的な営みであるとするなら、経腟で産むことは女性にとって短期的な利点になるだけでなく、長期にわたる影響を与えることになっている。次に、授乳中に直面する困難やトラブルに対して、女性たちがどのような方法で対処しているのかを紹介する。

3. 乳房のトラブルへの対処法

バングラデシュの母乳哺育についての先行研究を読むと、初乳を不浄として捨てる習慣があったことや、医学的に見て不適切な母乳の与え方についての記述が多く見られたが、乳房のトラブルを女性たちがどのように解決しているのかについての文献は見つからなかった。だが、新生児のケアとして行われる臍の緒とその周辺への温熱マッサージ（shek dewa）と同じことが、腫れた乳房に対しても行われているようだった。女性たちの間では、赤ん坊の臍の緒とその周辺への温熱マッサージが、臍の緒のケアのためだけではなく、赤ん坊の身体を強くする（冷えから体を守る）ために行われている［Moran et al. 2009］。その際には、女性たちは芥子菜の油や椰子油を好んで利用しているようだ［Alam et al. 2008］。今回の質問紙調査では、乳房に対しても温熱マッサージをするという回答が見られた。

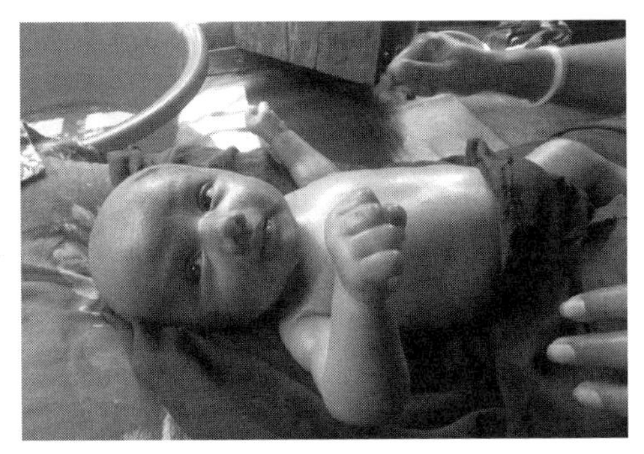

写真3　オイルマッサージをされる赤ん坊（モウリカ撮影、2020年）

「私は母乳だけを与えている。胸が張ったり、硬くなったりしたら、痛む胸の箇所にぬるま湯で温めたタオルを当てる。すると痛みや腫れがやわらぐ」

「赤ん坊に母乳を飲ませていたが、乳房に痛みがあったので、芥子菜の油で胸をマッサージした。すると痛みはだいぶましになり、乳首は柔らかくなった。母乳は赤ん坊にとって栄養価値が高いので、ずっと与えたい」

「母乳を飲ませていた最初の頃、乳首が痛かった。でも、授乳を続けているうちに痛みがなくなってきた。赤ちゃんが母乳を飲んでくれると、私はすごく気分がいい。母乳は赤ちゃんの健康に良いだけでなく、私も気分が良くなる」

「赤ん坊の吸う力が強くなってきたので乳首が痛くなり、布で温湿布をした」

このように、母乳育児が一見うまく行っているように見えても、乳房が張ったり乳首が裂傷することがあり、女性たちはその痛みに対処するために温めたタオルを胸に当てたり、芥子菜の油で胸をマッサージしたりしてトラブルを乗り切っている。痛みを軽減するこのような方法は、長く人々の間で伝承されてきた民間療法で、バングラデシュのみならず世界中で広く行われている。言い換えれば、授乳に伴う乳首の痛みや乳房の腫れはどの文化にもあって当然と見なされ、その対処法が知られていると言える。また、赤ん坊に飲んでもらっているうちに慣れて気にならなくなったり、気分が良くなったりして、自然に解消するという記述も見られる。だが、手や油でマッサージする方法の他に、次のような回答も多かった。

「乳首が化膿して痛むので、私は暖かい椰子油を使う以外に、薬のNapaを飲んだ」
「乳首の痛みがあるので、エース（ACE）の薬を飲んだ」
「赤ちゃんの吸う力が強くなると乳首が痛いので、DalatikやTab. Cesstury、Esonixを服用し、温湿布もした」
「乳首が硬いので、モミット、オメドンを服用した」

回答の中で、ナパ（Napa）（パラセタモール）やエース（ACE）という名の薬がよく挙げられている。ナパは、乳首が硬くなり痛みを感じるときに服用されている。村の女性たちにナパの薬について、服用する頻度やどういう状況のときに服用するのかを尋ねると、風邪気味の時や、頭痛、痛みに伴う体調不良の際によく服用するとのことだった。女性たちは、授乳に伴うトラブルや不調の際に、手でオイルマッサージや温湿布を行うほかに、薬を飲んで解消するやり方をとっていることがわかる。第10章で、薬が村の生活に広く浸透していることが書かれているが、授乳時期にも乳房のトラブルの解決のために薬が使用されていることがわかる。

4.　授乳についてのアドバイス

哺育の情況は、世代の違いや、世帯の経済状況、家族構成員の違い、政策の変化によって変わってくるが、今回の質問紙では母乳で育てるのがベストという回答が共通して見られた。村の女性たちは、通常は夫の親や夫の兄弟の家族と一緒に住み、近所に同世代の女性たちも多くいるため、母乳育児の方法や困ったときの対処法を上の世代や同世代から幅広く得ていると考えられる。初めて母親になった時にまず習得しなければいけないのは、赤ん坊の世話の仕方であり、イスラームの文化では母乳を与えることが期待されているので、授乳の仕方を習得しなければならない。だが現在では、母乳の他に粉ミルクも流通しているので選択肢が増え、村の女性たちは母乳にするのか、あるいは粉ミルクも使うのかを決めることになる。その際に、女性の周囲の人たちがどんなアドバイスをするのかが判断に大きい影響力を持つと思われるので、女性が得るアドバイスを次に紹介する。

「親戚は、母乳の方が粉ミルクより良いし、赤ん坊にとって栄養価が高いから母乳を与えるのがいいと言った」
「義母は母乳を勧めた。なぜなら、母乳は神からの最高の贈り物だから」
「義母は、母乳の方が赤ちゃんが病気になりにくいからと言って、母乳を勧めた」
「夫は、赤ん坊が病気にならないようにするには、母乳が一番良いと言った」
「母乳は消化が良いということで、家族で話し合って母乳にした」。
「粉ミルク代を払う余裕がないので、母乳をやって、粉ミルクを控えるようにと家族に言われた」

以上のような回答から、村の女性たちは、親族、姑、夫からもアドバイスを受けていることがわかる。助言者たちは、なぜ母乳が良いのか、なぜ粉ミルクより優れているのかについて具体的な理由を挙げている。母乳は栄養価が高く、赤ん坊が病気になりにくく、神からの最高の贈物だというのである。女性たちは、母乳には粉ミルクにない圧倒的なプラスの価値があることを親の世代や周囲の人から伝えられ、そのアドバイスを受け入れている。それにもかかわらず、先に述べたように女性たちの中には母乳を与えるのがむずかしくなっている人たちがおり、その要因として出産の様式や産み場所が関連していることが示唆された。女性たちは母乳の方がよいことはわかっていても、母乳の量が少なかったり、身体が消耗して母乳を頻回にやれなかったりすると、粉ミルクを足すことになっている。村の女性たちのこのような経験を考えると、周囲からのアドバイスやNGOsを通じた働きかけがあっても、現実には外からのより大きな力によって、そのアドバイスが断ち切られているように見える。授乳のあり方は、家族や近隣の関係の中だけでなく、さらに大きな世界のあり方とも連動して形作られていると言える。

第4節　考察

バングラデシュでは2000年から2020年の間に、妊産婦の死亡率は出生10万当たり441から123へ、5歳未満児の死亡率は出生千当たり86から29へと大きく改善した（The World Bank）。死亡率を下げるための政策として、政府は医療施設での出産と、しろうとのダイではなく専門家による出産介助、産前産後の健診を受けることを推奨した。そのような政府の政策によって、数値の上ではたしかに死亡率が低下し、施設分娩の効果が現れているように見える。しかし分娩場所の移行によって、女性たちには戸惑いや葛藤が生じている。これまでの出産では、女性の陣痛が始まると家族のだれかがダイを呼びに行き、ダイはすぐ女性の家へ向かい、女性は家族の付き添いで陣痛に耐えることができた。家族とダイは協力して女性の出産を助け、女性は住み慣れた家で、家族がそばにいるところで出産していた。ところが、現在は私立病院が増加したために、妊産婦を病院に呼び集める仕組みがあちこちに作られ、ダイもその仕組みの中に取り込まれるようになっている（第8章、第9章、第11章参照）。しかも、施設で出産することは政府の方針でもあるので、女性たちは家で何時間か陣痛に耐えた後に出産に至らなければ、不安になって自ら希望したり、ダイや夫に勧められたりして病院に向かうことになる。今回の協力者626人のうち、424人（68％）の女性たちが施設で出産し､424人の9割は帝王切開､1割が経腟分娩になっていた。つまり、病院で出産することになれば、ほぼ全員が帝王切開になるといってもよい状況である。そして、帝王切開で分娩した女性たちの56％が母乳のみで育児し、粉ミルクとの混合になるのが43％で、0.7％の人は粉ミルクのみで哺育していた（図3参照）。その一方で、経腟分娩をした女性たちの8割以上が母乳のみを与えていることから、分娩が医療施設で行われるようになることは、ほぼ帝王切開で産むことを意味するようになり、母乳育児の実践にも影響を及ぼしていると言える。このように、現状では分娩の施設化が帝王切開にほぼ直結し、それが母乳哺育の妨げになっていることは大きな問題である。

帝王切開率の急上昇について、Save the Childrenは、バングラデシュで2018年に行われた帝王切開の77％は医学的に不必要なものだったと述べ、そのために母児が不必要なリスクを負うことになっているとしている。なぜなら、帝王切開によって、感染、出血、臓器の損傷、血栓の可能性が高まり、女性の身体の回復が大幅に遅れるからである。さらに、赤ん坊は産道を通って出てくることで良い細菌叢に触れるのに、帝王切開ではそれができなくなることや、母児の早期の接触が妨げられることもリスクになるとしている［Save the Children 2022］。病院出産が帝王切開の上昇につながるのは、帝王切開が私立病院の利益を得る手段になっているからであり、私立病院を規制しなければ、施設分娩率の上昇で仮に死亡率が下がったとしても、本当の意味での女性や子どもの健康を改善することにつながらないだろう。

本章で母乳哺育を取り上げるのは、母乳栄養が赤ん坊の命にとって重大な意味を持つと考えるからである。現在、世界的に母乳推奨の風潮があり、女性が働きながら母乳哺育を続けることが、子どもの健康に重要と考えられるようになっている。とくにバングラデシュのように、貧困が依然として課題になる地域では、母乳をうまく与えられないことは赤ん坊の死亡や栄養不良に直結することになる。たしかに、母乳が出なくても粉ミルクを与えることは可能だが、水や環境の不衛生、粉ミルクの高額な値段を考えると、一部の人たちにとって粉ミルクは母乳の代替とはならないだろう。今回の調査において、母乳哺育と分娩様式や分娩場所との関連が明らかになった以上、母乳哺育を勧めるためには、それを阻害する要因となっている帝王切開の濫用を防ぐことが重要だ。

さらに、政府が施設分娩を推奨するのであれば、女性が出産する施設の環境を改善しなくてはならないだろう。私がバングラデシュの病院を訪問して分娩室に入った際に、金属ベッド特有の冷たさを感じた。ベッドの幅は狭く、クッションは薄くて固く、古くて汚れており、その上で帝王切開を受けることは、女性たちにとって恐怖の体験になると思われた。また、私立病院では常駐する医師がいないため、決まった曜日だけ医師がダッカや近隣の都市から来るので、その日には診察や手術のために訪れる人の数が増えるとのことだった。

ラジョールにある政府の病院に勤める医師は、勤務時間外に私立病院に来て働いているが、その医師と村の女性との対比は、村の中にある経済的格差を映し出すものだった。医師はとてもゴージャスなサリーを身にまとい、金の指輪や複数のアクセサリーを身に付けていた。その一方で、病院に患者として来る人々の多くは、穴の開いたT-シャツや色の褪せたサリーを着ていた。さらに、医師たちは男女を問わずぽっちゃりした体型なのに対して、村の人たちは痩せており、医師と患者との外見上の違いは際立っていた。このことは、医師と患者との経済的格差だけでなく、患者が病院の中でどのように処遇されるのかをも示しているように見える。つまり、医師と患者との間に歴然とした差があると、患者は医師の前で緊張し、出産に際してはリラックスできず、安産になるのは難しいと思えるからだ。患者にとって病院が安心できる場所であるためには、患者の人権が尊重されなければならない。患者の視点から見て、病院が良質の出産環境を提供するようになれば、女性は施設の中で快適な出産を経験することができるだろう。また、そのような出産環境が整えば、女性の身体がむやみに帝王切開の対象にされることもなくなるだろう。帝王切開自体は、緊急事態に際して母児を救命するために行われる不可欠の医療である。しかし今回の調査では、帝王切開を受けた女性たちは傷口の痛みを和らげるために絶えず薬を服用し、身体の回復が遅れるせいで母乳育児に支障を来していた。そして、女性たちは身体が衰弱したせいで母乳が十分に出ないと感じ、最終的に粉ミルクを足すことになっていた。帝王切開という医療介入によって薬の服用が促され、母体の回復が遅れることで母乳哺育に支障を来し、それが子どもの栄養状態にも影響を及ぼす可能性が見られた。目の前にいるバングラデシュの女性たちの現状は、このような連鎖に巻き込まれているように思われる。

だが、バングラデシュの母乳哺育に関する先行研究では、女性の知識不足や伝統的な因習によって、赤ん坊の栄養不良や死亡が引き起こされるとして、母乳哺育がうまくいかない理由を女性の側に求めている。そのような研究では、女性を取り巻く社会・文化的状況に注意が向けられず、出産の場所が自宅から病院へ移行しつつあることや、分娩様式が母乳哺育に影響を与えている点については、議論の中心から外されてきた。だが本章で示したように、産後の母乳哺育は赤ん坊の生存に不可欠であり、授乳の機会を母児に保障するためには、分娩場所や様式についても検討する必要があり、そのことを議論から外してはならないと考える。

おわりに

本章は、ラジョール村とカリア村の女性たちの母乳哺育に焦点を当てて、そこからリプロダクティブ・ヘルスの現状について考察した。バングラデシュの女性たちは、母乳が赤ん坊にとって最も優れた栄養だと考え、母乳育児を当然のことと見なしているが、現実には母乳だけで子育てをできる人たちが減少しつつある。それは分娩の施設化に伴って帝王切開が増えているからであり、女性の多くが産後の回復に手間取り、母乳が十分に出ないと感じるようになっている。その結果、女性は粉ミルクを併用するようになるが、母乳と粉ミルクの混合で哺育をする人たちは、授乳の満足度が低いことも明らかになった。以上のようなことから、リプロダクティブ・ヘルスを向上させるためには、母乳哺育を妨げない出産環境を提供することが重要になるだろう。

注

(1)　この隔離期間は出産直後から始まり、産後５日から40日間、母親と赤ん坊は室内で過ごさねばならないと規定している［Choudhury & Ahmed 2011; Choudhury et al. 2012; Darmstadt et al. 2006］。しかし、Edhborg ら（2015）によれば、この40日間の制限を実践する女性は、現在では非常に少なくなっているそうだ。そのかわりに、産後14～

15日間室内にいることが一般的となっている。

（2） Napa Full Prescribing Information, Dosage & Side Effects | MIMS Singapore　2022年7月4日閲覧。

文献

Alam MA, Ali NA, Sultana N, Mullany LC, Teela KC, Khan NU, Baqui AH, El Arifeen S, Mannan I, Darmstadt GL, Winch PJ.

2008　Newborn umbilical cord and skin care in Sylhet District, Bangladesh: implications for the promotion of umbilical cord cleansing with topical chlorhexidine. *J Perinatol.* Dec; 28 (Suppl 2): S61-8. doi: 10.1038/jp.2008.164. PMID: 19057570.

Ara, S., Islam, M. M., Kamruzzaman, M., Elahi, M. T., ShahinurRahman, S. S., & Hossain, M. S.

2013　Assessment of Social, Economic and Medical Determinant of Safe Motherhood in Dhaka City: A Cross-Sectional Study. *American Journal of Life Sciences,* Vol.1, No.3: 93-97.

Bangladesh. Ministry of Health and Family Welfare.

2007　Institute of Public Health Nutrition. Directorate General of Health Services: National Strategy for Infant and Young Child Feeding. Dhaka.

Blum, L. S., Sharmin, T., & Ronsmans, C.

2006　Attending Home vs. Clinic-Based Deliveries: Perspectives of Skilled Birth Attendants in Matlab, Bangladesh. *Reproductive Health Matters*, 14 (27): 51-60.

Choudhury, N., & Ahmed, S. M.

2011　Maternal Care Practices among the Ultra Poor Households in Rural Bangladesh: A Qualitative Exploratory Study. *BMC Pregnancy and Childbirth,* 11, Article No. 15. https: //doi.org/10.1186/1471-2393-11-15

Choudhury, N., Moran, A. C., Alam, M. A., Ahsan, K. Z., Rashid, S. F., & Streatfield, P. K.

2012　Beliefs and Practices during Pregnancy and Childbirth in Urban slums of Dhaka, Bangladesh. *BMC Public Health*, 12, Article No. 791. https: //doi.org/10.1186/1471-2458-12-791

Chowdhury, A. M. R., Mahbub, A., & Chowdhury, A. S.

2001　Skilled Attendance at Delivery in Bangladesh: An Ethnographic Study. BRAC Research and Evaluation Division and University of Abedeen.

Coughlan, M., Cronin, P., & Ryan, F.

2013　*Doing a Literature Review in Nursing, Health and Social Care*. Sage.

Cunningham AS, Jelliffe DB, Jelliffe EF

1991　Breast-feeding and health in the 1980s: a global epidemiologic review. *J Pediatr* 118, 659-666.

Darmstadt, G. L., Syed, U., Patel, Z., & Kabir, N.

2006　Review of Domiciliary Newborn-Care Practices in Bangladesh. *Journal of Health Population and Nutrition*, 24, 380-393.

Dettwyler, Katherine

2004 When to Wean: Biological Versus Cultural Perspectives. *Clinical Obstetrics and Gynecology*: September 2004-Volume 47-Issue3,712-723.

Edhborg, M., Nasreen, H. E., & Kabir, Z. N.

2015 "I Can't Stop Worrying about Everything"—Experiences of Rural Bangladeshi Women during the First Postpartum Months. *International Journal of Qualitative Studies on Health and Well-Being*, 10, Article ID: 26226. https: //doi.org/10.3402/qhw.v10.2622

Haider, R., Rasheed, S., Sanghvi, T.G. et al.

2010 Breastfeeding in infancy: identifying the program-relevant issues in Bangladesh. *Int Breastfeed* J. 5, 21. https: //doi.org/10.1186/1746-4358-5-21

Moran, A. C., Choudhury, N., Khan, N. U. Z., Karar, Z. A., Wahed, T., Rashid, S. F., & Alam, M. A.

2009 Newborn Care Practices among Slum Dwellers in Dhaka, Bangladesh: A quantitative and Qualitative Exploratory Study. *BMC Pregnancy and Childbirth*, 9, Article No. 54. https: //doi.org/10.1186/1471-2393-9-54

NIPORT and ICF

2023 Bangladesh Demographic and Health Survey 2022: Key Indicators Report. Dhaka, Bangladesh, and Rockville, Maryland, USA.

Rahman, A., Moran, A., Pervin, J., Rahman, A., Rahman, M., Yeasmin, S. et al.

2011 Effectiveness of an Integrated Approach to Reduce Perinatal Mortality: Recent Experiences from Matlab, Bangladesh. *BMC Public Health*, 19, Article No. 914. https: //doi.org/10.1186/1471-2458-11-914

Sarker, B. K., Rahman, M., Rahman, T., Hossain, J., Reichenbach, L., & Mitra, D. K.

2016 Reasons for Preference of Home Delivery with Traditional Birth Attendants（TBAs）in Rural Bangladesh: A Qualitative Exploration. *PLoS ONE,* 11, Article ID: e0146161. https: //doi.org/10.1371/journal.pone.0146161

Save the Children

2022 Bangladesh: 51% Increase in "unnecessary c-sections in two years. Save the Children 21st June.

Tarafder, T., & Sultan, P.

2014 Reproductive Health Beliefs and Their Consequences: A Case Study on Rural Indigenous Women in Bangladesh. *Australasian Journal of Regional Studies*, 20, 351-374.

Tasnim, S., Rahman, A., & Shahabuddin, A. K. M.

2010 Access to Skilled Care at Home during Pregnancy and Childbirth: Dhaka, Bangladesh. *International Quarterly of Community Health Education,* 30, 81-87. https: //doi.org/10.2190/IQ.30.1.

Victora, C.G.,Bahl, R., Barros, A. et al.

2016 Breastfeeding in the 21st century: epidemiology, mechanisms, and lifelong effect. *Lancet* Vol. 387: 475-490.

World Bank

2021　GDP per capita（constant 2015 US$） - Bangladesh | Data（worldbank.org） https: //www.savethechildren.org.uk/news/media-centre/press-releases/fifity-one-percent-increase-in-csections-in-bangladesh（2022 年 8 月 28 日アクセス）

WHO

n.d.　HomePage, Breastfeeding. https://www.who.int/health-topics/breastfeeding#tab=tab_3（2022 年 8 月 30 日アクセス）

2011　Exclusive Breastfeeding for six months for babies everywhere. https://www.who.int/news/item/15-01-2011-exclusive-breastfeeding-for-six-months-best-for-babies-everywhere　（2024 年 1 月 9 日アクセス）

2013　Country Implementation of the International Code of Marketing of Breast-Milk Substitutes: status report 2011. Geneva, World Health Organization, 2013（revised） 9789241505987_eng.pdf（who.int）（2022 年 8 月 30 日アクセス）

曾璟蕙

2015　「台湾における産後養生と女性の身体」『奈良女子大学社会学論集』Vol.22: 73-89.

第13章　産後の健康から浮かび上がる女性の生活

嶋澤 恭子

はじめに

リプロダクティブ・ヘルスの向上のため、1990年代より世界中で妊娠・出産時に積極的な医療アプローチがとられるようになっている。具体的には、施設分娩率の向上、SBA（Skilled Birth Attendant：専門技能分娩介助者）による分娩介助率の向上、緊急産科医療体制の強化によって、妊産婦死亡率の低減を目指したからである。バングラデシュでも出産場所が自宅から施設へと移行し、専門家による介助率が増え（第9章の図1、2、3参照）、リプロダクティブ・ヘルスの指標は改善傾向にあるといえる。だが、このようなやり方は母子の健康アウトカムの向上のために、出産時の医療介入を増やし、女性の出産する能力を十分に評価しない傾向がある。また、医療によって救われる命がある一方で、過剰な医療によって命が失われるという懸念もある。

ミレニアム開発目標でバングラデシュの妊産婦死亡率は2000年の434から、15年間で飛躍的な改善を遂げたが、それでも2015年には依然として176と高い数値のままであった［World Health Organization 2023］。その後2017年には173へとわずかに減少したものの、年間5100人の妊産婦死亡数があることは大きな課題である。また、最近のニュースによると、2018年に行われた帝王切開のうち77%は不必要なものであり、その背景には、病院の利益獲得競争があるとしている［Sultana 2022］。このようなことから、バングラデシュでは出産の主要な場所が病院やクリニックなどの医療施設に移り、介助者はTBA（Traditional Birth Attendant：伝統的分娩介助者）としてのダイ（dai）から医師へ、出産形態は経腟分娩から帝王切開分娩へと移行しつつあり、都市と地方の格差はあるものの、出産への過剰な医療介入が増えつつあることがわかる。社会・経済的な指標で言えば、バングラデシュは2021年に中所得国となったが、女性の社会的地位の低さ、疾病率の高さ、児童婚の蔓延（第5章参照）は依然として深刻な問題となっている。

2015年にWHOは、世界中の医療施設で出産中に多くの女性が馬鹿にされたり、虐待に近い扱いを受けたりする現状を重く受け止め、「施設分娩における尊敬の欠如と虐待の予防と排除」という報告書をまとめている［World Health Organization 2015］。たとえば、身体的虐待や悪口、ののしりだけでなく、同意していない医療介入を受けること、プライバシーが守られないこと、分娩中に女性が放置されること、費用を払えるまで母子を施設から退所させないことなどが、女性の人権が尊重されない例として挙げられている。妊娠、分娩、産後のなかでも女性が特に脆弱となる分娩期に、母親と児に対して虐待とも言える尊厳を欠いた態度で接することは、身体的、精神的に有害であることは言うまでもない。

一方で、産後については妊娠期、分娩期に比べ医療との接点が少ないせいか、あまり注意が払われていない。妊産婦死亡率の要因から推測しても、その背後には、妊娠、出産によって死亡には至らなくても、「死亡しかけたケース」や、その前段階として何らかの健康障害を持ちながら産後を過ごしている女性がいることは想像に難くない。産後の女性の健康は、言うまでもなくそれまでの出産のプロセスの結果として現れるものである。出産時の積極的な医療介入が、産後の女性の健康障害に影響を及ぼす可能性は否定できないだろう。欧米や日本では、最近は産後の健康障害を産後のホルモン変動によるものと見なし、女性のメンタルヘルスの問題として取り上げることが増えている。バングラデシュにおいても、Williams［2017］やEdhborg［2015］は産後に生じるさまざまな不調をメンタルヘルスの観点から話題にしているが、それに焦点化した見方は、ともすると産後の健康の問題を、女性特有の性質といったステレオタイプ的な見方に回収してしまうきらいがある。それによって、産後の心身の健康障害の要因と、妊娠や出産のプロセスとの関連を見えづらくしてしまうことにならないだろうか。

世界中の多くの文化では、特定の産後の儀式を遵守して、健康状態の悪化を回避している［Dennis 2007］。産後にどのように過ごすのか、その過ごし方、養生の在り方がその後の老年期まで続く女性の健康にとって重要だと考える社会は東アジアに多く見られる［松岡 2009; 曾 2015; 諸 2018］。もし女性が、出産の際の入院、医療処置、薬剤の使用などに多額のお金を払って、その代償として自身の健康を損ねるという事実があるならば、産後だけでなくその後の人生においても、リプロダクティブ・ヘルスやポスト・リプロダクティブ・ヘルスを向上させることにならないだろう。

この章では、バングラデシュの農村部に住む女性の産後のリプロダクティブ・ヘルスに焦点を当て、2016年から2021年までの間に断続的に行った質問紙調査、インタビュー調査、また現地での聞き取り調査の結果を手掛かりに、産後の女性の健康問題と生活の実態について記述する。構成としては、まず2016年の質問紙データによる産後の健康障害と生活について報告する。次に2017年のインタビュー調査に基づき、産後の女性の健康状態について検討する。産後に女性たちが家族から得るサポートや産後の儀礼について記述する。また2021年の調査では、COVID-19やその他の理由から、産後儀礼に変化が生じていることが見えてくる。これらをふまえて、バングラデシュにおいて出産形態の変化が、農村女性の産後生活に大きな影響を及ぼしていることについて考察する。

第1節　産後の健康障害とその対処

2016年の質問紙調査では、産後1か月以内に健康上の問題があったかどうかについて、44名の産後1年未満の女性に尋ねた。回答者の年齢の内訳は、15-19歳が9名（20%）、20-24歳が20名（45%）、25-30歳が13名（30%）、無回答2名（5%）であった。産後における健康問題の数では、1つが15名（34%）、2つが10名（23%）、3つ4つともに6名（13%）、5つが4名（9%）、6つが3名（7%）であった。産後1か月以内に自らの身体に4つ以上の健康問題を抱えているとした女性が、回答者の3割以上を占めた。

次に産後の健康問題の種類については複数回答をしてもらい、その結果、健康問題の種類を多い順に並べたものを図1に示す。最も多いのは、下腹部痛23名、頭痛18名、めまい15名、性器出血（悪露）13名、発熱13名、腰痛10名、手足の痛み5名、虚弱3名、食欲不振3名、背部痛3名、帝王切開後の傷2名と続き、その他、強い倦怠感、睡眠不足、風邪、肛門からの出血、抑うつ、息切れが各1名であった（図1）。

以上のような健康問題が生じた理由について、女性たちがどのように認識しているのかを表したものが表1である。健康問題の上位10位までの理由について見ていくと、興味深いことに、すべての健康問題において「わからない」が理由の上位を占めていることがわかる。また、「重労働」も上位6位までの理由に入っている。これは、その理由の正しさをあらわしているというよりは、女性自身がその健康問題の理由をどのように認識しているかを表わしている。質問紙という調査の限界があるため、なぜそのような理由を考えているのかとい

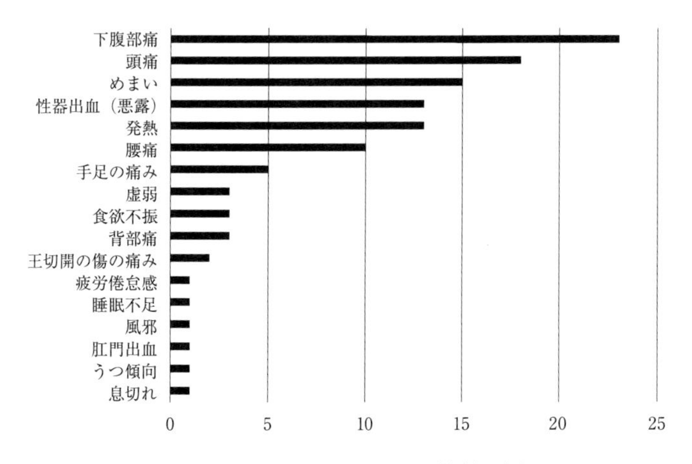

図1　産後に見られる健康問題（複数回答）

う点まで考察することはできなかったが、「わからない」と「重労働」が理由の上位に出てくる点は特徴的といえる（表1）。

それでは、女性たちは健康問題があったとき、どのように対処しているのだろうか。健康問題の上位10位までの対処行動を示したのが図2である。「何もしない」という対処行動がどの健康問題においても高い割合を占めていることがわかる。さらに、対処方法と意思決定者について示したものが図3である。健康問題ごとの意思決定者ではなく、全体の対処行動について意思決定をするのが誰なのかを問うている。これを見ると、産後の女性が健康上の問題により病院や診療所に行くときには、自分だけで決定しておらず、夫の同意が必要だと回答している。ただ注目すべきことは、薬局には女性自身が行くことを決定しており、伝統医やFWV (Family Welfare Visitor)に相談することについても女性自身が決めていることである。薬局という場所が、女性が一人でも行ける場所になっていることは、第10章の薬の浸透度合いとの兼ね合いで興味深い。薬を手に入れられる場所としての薬局は、農村部の女性にとってアクセスしやすい場所であると言える。

対処行動に関しては、病院やクリニックに行く場合、交通費や交通手段、治療費などの経済的な課題と、女性が単独で家の敷地外に出るのを良しとしない移動上の課題がある（第7章参照）。家族の主たる収入源が夫である場合、女性が家計の支出に関わることを自分一人で決めるのは難しい上に、出かけるときに

表1　健康問題別の理由

健康問題	理由	人数
1. 下腹部痛 N=23	わからない	11
	重労働	3
	自然なこと	3
	出産	2
	帝王切開	2
	創痛がある	1
	血液が胃に溜まっている	1
2. 頭痛 N=18	わかならい	5
	重労働	3
	強い心配	2
	風邪	2
	自然なこと	1
	繰り返す妊娠	1
	血圧が低い	1
	帝王切開	1
	鼻のポリープ	1
	虚弱	1
3. めまい N=15	重労働	4
	わからない	4
	休息が充分でない	2
	出産	2
	若い妊娠	1
	繰り返す妊娠	1
	自然なこと	1
4. 性器出血 N=13	自然なこと	5
	わからない	3
	重労働	2
	出産	2
5. 発熱 N=13	わからない	6
	重労働	2
	出産	1
	血液が失われた	1
	風邪	1
	血圧が低い	1
	帝王切開	1
6. 腰痛 N=10	わからない	1
	重労働	5
	出産	1
	血圧が低い	1
	麻酔のため	1
	風邪	1
7. 手足の痛み N=5	重労働	4
	わからない	1
8．虚弱 N=3	わからない	1
	授乳	1
	出血が多い	1
9. 食欲不振 N=3	わからない	1
	自然なこと	1
	出産	1
10. 背部痛 N= ３	わからない	2
	帝王切開	1

男性の付き添いを必要とするため、本人の意思だけで病院に行くかどうかを決めるわけにはいかないのだろう（図３）。

また、経済レベルと対処行動との関係、NGOへの参加の有無と対処行動との関係について図４、図５で示した。経済レベルについては特に関連がみられなかった。NGOの参加の有無では、参加している女性の方が病院やクリニックに行くという対処行動をとる人が多い傾向が見えた。またNGOに参加していない女性は、伝統的な治療、薬局、FWVを利用するものが多かった。しかし、全体数が少ないため、この結果には限界があると思われる。

バングラデシュの農村部において、３割以上の女性が産後1か月以内に４つ以上の健康問題を抱えていることを述べた。また、表１で女性たちが問題の理由をどのように考えているのかを見たところ、帝王切開が女性により重篤な健康問題を与えていることが分かった。もちろん、正常出産の場合にも問題は生

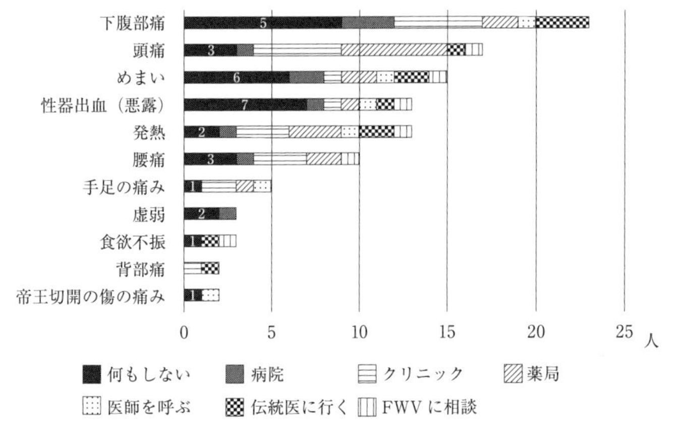

図２　健康問題への対処行動

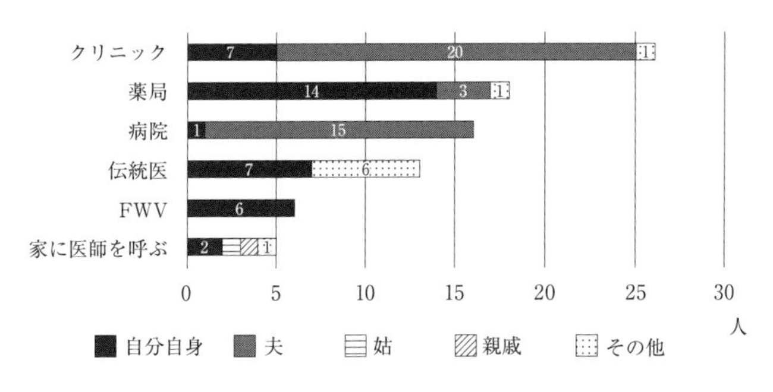

図３　対処行動と意思決定者

じているが、帝王切開の増加とともに産後の体の不調がより際立つようになっている。産後の女性の健康問題は、その前段階の分娩の状況に影響されるのは言うまでもないが、女性たちも医療者もそのことの認識が十分にあるとはいえない。なぜなら産後の女性たちの大半は家庭の中にいて外に出ることが少ないため、女性たちが専門家の目に触れることがほとんどないからである。また、当事者である女性たちも理由の分からない健康問題に対して何もしないという対処の仕方をしていることが垣間見える。

さらに、自分だけで医療施設に行くと決める女性が少なく、夫の決断も必要となっていることは、出産に関する３つの遅れ［Thaddaeus & Maine 1994］のモデル

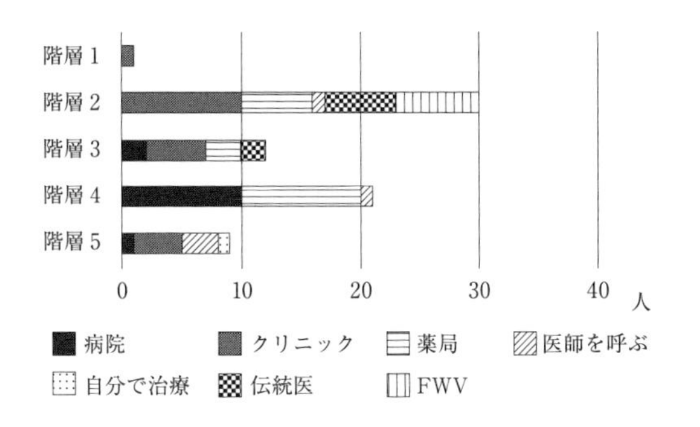

図 4　経済レベルと対処行動
経済階層については 5 段階で、1 が最も豊か、5 が最も貧しい。

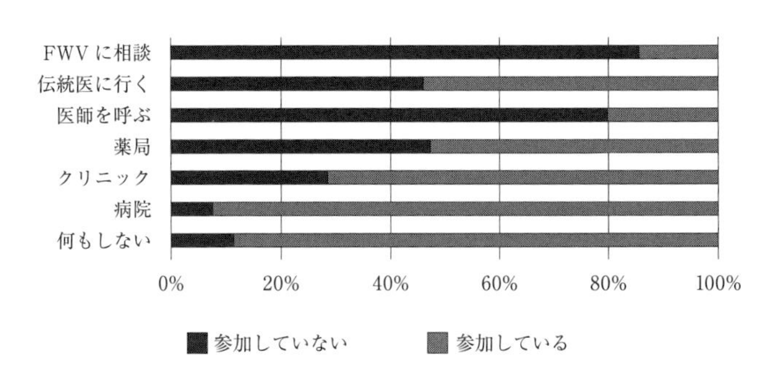

図 5　NGO への参加の有無と対処方法

が、産後の健康障害についても適用されることを示している。3 つの遅れとは、治療を受けると決めるまでの遅れ、次にケアを受けられる病院や診療所を見つけてそこに辿り着くまでの遅れ、3 つ目には病院にたどり着いても、適切かつ十分な治療を受けられるまでの遅れを指している。今回の調査では、産後に健康上の問題があっても「何もしない」と答えた人が多かったが、それは治療を受けるという意思決定の遅れにつながる可能性がある。そもそも治療の必要性がないのであれば遅れにつながらないが、健康に関する知識や情報が足りなかったり、家族の中で女性に決定権がないために病院に行く決定が遅れたりした場合には、治療を受ける適切な時期を逃してしまうことになる。

第２節　インタビュー調査より

2017年のインタビュー調査では、産後１か月間に健康問題があったと述べた女性12名（出産後12か月以内）に個別にインタビューを行った。表２は、インタビューをした女性の概要を示している。年齢は19-30歳で、出産場所、出産様式、子どもの数、健康問題の数は以下のようになっている（表２）。

1.　女性たちの経験

2016年の時点で、村では帝王切開になる女性は約３割だったが、2021年にはその割合は６割に増加していた。以下では、女性たちが語った出産と産後の経験について、まず正常に出産した女性の産後について述べ、次に帝王切開で産んだ場合について述べる。

> 出産後、私は具合の悪いところがいくつもありました。出産中に膣が裂傷し（会陰裂傷なのか不明）、そのあと１か月間、私は自力で排尿や排便ができませんでした。１か月間はベッドに寝たままで、人に助けてもらわないとベッドから降りられませんでした。だんだんと庭を歩けるようになりましたが、休み休みゆっくりとしか歩けませんでした。私は2-3か月の間ゆっくりゆっくり歩き、重い物を運ぶことができませんでした。料理や子どもの世話はしました。回復するのに２か月かかりました（No.1、23歳）。

> 産後に10-12日間下腹部の痛みを感じ、出血がありました。最初の５日間は、薬を飲んでも良くなりませんでした。知り合いの医師を訪ねて薬をもらいました。でも薬を買うにはお金がかかります。この子が生まれてから、少なくとも10000-12000タカの費用がかかりました。この子が生まれなかったら、もっと楽だっただろうと考えます。赤ちゃんが泣くと、痛みのせいで私も夜眠れませんでした。下腹部にひどい痛みがあって、そのことを夫に言うと、彼は義理の兄（医師）を呼んで薬をもらってくれました。１か月半たってもまだ時折痛みがありましたが、徐々に回復しています（No.6、28歳）。

表2　インタビュー女性の概要

No	＊経済レベル	年齢（歳）	結婚年齢（歳）	出産場所	出産様式（人）	子どもの数	健康問題の数
1	2	23	18	自宅	正常出産	娘1息子1	2
2	2	21	14	病院	正常出産	娘1	1
3	4	21	16	自宅	正常出産	娘1息子1	2
4	3	21	18	病院	正常出産	娘1	5
5	3	25	17	病院	帝王切開	息子2	3
6	4	28	14	クリニック	正常出産	娘4	8
7	5	22	15	夫の家	正常出産	娘1息子1	2
8	5	25	19	病院	帝王切開	娘1息子1	1
9	5	30	16	自宅	正常出産	息子1娘3	3
10	3	19	17	クリニック	帝王切開	息子1	3
11	2	30	22	両親の家	正常出産	娘3	6
12	2	20	18	病院	帝王切開	娘1	6

＊経済レベルは、土地所有の広さに基づいて、5つのレベルに区分している。
1：もっとも豊か、2：少し豊か、3：普通、4：少し貧しい、5：最も貧しい

私は普通に下から赤ちゃんを産んだので、大きな問題はなかったのですが、産後に下腹部に痛みがあったので、医者に行って薬をもらいました。何が原因かわかりませんが、下から産んだので、子宮に炎症が起こったのかもしれません。でも、薬を飲んだら本当に10日で治りました。どうしてこうなったのかはわかりません。1人目を産んだときは、こんなことはなかったのですが（No.3、21歳）。

上記は、自宅出産とクリニックでの正常出産の女性の語りである。これらの語りから、健康問題の数が少ない場合であっても、1つの症状の程度が重いケースがあり、その場合女性たちはかなり長い期間にわたって深刻な健康問題を経験していることがわかる。通常、産後の女性は地域や家族の中でだけ過ごし、妊娠期に比べて社会との接触が少なくなるため、本人や家族が受診行動や薬を購入するなどの対処行動をとらない限り、健康障害の実態が把握されず、対処もされないことになる。そういう点で、産後の女性の健康問題は不可視化され、対処されずにいる傾向がある。次に、帝王切開後の女性の語りに焦点をあてる。

帝王切開の後の痛みは3か月間も続き、私は全然元気がありませんでし

た。医者は、血が足りなくなっていると言い、生命の危険があったようです。医者は、痛みを和らげるために強力な薬を処方し、血を補うために高価な鉄とカルシウムの錠剤をくれました。通常の分娩なら悪い血は外に出るけれど、帝王切開では、健康な血が切り傷や縫い目から外に出てしまう。産後の私は、まるで断食中みたいに体に力が入らず、おなかがすいているのに食べ物の味がなく、気分が落ち込みました（No.8、25歳）。

クリニックで帝王切開をしましたが、その後ひどい状態になりました。体力が落ちてしまい、いつもめまいがしていました。めまいと嘔吐ばかり。嘔吐のせいで、傷口が痛んで、3か月間治りませんでした。私は6か月間何もせず、たくさんの薬とビタミンを飲みました。私はただ食べて、寝て、そして赤ちゃんの世話だけをしていました（No.10、19歳）。

帝王切開後、半年間頭痛や腹痛が続きました。私は医者に行って頭痛や腹痛の薬を処方してもらいました。今も頭痛がしています。私は裂肛（彼女のことばであり、正確な状況は不明）になっているけれど、夫は大したことはないと言って、医者に診せるのに反対です。他に関節痛もあります（No.12、20歳）。

これらはすべて帝王切開後の女性の語りであり、出産後の半年近くもかなり深刻な健康状態が続いていた女性の存在がわかる。女性たちは医師から薬をもらっているが、高価な薬の場合は大きな出費となり、家庭の経済状況に影響を及ぼしていると考えられる。バングラデシュで急増している帝王切開は、産後の女性の健康問題の点から、非常に重要な問題である。

2. 医療関係者の語り

女性へのインタビューを行った2017年にラジョール郡の民間（私立）病院の数は8か所だったが、2年後の2019年には9か所に増え、2021年には10か所になっていた。それに伴って帝王切開の割合も増加しつつあるようだった。以下は、2019年にカリア村にあるGUPのヘルスセンターで働くヘルスワーカーから、出産方法と女性の産後について話してもらったときの内容である。

普通分娩の女性は、産後すぐに自分のことができます。歩いたり、トイ

写真1　双子を帝王切開で出産した夫婦をGUPのヘルスワーカーが訪問している（松岡悦子撮影、2019年）

レに行ったり、子どもの世話をしたり。すべてが正常です。でも、帝王切開の女性はこれができません。医師は産後の回復にかかる期間を通常3か月と言います。この期間は重労働が禁止です。でも普通分娩の場合は、そのような制限はありません。

帝王切開では、赤ちゃんは通常の赤ちゃんよりも頻繁に風邪をひきますし、さまざまな問題を起こします。お母さんは回復するのに時間がかかりとても苦しんでいます。帝王切開のときの麻酔注射が良くないのだと思います。女性の腰に影響があり、ほとんどの人が辛い目に会っています。

医師は、病院で女性が出産を終えるまで長いこと待つのを嫌がります。普通の出産だと時間がかかります。陣痛が頻繁に来るまでも長いし、赤ちゃんが出てくるまでにも時間がかかります。医師はそんなに長く待ちたくないのです。それに、患者も陣痛で苦しみたくない。だから、医師は帝王切開が手っ取り早い方法だと考えています。医者が手術室に入って、帝王切開をして出てくるまでわずか30分です。

今、不必要に帝王切開がなされています。帝王切開が蔓延して、まるで文化のようになっています。昔はそうではなかったのに。私たちは、妊娠中に女性にいろいろとアドバイスをするけれど、その人たちが病院に行ってしまったら何もできない。なので、女性たちが病院から戻ってきたら、また精いっぱいめんどうをみるのです。

ヘルスワーカーの語りからは、帝王切開後に女性が体調を悪化させていること、医師が帝王切開を選択しがちなことがわかる。施設分娩は、本来は母子を救うための方法であるはずなのに、実際は女性の身体や健康を脅かすことになっていると言える。さらに、ヘルスワーカーは帝王切開が増えるのは、次のような理由もあると述べている。

> ある女性が病院に運ばれたとして、もし彼女が普通に出産した場合、家族や親戚は、普通に出産できるのなら、なぜ病院に行く必要があったのかと疑問をもつでしょう。そういう状況を避けるために、医師は不必要な帝王切開を行ってしまうようです。不要な帝王切開の文化を変えることができるのは医師だけです。他の誰も状況を変えることはできません。医師が帝王切開をしないと言えば、状況は変化するでしょう。私立（民間）クリニックは（医療）サービスではなくビジネスになっています。帝王切開のほとんどは私立クリニックで行われています。

産後の女性の健康問題は、出産場所、出産形態に関わらず生じていることが明らかになったが、帝王切開後の女性の健康障害は、より深刻で長引く可能性があることがわかった。そして、2017年から２年後のヘルスワーカーへのインタビューでは、状況はさらに悪化しており、女性たちの健康障害が増えていることが示唆された。なにより、帝王切開の実施が医学的な判断よりは医師個人の判断にゆだねられており、母子の救命なのか高額な支払いを期待してのことなのかが不明瞭になっていると言える。

3.　不必要な帝王切開をめぐって

WHOの女性の健康に関する研究代表のシャキラは、「帝王切開で出産する低・中所得国(LMIC)の母親は、高所得国で手術を受ける母親よりも死亡する可能性が100倍高い」と述べている［University of Birmingham 2022］。さらに低・中所得国(LMICs)の帝王切開後の転帰不良の主な理由として、次の3つが挙げられている。1つ目に、「多すぎる、早すぎる」または「少なすぎる、遅すぎる」帝王切開。2つ目に安全でないやり方で帝王切開がなされること、そして3つ目に、出産の扱い方がまずかった場合、帝王切開に変えてもこじれることが多いと述べている。さらには、帝王切開に対する態度や、鉗子や吸引を行うこと、助産師がチームに加えられていないこと、チームワークがうまく取れていないこと、意思決定における家族やコミュニティの影響、女性と医療従事者および医師どうしのコミュニケーションスキルの低さ、および帝王切開がなぜ行われるのかを判断できないことが問題を悪化させているという。

バングラデシュの帝王切開の状況については、2021 年のバングラデシュのニュース「ザ・デイリースター」の記事でも取り上げられている。そこでは、セーブ・ザ・チルドレン・バングラデシュが以下のデータとともに警鐘を鳴らしている［Ali 2021］。

2016 年に全国で約 820,512 件の帝王切開が実施され、そのうち 571,872 件が不必要だった。また、私立病院では出産の約 80% が手術によって行われている。帝王切開は経済的にも大きな負担となっており、2018 年にバングラデシュの両親は、医学的に不要な帝王切開の自己負担として、平均 Tk 40,000 (USD 472) を支払っており、通常の経膣分娩のコスト Tk 3,565 (USD 42) と比較して何倍もの額を支払っていることがわかる。

またナハールらの報告では、バングラデシュでは 帝王切開の普及率が過去 10 年間で増加するとともに、帝王切開後の女性の合併症や健康障害が増加していると述べている。民間（私立）の医療施設で出産する母親の割合は、2007 年から 2017-18 年にかけて 4.5 倍に増加し、民間病院の医師の多くが、母親の体調や胎児の位置に関係なく帝王切開を勧め、利益を上げていると報告している。そして、帝王切開分娩の増加が女性の健康を危険にさらしているため、政府当局は施設での帝王切開の適切な実施と正常出産の奨励を提案すべきだとしている［Nahar 2022］。今回の調査でも、類似の状況が見られることから（第 11 章参照）、妊産婦死亡率の指標の背後にある出産形態や出産場所の変化が、女性の健康状況に大きく関連していることを認識し、それへの対処が必要だと言えよう。

第 3 節　産後の休息と家族の手伝い

2016 年に行った質問紙調査では、産後の休息期間の日数や内容について尋ねた。産後の休息日数は 1-7 日が 179 名（42.4%）と最も多く、22-30 日が 96 名（22.7%）、31 日以上が 67 名（15.9%）であり、22 日以上の休息期間をとった女性は 163 名（38.6%）と全体の 3 割を超える。出産場所別の休息日数を見ると、実家での出産が 31.7 日、自宅出産は 23.6 日、病院出産は 29 日と、実家で出産をした女性の休息日数が最も長くなっていた。自宅での出産とは婚家での出産なので、女性にとっては実家で出産し休養するほうが長く休めるのだろう。出産様

写真2　産後の女性がいる家では戸口に漁網を吊るす。産後6日目のヒンドゥーの女性
（松岡悦子撮影、2006年）

式別では、帝王切開後の休息日数が32.8日、経腟分娩が25.8日と差があったが、有意差はなかった。休息の場所は、自宅が最も多く257名（59.9%）を占め、実家137名（31.9%）、産後を過ごす小屋35名（8.2%）と続く。産後の手伝いでは、もっとも手伝ってくれた人として、実母を挙げた人が200人（48%）を占め、姑95人（23%）、親戚58人（14%）、夫29人（7%）、娘23人（5%）の順であった。

次に、2017年のインタビュー調査で、産後の休息や家族の手伝いについて女性たちが語った部分を紹介したい。

> 私は退院して1か月は婚家にいて、その後実家に帰って休養しました。実家では母や妹が世話をしてくれて、私はまるで女王のようでした。妊娠・出産はとっても大きな出来事で、女性は出血したり、食欲をなくしたり、体がすっかり変わってしまいます。だから、産後に体にいろいろの症状が出るのは皆経験することで、私だけではないと思います（No.12、20歳）。

> 私は3か月間ほど親の家にいて、婚家に帰ってから本格的に家事をしました。 実家では赤ちゃんの世話以外は何もしませんでした。夫も赤ちゃんの服の洗濯や掃除を手伝ってくれました。通常、赤ちゃんは最初の2–3か

月は頻繁に排尿や排便をするので洗濯物がたくさん出ますが、全部私の妹がしてくれました（No.4、21歳）。

産後の10日間、母が私の世話をしてくれて、そのあとは姑が毎日私を助けてくれました。姑は庭を掃除したり、布を洗ってくれたり、私ができない重労働を代わってしてくれました。私の母は赤ちゃんの服を洗って乾かし、たたんでくれました。姑は私の腰をお湯（お湯に浸した布）で温めてくれました。11日目にtelpaanの儀礼（第4節参照）をして、その時には赤ん坊にオイルを塗り、沐浴をしました。それが終わってから、母子は外に出ることができるようになります。最初の2か月半ぐらいは、赤ん坊がすぐ起きるので私は眠れず、赤ん坊を抱いて部屋の中を歩き回らなくてはなりませんでした。（No.2、21歳）

私の赤ちゃんは普通に生まれたので、最初の2、3日は料理をせず、赤ちゃんの世話だけをしていました。その後、赤ちゃんの服を洗濯したり、干したり、少し歩いたりしました。家族の世話は、母と姑がやってくれました（No3、21歳）。

退院してから実家に3か月間帰りました。医者は、6か月間は休むように言いましたが、義理の両親はいないので、私は3か月休んで通常の生活に戻りました。夫はダッカで働いていたので、私が実家から戻ったときに1か月ぐらい家に帰って来て料理もしてくれました（No.8、25歳）。

私の母と夫は、出産後私を助けてくれました。私の母は約1か月半の間来てくれて、子どもたちの服を洗ってくれました。私は帝王切開を2回受けたけれど、体調は特に悪くならなかったので、夫は「君は強いね」と言ってくれました。他の人たちは、帝王切開の後は身体の調子が悪くなるようだけれど、私は元気でした（No.5、25歳）。

これらの語りでわかるのは、出産後の一定期間、女性は家族からの支援を得て安静にし、赤ちゃんと一緒に過ごし、自分の身の回りのことだけをしていることである。その家族の範囲は、実の両親から姉妹、兄弟、義理の両親に至る両方の家族の人びとであり、手伝いの中身は、料理、掃除、洗濯などのあらゆ

表 3　実施した産後儀礼の種類（2021 年調査、複数回答）

儀礼	実施した人数
アキカ（Akikah）	51
ショスティ（Sasti）	31
テルパニ（Telpani）	85
チョイタ（Choychilta）	44

表 4　産後儀礼の実施の変化（2016 年と 2021 年）

		全体 人（%）	カリア村 人（%）	ラジョール村人 人（%）
2016 年調査 N=514	実施した	278（54.3）	128（50.8）	150（57.3）
	実施していない	234（45.7）	124（49.2）	112（42.7）
2021 年調査 N=626	実施した	234（37.4）	111（51.9）	123（29.9）
	実施していない	392（62.6）	103（48.1）	289（70.1）

る家事にわたっている。とくに、帝王切開後には水汲みなどの重労働や外出は、3 か月間禁止されているため、家族や親族の手伝いが必要になっていた。

第 4 節　産後の儀礼

世界のあらゆる地域において、妊娠や出産における儀礼はさまざまな形で行われている。儀式とは、「宗教的な儀式や、一定の法にのっとった礼式」とされるが、人が文化的存在として認識されるためにも、儀式は重要な役割を持っている。バングラデシュの産後儀礼としてイスラム教徒の間では、アキカ（Akikah）が最も一般的な儀礼のようだ。アキカでは、子どもの誕生を祝うために通常父親が女の子なら 1 匹、男の子なら 2 匹の動物を屠殺する（通常は羊や山羊）。動物の雌雄はどちらでもよいとされる。肉の 3 分の 1 は貧しい人々に配られ、残りはコミュニティ内で共食される。親戚、友人、隣人は、幸せな出来事を祝い、互いにその時を共有するために招待される。アキカは子どもの誕生後 7 日目に行われることが多いが、参加者の都合に合わせて日程を動かしてもよいようだ。

調査地では、アキカのときに次のようなことをするそうだ。母親または父親が生まれたばかりの赤ん坊の頭を剃り、剃った毛と同じ重さの金か銀の値をタカ（バングラデシュの通貨単位）に換算し、サダカ（Sadaqah 喜捨）の名目で貧しい人々に寄付する。

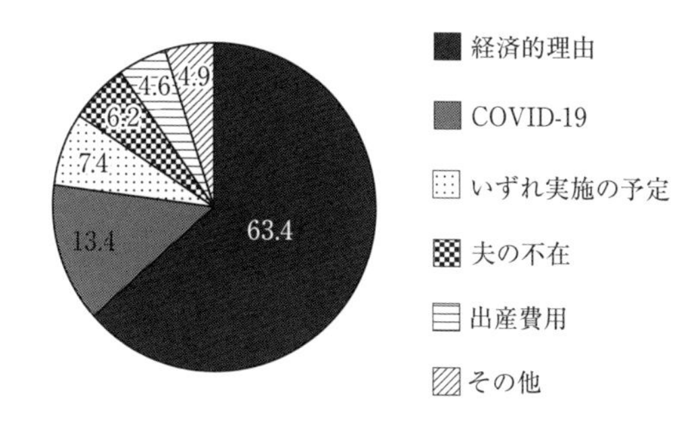

図6　産後儀礼を実施しなかった理由（2021年調査）

一方、ヒンドゥー教徒の産後儀礼としては、チョイシャスティ（Choy Shastty）、チョイタ（Choychita）、ハトゥラ（Hatura）があり、これらはほぼ同じもので、産後6日目、13日目、21日目に行われることもある。調査地の聞き取りでは、チョイタの儀式の詳細について以下のように説明された。

> 儀式では、生まれたばかりの赤ちゃんをマットの上に寝かせ、その子を取り囲むように本、鉛筆、ペン、カタ（布）、宗教書などの教材を置きます。その後、赤ちゃんを部屋に一人残して、両親と親族は10〜15分ほど部屋を離れ、赤ちゃんの未来が幸せなものになるように祈ります。その後、赤ちゃんの体に6回水をかけます。チョイはベンガル語の6（six）を意味し、chitaはベンガル語で水を掛けることを指しています。

2017年の産後女性のインタビューでは、ヒンドゥー教徒の産後儀礼について以下のような語りがみられた。

> 出産後6日以降に「ハトゥラ Hatura」という儀礼をしました。この時まで産後の女性は魚を食べてはいけないのですが、この日には魚を食べます。そして、赤ちゃんに新しい服を着せ、ビーズとターガ（taaga 赤ん坊が腰に巻くヒモ）を贈ります。また歓迎のバスケットを用意して、上等のオイルでランプを灯して、赤ちゃんにノートとペンをあげます（No.7、22歳）。

> 出産後6日目以降に「テルパン telpaan」という儀礼をしました。親戚を招待して。母方のおじの家から赤ん坊にいろんな贈り物が届きます。赤ん

坊の服、ビーズ、オイル、魚、肉も。11日目にもテルパンをして、その時には母方のおじの家から贈られたオイルを赤ちゃんの頭に塗ってマッサージします。赤ちゃんに水をかけて、沐浴させ、浄めて、その日から母子は部屋の外に出ることができるのです。その日までの母子は部屋から出てはいけないし、何かに触ったり、食事を出したり、プジャ（神への祈りの儀式）をしてもいけないし、朱色の印を額に塗ってもいけないのです（No.2、21歳）。

バングラデシュでは、2021年はコロナによる死者数が最も多い時期だったが、その年の1-12月にかけて質問紙調査を行い、出産と産後の儀礼について回答してもらった。2021年に出産した女性たちは、前述したアキカ、ショスティ、テルパニ、チョイタを産後に行っていた（表3）。アキカがイスラム教徒の命名式とするならば、ショスティはヒンドゥー教徒のそれにあたる。また、テルパニやチョイタはシャワーや洗濯、掃除など浄めるという意味で実施される。

テルパニの「テル」はマスタードオイル、「パニ」はベンガル語で水を意味する。語りの中にもあるようにテルパニが終わると、女性は屋外に出ることを許される。また、「地域の人々が生まれたばかりの赤ちゃんを見に来る。親戚や近所の人が赤ちゃんを見に来ることもある」とのことで、この儀礼を境に産後の女性は外部との交流や接触が可能となり、日常に戻っていくことになるといえる。これらの儀礼が行われる期日はアキカやショスティで生後6-9日、テルパニやチョイタは生後9-13日といわれるが、実際は各家庭の状況による場合が多い。

2016年と2021年の質問紙調査を比べて、産後儀礼の実施率の変化をみると以下のようだった（表4）。2016年には産後の儀礼は全体の54%の世帯で実施されていたが、2021年には実施したのは37.4%に減少していた。調査地のカリア村とラジョール村を比較すると、ラジョール村では実施しなかったと答えた世帯が70%と高くなっているが、その違いが宗教に起因するのかはよくわからない。カリア村はヒンドゥー教徒が約半数を占め、ラジョール村では大多数がイスラム教徒であるが、その違いがラジョール村で儀礼が減少した理由なのかどうかは不明である。

2021年はコロナ禍で人々の行き来が制限されたために、産後儀礼を行わなかった人たちがいただろうと推測する。だが、質問紙調査で産後儀礼を行わなかった人に理由を尋ねたところ、コロナよりも経済的理由を挙げた人が63.4%と最多であった（図6）。それによると、「帝王切開が高額だったので産後儀礼をする費用がない」「予想外に帝王切開と薬の費用が高かったため」「入院が長引いて経済的余裕がない」などが記載されており、帝王切開や施設分娩の費用が理由となっていることがうかがえる。COVID-19で産後儀礼を行わなかったと答えたのは13.4%、いずれ儀礼を実施する予定と答えた人は7.4%で、「親戚が来てから実施予定」のような理由が見られた。夫の不在を理由とした答えの中には、「夫が海外に出稼ぎのため」などがあった。

コロナの影響があったにもかかわらず、産後儀礼が行われたということは、彼らの生活の中に儀礼が根付いていることを示している。人生儀礼は社会状況や時代によって変化したり、省略されたりするものであるが、出産形態の変化や経済的負担のせいで儀礼が実施できなくなるとすれば、その影響力は出産だけにとどまらないことを示している。

第5節　産後の時期の重要性

この章では、産後の女性の健康問題を、女性特有の性質といったジェンダーによるものとして回収せずに、妊娠や出産との関連に焦点を当てて述べてきた。産後の女性の健康障害は、自ら伝えなければ他人にはわかりにくいものだが、今回の調査で女性たちが産後に複数の健康障害を認識していることがわかった。さらにインタビューでは、女性たちはより具体的に、吐き気、頭痛、下腹部痛、めまい、傷口の痛み、元気のなさ、力が入らないなどの症状を訴え、そのために家事を十分にできなかったことや、代わって実母や姑、夫が家事を手伝ってくれたことを語っていた。彼女らにとって産後の不調は、何よりも水汲み、重い物を運ぶこと、洗濯、料理などを一人前にできないこと、つまり女性に課された日常の役割を十分に果たせないこととして意識されていた。そして、経腟分娩で産めば産後にすぐに家事に復帰できるけれども、帝王切開では3か月間は家事をしないようにと医師から言われているので、産後の健康がすぐれないときには、家事を早くに始め過ぎたか、重労働をしたせいだと女性たちは思うようになっている。その一方で、妊娠・出産は特別の出来事なのだから、身体が大きく変化し、さまざまな症状が出るのは当然のことだと女性たちは見なしているようだった。その見方に従えば、産後の不調は出産のやり方のまずさから来ているのではなく、出産という女性の身体の大きな変化からくるものとされてしまう。確かに、帝王切開の時には経腟分娩と比べてさまざまの不調が出ると女性たちは語っていたが、そのような帝王切開が不必要なもので、それに伴う薬や処置が原因で現在の症状が出ていると考える女性はほとんど見られな

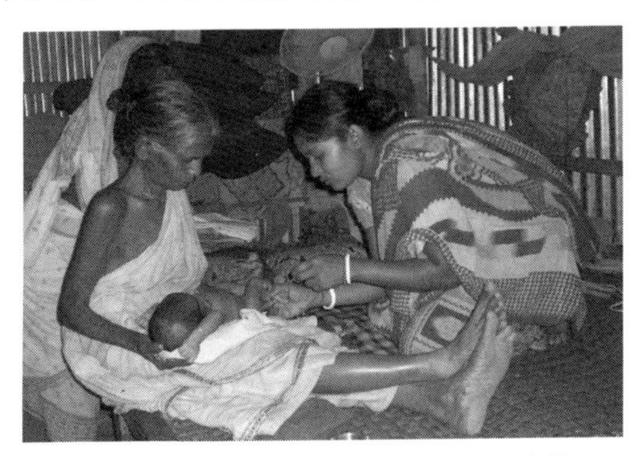

写真３　産後６日目の儀礼で、赤ん坊に taaga を結ぶヒンドゥーの女性（松岡悦子撮影、2006 年）

かった。なぜなら、医師は産後に重い家事を禁止することで、出産はそれぐらい重大で身体に負担があるものだと思わせているからである。したがって、不必要な医療介入がなされなければ、このような健康障害は生じなかっただろうと考える女性は少なく、多くは医療の下でより安全な出産をしたけれども、健康上の問題が生じたと考えている。

出産は多くの文化で、妻を母親に、夫を父親にする通過儀礼の役割を果たしており、産後にはいくつかの儀礼が行われる。今回の調査では、施設分娩や帝王切開で経済的な負担が増し、産後の儀礼が行えなくなる状況が見られた。だが、産後の儀礼の省略や衰退は伝統的な習慣の変容にとどまらず、女性の心身の健康にも影響を与える可能性がある［松岡 2014］。松岡によれば、儀礼は女性が魚や肉、その他の上等な食べ物を食べる機会であり、夫や姑、実家、近所の人の関心と祝福が女性に向けられる機会になっている。したがって、儀礼が省略されることは女性が人々の注目を集めて主人公になれる機会を失い、栄養のある食べ物を食べる機会を逸することになる。また人類学者のスターンとクルックマンは、出産はどの文化でも女性の人生で最も危機的なときだが、産後に行われる儀礼が緩衝装置となって危機的な時を乗り越えさせる役割を果たしていると述べている［Stern & Kruckman 1983］。具体的には、産後に休息すべき日数が文化によって定められ、その間に女性は休息し、代わって周囲の女性たち（実母、姑、義理の姉妹）が代わる代わる家事を分担してくれる。そして、母方から届けられる贈り物や夫からの贈り物は、女性の労をねぎらい、女性は地位が上昇するのを実感することになっている。このように、産後の儀礼が女性の心や体にも大きな意味を持つとするならば、施設分娩や帝王切開の増加によって儀礼に費やす経済的余裕や周囲の協力関係が消失し、その結果儀礼が衰退することは、女性が危機的な状況に陥りやすくなる可能性をもたらしている。産後の期間は、出産が終了した後に女性が周囲の援助と祝福を得て次のステップに踏み出すために、それぞれの文化が準備した儀礼の時と見なすことができるだろう。その意味で、産後は出産の終わりというよりは、女性が健康を取り戻し、次に移行するための重要な期間だと言える。

だがこの章で見たように、バングラデシュ農村では、女性が正常に産んでいた時には見られなかった複数の健康障害を発症するようになっている。そのような健康上の問題が、妊産婦死亡率を下げるためとして導入された施設分娩と、それに伴う帝王切開の増加によって引き起こされているとするならば、MDGs、SDGsの目標達成のための努力が予想もしなかった弊害を産みだしていることになる。そしてヘルスワーカーが述べていたように、今では帝王切開があたかもこの地域の文化のようになり、産後の健康障害が当たり前のこととして女性たちに受け止められるようになっている。そうして女性たちが産後の健康障害を母になる道筋の一部と見なしてしまうことは、女性が障害に目をつぶったり、それに対処するのを遅らせたりすることになり、リプロダクティブ・ヘルスの向上とは逆の方向に向かうことになるだろう。とはいえ、かつて医療介入が行われず、家で出産をしていた時に産後の病気が皆無だったわけではない。どの文化でも、産後の規範に外れたときに、女性たちは産後に特有のfolk illnessを発症することで、産後の不満を表現していた［松岡 2014］。けれども本調査で明らかになったような症状は、不必要な帝王切開を始めとする積極的な医療介入によるものだとするならば、女性たちがそれに気づいて正常な出産を選択できるようにすることが、医療費の無駄を省き、女性の健康を増進させてSDGsの実現に近づくことになるだろう。

おわりに

施設分娩の増加が不必要な帝王切開を産み、出産時の積極的な医療介入が産後の女性の健康障害の原因になっている状況が見られた。産後の健康障害について女性や家族が認識し、障害が出産の状況と関連していることを知り、治療のために必要な行動をとることが重要であろう。NGOや家族は、産後の健康障害について女性の経験を聞き、最善の対処行動につなげることが必要だろう。また健康障害を最小にとどめる上で、家族や親族などの周囲のサポートや、産後の儀礼が大きな役割を果たしていることが明らかになった。だが、リプロダクティブ・ヘルスに寄与するための医療が、女性の健康障害を引き起こしていることや、産後の日常生活にも影響を及ぼしている事実から、その対策と予防に向けてさまざまなチャンネルを活用して、課題解決のために多方面からアプローチをする必要がある。

今回の調査地域は、NGOのGUPが長年活動を続けている地域であり、そのプログラム内容には、ヘルスワーカーによる妊産婦の戸別訪問も含まれている。しかし、民間病院が妊産婦を取り込んで施設分娩に誘導するしくみの前でヘルスワーカーのできることは限られており、ワーカーらは無力感を感じているようだ。また、施設分娩や帝王切開で経済的な余裕がなくなったと女性たちが言いつつも、高額な医療費を何とか支払えるのは、夫や親族からの海外送金を当てにできる人が増えているからである。出産と産後は、地域のヘルスケアを取り巻く状況や、経済・社会状況、女性の社会的地位などのさまざまな要因の中で生じており、リプロダクティブ・ヘルスの向上はそれらの要因が複雑に絡み合った中で実現されることになる。今後は、近代的な出産に向けたプログラムだけではなく、女性の視点に立ったリプロダクティブ・ヘルス向上のためのプログラムを開発することで、女性が出産のあり方を選択できるようになることが重要だろう。

文献

Ali, M.

2021　Unnecessary C-sections: A major public health issue in Bangladesh. The Daily Star Feb 9, 2021.

Bangladesh News

Choudhury, N., Moran, A.C., Alam, M.A. et al.

2012　Beliefs and practices during pregnancy and childbirth in urban slums of Dhaka, Bangladesh, *BMC Public Health* 12, 791 (2012). https: //doi.org/10.1186/1471-2458-12-791.

Dennis, C., Fung, K., Grigoriadis, S., Robinson, G., Romans, S., & Ross, L.

2007　Traditional postpartum practices and rituals: a qualitative systematic review. *Women's Health*, 3(4): 487–502.

Edhborg, M., Nasreeen, H. Kabir, Z.

2015　“I can't stop worrying about everything”-experiences of rural Bangladeshi women during the first postpartum months, *International Journal of Qualitative Studies on Health and Well-being* 10 (1) doi: 10.3402/qhw.v10.26226.

Government of Bangladesh

2015　Millenium Development Goals: Bangladesh Progress Report.

Hasan, F., Alam, M.M. & Hossain, M.G.

2019　Associated factors and their individual contributions to caesarean delivery among married women in Bangladesh: analysis of Bangladesh demographic and health survey data. *BMC Pregnancy and Childbirth* 19, 433. https: //doi.org/10.1186/s12884-019-2588-9.

Nahar, Z., Sohan, M., Hossain, M.J., Islam, M.R.

2022　Unnecessary Cesarean Section Delivery Causes Risk to Both Mother and Baby: A Commentary on Pregnancy Complications and Women's Health. Inquiry: The Journal of Health Care Organization, Provision, and Financing 59: 1–4. doi: 10.1177/00469580221116004.

Stern, G. & Kruckman, L.

1983　Multi-disciplinary perspectives on Post-partum Depression: An Anthropological Critique. *Social Science and Medicine* 17(15): 1027-1041.

Sultana, I.

2022　'Big C-section industry' in Bangladesh is endangering reproductive health of million of mothers to make billions. bdnews 24.com.　https://bdnews24.com/health/im9l1inous　（2024 年 1 月 13 日アクセス）

Thaddeus S., & Maine, D.

1994　Too far to walk: maternal mortality in context. *Soc Sci Med* 38: 1091–1110.

University of Birmingham

2022 New initiative to prevent Caesarean section deaths in developing nations. Posted on 28 Feb 2022. https: //www.birmingham.ac.uk/university/colleges/mds/news/2022/02/caesarean-section-deaths-in-developing-nations.aspx

Williams, A., Sarker, M., & Ferdous, T.

2018　Cultural Attitudes towards Postpartum Depression in Dhaka, Bangladesh. *Medical Anthropology,* 37 (3): 194-205. DOI: 10.1080/01459740.2017.1318875.

World Health Organization,

2015　The prevention and elimination of disrespect and abuse during facility-based childbirth.　https://www.who.int/publications/i/item/WHO-RHR-14.23（2024 年 1 月 13 日　アクセス）

2023　Trends in maternal mortality 2000: estimates by WHO, UNICEF, UNFPA, World Bank Group and UNDESA / Population Division. Genova.

諸昭喜

2018　「東洋医学における疾患の社会的構築：韓国の産後風を事例として」『人体科学』27(1): 1-12。

第３部　バングラデシュのヘルスケア政策と女性の健康

曾璟蕙

2015 「台湾における産後養生と女性の身体」『奈良女子大学社会学論集』Vol. 22：73-89。

松岡悦子

2009 「産後が何より大事：韓国の産後調理院」『アジア遊学 』（119）：74-84　勉誠出版。

2014 「出産が unhappy な体験となるとき」安井眞奈美編『出産の民俗学・文化人類学』54-76 頁、勉誠出版。

あとがき

バングラデシュに行ったことのある人で、その魅力について語る人は多い。その一方で、魅力という言葉とは裏腹に、現地に行ったときに人々が経験するのは、快適とは言い難い不便な生活や、時間の予測のたてられない都市の交通渋滞、判別できない文字やところかまわず響き渡る騒音であったりする。にもかかわらず、人々がバングラデシュの魅力にとりつかれるのは、それらの不便を補って余りあるバングラデシュの人々の人なつこさや率直さ、助け合いの気持ちが、人と人との関係の豊かさを経験させてくれるからではないだろうか。先進国には当然のこととしてある社会のインフラや、便利なしくみがないからこそ感じることのできる人と人とのつながりを、バングラデシュは感じさせてくれるからだろう。

本書は、バングラデシュを専門に研究してきたわけではない筆者の編集によるものであり、バングラデシュを長年専門に研究してきた文化人類学者の目からすると、バングラデシュの全体像が描かれていない物足りなさを感じるかもしれない。それにもかかわらず、あえてこの本をまとめたのにはいくつかの理由がある。一つは、独立以来のバングラデシュが経験した大きな変化を、村落の女性たちのまなざしから描きたかったこと。とくに、女性のリプロダクティブ・ヘルスを向上させようとするグローバルヘルスの潮流が世界を席巻しつつある中で、それが必ずしも現地の女性の健康に役立っていないのではないかという思いがある。たしかに、健康指標や死亡率の改善は女性にとって望ましいことだけれども、国の威信をかけたそれらの政策が、女性の身体を犠牲にして実現されるのであれば本末転倒だと思われる。公衆衛生や近代医療は、今や普遍性を持つ権力として世界の人々の生活を律するようになっているが、それが個別の文化に生きる女性の身体に与える影響をエスノグラフィーによって明らかにする必要があると思われた。その意味で、本書はバングラデシュの状況を描きつつ、同時に女性の健康やモビリティをも含めた女性の身体というテーマを扱っている。

もう一つは、バングラデシュの独立以降にNGOsが果たした役割を記録にとどめておきたいと思ったからである。GUPは、現在ではラジョール郡に活動の本拠を置く小さなNGOであるが、創立以降の30年間は、創始者のアタウル・ラーマンが全人的な開発をめざして先駆的な取り組みを行っていた。その活動を支えたのは国際機関や海外のNGOsからの資金援助であり、バングラデシュ国内にいる教育を受けた若者たちの熱意だった。そのような熱心な取り組みにもかかわらず、NGOs一般が現在の若い世代に必ずしも良いイメージでとらえられていない背景には、バングラデシュ社会が急速に近代化を成し遂げてきたことと、それがもたらした貧富の格差の拡大があるのかもしれない。また、50年間という期間が世代間の考え方の違いを産むのに十分な長さだったとも言えよう。さらに、NGOsが西洋に拠点を置くドナーの影響を強く受けてきたことや、BRACやGK、GUPの創始者がいずれも海外で教育を受けたり、海外で活動したりしていたことは、その次の世代の暮らしぶりに影響を与えている。たとえば、アタウル・ラーマンの2人の息子はいずれも海外で家庭を持っており、現在のGUPの所長の息子も海外で暮らしている。優秀な成績を上げ、高い教育を受けた子どもたちが海外の大学に留学し、そのまま現地で就職して家庭を築くのは当然の流れと言える。その一方で、独立第一世代は子どもと離れて暮らす寂しさを感じつつ、子どもたちが自分たちよりずっと豊かな生活をしていることに満足感を得ているだろう。そして、海外で暮らす子ども世代の中には豊かな生活を実現して、バングラデシュ国内にNGOsを設立し、自ら海外ドナーの役割を担っている人たちもいる。バングラデシュから離れていても、第一世代と同じようにNGOsという形で祖国に貢献しようとする動きは続いている。その意味で、本書はバングラデシュ社会の変化をNGOsの活動を通して見た記録でもある。

そのように考えると、本書はバングラデシュ社会をトータルに扱ったものではなく、女性の健康やジェンダー、NGOsといった視点から一農村の姿を切り取ったものと言える。バングラデシュ社会を多様な視点からとらえたい方には、以下の書籍があるので参考にしていただきたい。

西川麦子著『バングラデシュ／生存と関係のフィールドワーク』(平凡社、2001年)
大橋正明・村山真弓編『バングラデシュを知るための66章』(明石書店、2017年)
吉野馨子著『屋敷地林と在地の知：バングラデシュ農村の暮らしと女性』(京都

大学学術出版会、2013 年）
南出和余著『「子ども域」の人類学：バングラデシュ農村社会の人類学』（昭和堂、2014 年）
池田洋一郎著『バングラデシュ国づくり奮闘記』（英治出版、2013 年）
杉江あい著『カースト再考：：バングラデシュのヒンドゥーとムスリム』（名古屋大学出版会、2023 年）

本書は 1990 年代のフィールドワーク（第 1 ～ 4 章）と 2016 年以降の調査（第 5 ～ 13 章）に基づいている。前半の 90 年代のフィールドワークは、中村安秀氏の厚生科研の助成を得、後半の内容は主として 2 つの科研の助成を得ている。だが、2016 年以降の期間にはダッカ襲撃テロ事件（2016 年）やコロナ禍（2020 年 3 月～ 2023 年 5 月）があり、現地訪問ができない時期が続いた。その時に、南出和余氏（当時桃山学院大学、現在神戸女学院大学）から調査のアドバイスと現地の若い人類学者ヌルル・イスラム氏を紹介してもらうことができ、ヌルル氏の協力を得て 2016 ～ 17 年に質問紙とインタビュー調査を実施することができた。南出和余氏には感謝を申し上げたい。

また、3 年以上続いたコロナ禍では、ラジョール村も大きな影響を受けた。その間の 2021 年には、カベリ氏と GUP のヘルスワーカーの協力を得て、困難な中で産後の女性たちにインタビュー兼質問紙調査を実施することができた。GUP のワーカーやラジョール村のダイや女性たちの協力なしには本書は実現し得なかった。本書が多くの人たちの助けによってでき上ったことに感謝したい。

最後に、本書の出版を引き受け協力くださった風響社の石井雅氏に感謝を申し上げたい。

2023 年 12 月

松岡悦子

索引

サ

タ

ナ

ハ

マ

ヤ

ラ

略　称

写真図表一覧

1章

2章

3章

4章

コラム

5章

6章

7章

8章

９章

10章

11章

12章

13 章

執筆者紹介（50音順）

青木美紗（あおき　みさ）
1984年生まれ。
2013年京都大学大学院農学研究科博士課程中退。博士（学術）。
専攻は食料・農業経済学、協同組合論。
現在、奈良女子大学研究院生活環境科学系・准教授。
主著書として、「マイクロファイナンス事業の拡大に伴うNGO利用者の認識変化に関する研究：バングラデシュにおける複合的な生活支援に携わるNGOに着目して」（『協同組合研究』39巻2号、2019年）など。

浅田晴久（あさだ　はるひさ）
1980年生まれ
2011年京都大学大学院アジア・アフリカ地域研究研究科博士課程研究指導認定退学。博士（地域研究）。
専門は地理学、南アジア地域研究。
現在、奈良女子大学文学部准教授。
主著書として、『インド北東部を知るための45章』（明石書店、2024年、共著）、『モンスーンアジアの風土とフード』（明石書店、2012年、共著）、論文として、「アッサム州における近年の農業変容と地域社会：在来ヒンドゥー教徒村落の耕地利用変化に着目して」（『南アジア研究』32号、2021年）、「バングラデシュの洪水と稲作」（『歴史と地理・地理の研究』192号、2015年）など。

阿部 奈緒美（あべ　なおみ）
1968年生まれ。
2019年奈良女子大学大学院人間文化研究科博士後期課程修了。博士（学術）。
専攻は近現代史、ジェンダー史。
現在、奈良女子大学アジア・ジェンダー文化学研究センター協力研究員。
主要著書として、『想像する身体　下　身体の未来へ』（臨川書店、2022年、共著）、『医学史事典』（丸善出版、2022年、共著）、論文として、「明治期の大阪における産婆制度の変遷」（『日本医史学雑誌』第65巻第1号、2019年）、「大阪市旧隣接郡域の産婆による産婆法制定運動開始の背景：大正期の社会状況と地域的特殊事情に着目して」（『日本看護歴史学会誌』第31号、2018年）など。

五味 麻美（ごみ　まみ）
1970年生まれ
2021年聖路加国際大学大学院看護学研究科博士後期課程修了。博士（看護学）。
専門は看護学、助産学、国際母子保健。
現在、川崎市立看護大学講師。
主著書として、『世界を翔けたナースたち：青年海外協力隊看護職の活動』（JOCV看護職ネットワーク、2011年、共著）、論文として、「日本で暮らすムスリム外国人女性に対する助産ケアの特徴」（『日本助産学会誌』38巻1号、2024年、共著）「日本の産科医療施設で出産したムスリム外国人女性の妊娠・出産経験に関する質的研究」（『日本助産学会誌』37巻1号、2023、共著）など。

嶋澤恭子（しまざわ　きょうこ）
1969年生まれ
2011年熊本大学大学院博士後期課程社会文化科学研究科単位取得満期退学。修士（文学）。
専門は助産学、文化人類学
現在、大手前大学国際看護学部教授
主著書として、『アジアの出産と家族計画：「産む・産まない・産めない」身体をめぐる政治』（勉誠出版、2014　共著）、『ワークブック国際保健・看護基礎論』（ピラールプレス、2016、共著）、『国際化と看護』（メディカ出版　2018年　共著）など。

曾璟蕙（そう　けいえ）
1982年生まれ
2019年奈良女子大学人間文化研究科博士後期課程修了。博士（社会科学）。
専門は文化人類学、台湾地域研究。
現在、奈良女子大学アジア・ジェンダー文化学研究センター特任助教。
論文として、「台湾における母乳哺 育政策の推進と女性たちの授乳経験」（『アジア・ジェンダー文化学研究』5号、2021年）、「台湾における産後養生と女性の身体」（『奈良女子大学社会学論集』22号、2015年）など。

諸昭喜（ちぇ　そひ）
2019年奈良女子大学大学院人間文化学科博士後期課程修了。博士（学術）。

専攻は医療人類学、朝鮮半島地域研究。
現在、国立民族学博物館グローバル現象研究部助教。
主著書として、『아프면 보이는 것들 : 한국 사회의 아픔에 관한 인류학 보고서（韓国社会の痛みに関する人類学レポート）』（Humanitas、2021年、共著）、『우울증은 어떻게 병이 되었나（うつ症はどのように病になったか）』Junko Kitanaka 著（April Books、2023 年、編訳）、論文として、「東洋医学における疾患の社会的構築：韓国の産後風を事例として」（『人体科学』27 号、2018 年）、その他として、「日本と韓国における産後ケアの現在地」（『季刊民族学』183 巻、2023 年、松岡悦子共著）など。

松岡悦子（まつおか　えつこ）
1954 年生まれ
1983 年　大阪大学大学院人間科学研究科博士後期課程単位取得満期退学。博士（文学）。
専門は文化人類学。
現在、奈良女子大学名誉教授。
主著書として、『妊娠と出産の人類学』（世界思想社、2014 年）、編著として『世界の出産：儀礼から先端医療まで』（松岡悦子・小浜正子編、勉誠出版、2011 年）、『子どもを産む・家族をつくる人類学』（松岡悦子編、勉誠出版、2017 年）など。

バングラデシュ農村を生きる　女性・ＮＧＯ・グローバルヘルス

2024年2月15日　印刷
2024年2月25日　発行

編　者　松岡悦子

発行者　石井　雅
発行所　株式会社　風響社

東京都北区田端 4-14-9（〒 114-0014）
Tel 03(3828)9249　振替 00110-0-553554
印刷　モリモト印刷

Printed in Japan 2024 © Etsuko Matsuoka et al.
ISBN978- 4-89489-341-2 C3039